科学出版社"十三五"普通高等教育研究生规划教材

现代应用数学基础

（第二版）

李忠艳　蒋艳杰　编著

科学出版社

北　京

内 容 简 介

在科学技术及数学自身飞速发展的今天, 现代数学作为其他学科的基础、语言、工具和手段, 其地位日益提高. 本书旨在打造一本适合高校理工类研究生学习现代数学基础理论与方法的基本教材, 使研究生能在较短的时间内尽可能多地了解现代数学的基本概念、基本理论和基本方法, 提升现代数学素养, 增强运用现代数学知识分析问题和解决问题的能力. 本书信息量大、深入浅出、循序渐进, 具体内容包括集合与映射、代数结构与抽象空间、测度与积分、泛函分析、Sobolev 空间、微分流形、小波分析与粗糙集简介. 另外, 本书还配有电子课件供老师教学使用.

本书可作为高等院校理工类研究生(或工科博士生)学习现代数学基础和方法的教材, 也可作为高年级本科生及科技工作者的参考书.

图书在版编目(CIP)数据

现代应用数学基础/李忠艳, 蒋艳杰编著. —2 版. —北京: 科学出版社, 2019.8

科学出版社"十三五"普通高等教育研究生规划教材

ISBN 978-7-03-062016-3

I. ①现… II. ①李… ②蒋… III. ①应用数学–高等学校–教材 IV. ①O29

中国版本图书馆 CIP 数据核字(2019) 第 163141 号

责任编辑: 王胡权/责任校对: 杨聪敏
责任印制: 张 伟/封面设计: 陈 敬

科 学 出 版 社 出版
北京东黄城根北街 16 号
邮政编码: 100717
http://www.sciencep.com
北京建宏印刷有限公司印刷
科学出版社发行 各地新华书店经销
*
2011 年 5 月第 一 版 开本: 720×1000 1/16
2019 年 8 月第 二 版 印张: 14 1/2
2024 年 11 月第八次印刷 字数: 293 000
定价: 59.00 元
(如有印装质量问题, 我社负责调换)

第二版前言

《现代应用数学基础》自 2011 年在科学出版社出版以来, 一直作为华北电力大学博士研究生开设的公共基础课 "现代数学基础与方法" 的教材使用. 本次再版, 编者更正了教材中存在的一些问题和不足, 吸取了研究生在学习过程中提出的宝贵建议, 并结合一些新的教学心得和体会, 从语言上、结构上和内容上对本书进行了修订和提升.

语言上, 力求表达精准, 修正了多处相关内容的表述, 这里不一一列举.

结构上, 对不少章节内部的逻辑关系进行了优化调整, 如将原来 6.3 节进行了优化调整, 将 6.3.1 和 6.3.2 两小节合并为 6.3 节临界点理论, 将原来的 6.3.3 和 6.3.4 两小节调整为 6.4 节微分动力系统和 6.5 节微分流形理论在经济学中的应用, 力求更为严谨.

内容上, 着重对后几章节的内容调整、修正和补充, 具体如下:

(1) 在定理 5.1.1 前面增加了对于广义函数子空间 $W^{-m,q}(\Omega)$ 中泛函的具体形式的论述.

(2) 在 6.2 节中扩充了可微映射的微分的性质.

(3) 在 7.1 节中增加了 Fourier 变换的内容, 包含一维和高维的 Fourier 变换的基础知识, 这部分内容与一维和高维小波变换的内容相呼应.

(4) 将原来 7.5 节的内容修正为 7.5 节正交小波包和 7.6 节多框架小波两节内容. 这样就理顺了该章先介绍单小波理论, 再介绍多框架小波理论的内容结构, 并且增加吸收了该部分内容的最新研究思想方法和成果. 同时增加了 7.7 节高维小波的内容. 而原来的该章只介绍一维小波框架理论.

(5) 在原来 7.6 节中增加了二维小波变换在图像处理中的应用的内容.

(6) 第 8 章中增加了 8.4 节粗糙集模型的算法.

(7) 修正了部分习题, 并且为了读者便于查阅, 增加了名词索引.

(8) 对本书配套电子课件做了比较完整的修订.

本书的出版得到了华北电力大学研究生院研究生优质课程建设教改项目资助和科学出版社的支持, 同时吸收了国家自然科学基金项目 (编号: 11571107) 的部分最新研究成果. 本书配套电子课件由郭燕和殷云星修订完善. 在此一并表示衷心的感谢.

由于编者水平有限, 书中难免存在疏漏及不妥之处, 敬请各位读者不吝赐教.

编 者

2019 年 3 月

第一版前言

在科学技术飞速发展的今天, 数学作为其他学科的基础、语言、工具和手段, 其研究生教育基础课程的地位日益提高. 与此同时, 数学自身也取得了很大的进展, 数学的分支日益增多. 开设一门综合性课程能够使研究生在较短的时间内尽可能多地了解现代数学的基本概念和基本理论, 提高数学素养, 增强运用数学知识分析问题和解决问题的能力, 以适应现代科学技术发展的需要, 就显得十分必要.

本书特点如下:

(1) 起点较低、信息量大、易读, 针对普通工科研究生数学基础的实际情况, 只需具备一般大学数学的基础知识就可读懂. 在内容安排上由浅入深、循序渐进, 尽可能用熟悉的例子引入新概念和新理论. 内容涉及面广, 重点放在对基本概念和基本方法的理解与运用上, 尽量避免烦琐冗长的证明. 为便于教学和学生复习, 每章后都配备了适量习题.

(2) 各章节内容既统一又独立. 本书将现代数学研究的各种对象抽象为集合, 用在集合上建立结构的观点将现代数学的几个重要分支统一成一个整体, 这样可以看到各不同分支之间的区别与内在联系. 此外, 各个结构之间又相对独立, 教学时可根据实际情况的需求适当取舍.

本书原稿是编者在华北电力大学为博士研究生开设的公共基础课 "现代数学基础与方法" 的讲义, 前 4 章由蒋艳杰执笔, 后 4 章由李忠艳执笔, 全书由蒋艳杰统稿. 在讲授过程中, 历届博士研究生给编者提出过许多中肯的意见和建议. 华北电力大学研究生院对本书的出版给予了大力支持和帮助, 编者在此一并表示衷心感谢.

限于编者的水平, 书中难免存在疏漏及不妥之处, 敬请读者不吝赐教.

编 者
2011 年 1 月

目　　录

第二版前言

第一版前言

第 1 章　集合与映射 ·· 1

　1.1　集合 ··· 1

　　1.1.1　集合的概念 ··· 1

　　1.1.2　集合的运算 ··· 2

　　1.1.3　集合序列的极限 ·· 4

　1.2　映射 ··· 5

　　1.2.1　映射的概念 ··· 5

　　1.2.2　复合映射及性质 ·· 7

　1.3　二元关系 ··· 7

　　1.3.1　二元关系的概念 ·· 7

　　1.3.2　等价关系 ·· 8

　1.4　集合的势 ·· 10

　　1.4.1　势的概念 ·· 10

　　1.4.2　可数集与超穷数 ··· 10

　1.5　序结构 ·· 11

　　1.5.1　序关系 ··· 11

　　1.5.2　确界与最大元 ·· 12

　习题 1 ·· 13

第 2 章　代数结构与抽象空间 ·· 15

　2.1　代数结构 ·· 15

　　2.1.1　代数运算与同构 ··· 15

　　2.1.2　群 ··· 16

　　2.1.3　环与域 ··· 18

　2.2　线性空间 ·· 19

　　2.2.1　线性空间的概念 ··· 19

　　2.2.2　线性空间的基与维数 ·· 21

　　2.2.3　线性空间中的一些基本概念 ··· 21

　2.3　距离空间 ·· 23

　　　2.3.1　距离空间的概念及举例 ···23
　　　2.3.2　距离空间的开集与闭集 ···25
　　　2.3.3　极限与连续映射 ···27
　　　2.3.4　距离空间的致密集与紧集 ·······································29
　　　2.3.5　压缩映射与不动点原理 ···29
　2.4　赋范空间 ···32
　　　2.4.1　赋范空间的概念和性质 ···32
　　　2.4.2　赋范空间的基 ···35
　　　2.4.3　赋范空间的同构 ···35
　2.5　内积空间 ···36
　　　2.5.1　内积空间的基本概念 ···36
　　　2.5.2　内积空间的正交与投影 ···38
　　　2.5.3　内积空间的正交基 ···39
　2.6　拓扑空间 ···41
　　　2.6.1　拓扑空间的概念 ···41
　　　2.6.2　连续映射与同胚 ···45
　　　2.6.3　拓扑空间的连通性 ···47
　　　2.6.4　拓扑空间的分离性与紧致性 ·····································49
　2.7　拓扑线性空间 ···51
　　　2.7.1　拓扑线性空间的概念 ···51
　　　2.7.2　拓扑线性空间的局部基 ···52
　　　2.7.3　局部凸空间 ···53
　习题 2 ···55
第 3 章　测度与积分 ···57
　3.1　测度 ···57
　　　3.1.1　测度空间 ···57
　　　3.1.2　外测度及由它导出的测度 ·······································59
　　　3.1.3　$\mathbf{R}^n$ 上的 Lebesgue 测度 ·····························64
　3.2　可测函数与可测函数的积分 ···65
　　　3.2.1　可测函数的概念 ···65
　　　3.2.2　可测函数的积分 ···66
　　　3.2.3　积分号下的极限运算 ···71
　习题 3 ···72
第 4 章　泛函分析 ···74
　4.1　算子与泛函 ···74

4.1.1　算子与泛函的概念 ································· 74

4.1.2　线性算子与线性泛函 ····························· 75

4.1.3　几种收敛概念 ···································· 79

4.1.4　算子的微分 ····································· 81

4.2　泛函的极值 ·· 86

4.2.1　泛函极值与变分的概念 ···························· 86

4.2.2　Euler 方程 ······································ 90

4.2.3　泛函极值问题的近似解法 ··························· 98

4.3　广义函数 ·· 103

4.3.1　广义函数的产生 ·································· 103

4.3.2　基本函数空间与广义函数 ·························· 105

4.3.3　广义函数的支集与广义函数的导数 ·················· 106

4.3.4　速降函数与缓增广义函数 ·························· 108

4.3.5　缓增广义函数的 Fourier 变换 ····················· 110

习题 4 ··· 111

第 5 章　Sobolev 空间 ··································· 113

5.1　Sobolev 空间中的基本概念 ··························· 113

5.2　嵌入定理 ·· 115

5.3　Sobolev 空间与广义解 ······························· 116

习题 5 ··· 120

第 6 章　微分流形 ····································· 121

6.1　多元映射的连续性与可微性 ··························· 121

6.2　微分流形的定义 ···································· 124

6.2.1　拓扑流形与微分流形 ······························ 124

6.2.2　可微函数与可微映射 ······························ 130

6.3　临界点理论 ·· 132

6.3.1　临界点与 Sard 定理 ······························ 132

6.3.2　Morse 理论 ····································· 132

6.4　微分动力系统 ······································ 135

6.4.1　微分方程组与向量场 ······························ 135

6.4.2　相流、微分动力系统 ······························ 139

6.5　微分流形理论在经济学中的应用 ······················ 141

6.5.1　经济均衡的存在性 ································ 141

6.5.2　纯交换经济中的均衡 ······························ 143

6.5.3　福利经济基本定理 ································ 144

习题 6 ···146

第 7 章　小波分析 ··147

　7.1　窗口 Fourier 变换 ····································147

　　7.1.1　Fourier 变换 ·····································147

　　7.1.2　窗口 Fourier 变换 ·······························150

　7.2　连续小波变换 ··151

　7.3　二进小波、离散小波与框架 ····························156

　　7.3.1　二进小波变换 ···································156

　　7.3.2　离散小波变换 ···································158

　　7.3.3　框架 ···158

　7.4　正交小波基与多分辨分析 ······························163

　　7.4.1　正交小波 ·····································163

　　7.4.2　多分辨分析 ···································167

　　7.4.3　Mallat 算法 ···································171

　　7.4.4　小波与共轭滤波器 ·······························173

　　7.4.5　紧支集正交小波基 ·······························175

　7.5　正交小波包 ··177

　　7.5.1　小波包的定义与性质 ·······························177

　　7.5.2　最优小波包基 ···································180

　7.6　多框架小波 ··182

　　7.6.1　双正交小波 ···································183

　　7.6.2　多框架小波 ···································185

　7.7　高维小波 ··187

　7.8　小波分析应用简介 ····································190

　　7.8.1　信号的奇异性与小波变换 ·······················190

　　7.8.2　小波在信号消噪中的应用 ·······················192

　　7.8.3　小波在突变点检测中的应用 ·······················194

　　7.8.4　二维小波变换在图像处理中的应用 ·················196

习题 7 ···197

第 8 章　粗糙集简介 ··198

　8.1　知识与粗糙集 ··198

　8.2　知识约简 ··201

　8.3　知识表达系统 ··203

　　8.3.1　信息系统 ·····································203

　　8.3.2　决策表 ···204

8.4　粗糙集模型的算法 ·· 207

　　8.4.1　单一属性分类 ·· 208

　　8.4.2　支持子集与支持度 ·· 209

　　8.4.3　多个属性等价类的交运算 ································ 212

　　8.4.4　属性的独立性 ·· 213

习题 8 ··· 213

参考文献 ·· 214

索引 ·· 216

第1章 集合与映射

1.1 集 合

1.1.1 集合的概念

一般认为, 现代数学以 Cantor(康托尔) 于 1874 年建立集合论为起点. 因为现代数学是将各种研究对象抽象为集合, 通过在集合上建立不同的结构研究其各种关系, 所以集合是现代数学中一个基本的概念.

任何一个理论体系都包含一些不加定义而直接引入的基本概念, 集合就是集合论中的这样一个基本概念. Cantor 对集合概念曾做过如下的描述: "把一些明确的 (确定的)、彼此有区别的、具体的或想象中抽象的东西看作一个整体, 便称为集合. "

一般将集合理解为: 一定范围内一些确定的、不同对象的全体. 集合中的对象称为集合的元素. 通常用大写的英文字母 $A, B, C, \cdots$ 表示集合, 用小写的英文字母 $a, b, c, \cdots$ 表示集合中的元素. 若 a 是集合 A 中的元素, 则说 a 属于 A, 记作 $a \in A$; 若 a 不是集合 A 中的元素, 则说 a 不属于 A, 记作 $a \notin A$(或 $a \bar{\in} A$). 给定一个集合, 即明确了集合中所有的元素, 或者说能够判定一个元素是否属于该集合. 注意, 一个集合中的元素必须是彼此互异的.

习惯上, 用 **N**, **Z**, **Q**, **R**, **C** 分别表示正整数、整数、有理数、实数、复数的全体组成的集合. 在实际问题中, 有时不能保证一个集合中至少含有一个元素 (例如, 由某一给定方程根的全体组成的集合), 因此, 引入空集的概念是合理的. 称不包含任何元素的集合为空集, 记为 $\varnothing$.

常用给出集合的方法有两种.

枚举法   列举出集合中的所有元素, 元素之间用逗号隔开, 然后用大括号括起来. 一般形式为 $A = \{a_1, a_2, \cdots, a_n, \cdots\}$, 如 $A = \{2, 4, \cdots, 100\}$, 枚举法一般用于表示有限个元素组成的集合.

描述法   用集合中元素所满足的性质描述出集合所包含的元素. 一般形式为 $A = \{x | x$ 满足性质 $P\}$, 即具有性质 P 的所有元素组成的集合, 如 **N** $= \{n | n$ 为正整数 $\}$.

例 1.1.1　两类常见的集合.

(1) 次数不超过 $n-1$ 的实系数多项式的全体:

$$\Pi_n = \left\{ \sum_{k=0}^{n-1} a_k x^k \middle| a_k \in \mathbf{R} \right\}, \quad n = 0, 1, 2, \cdots;$$

(2) 闭区间 $[a,b]$ 上具有直到 n 阶连续导数的实函数的全体:

$$C^n[a,b] = \{ f(x) | f^{(n)}(x)在[a,b]上连续 \}, \quad n = 0, 1, 2, \cdots.$$

当 $n=0$ 时, 记 $C^0[a,b] = C[a,b]$, 表示闭区间 $[a,b]$ 上连续实函数的全体.

定义 1.1.1　设 A, B 为两个集合, 若 $\forall x \in A$, 有 $x \in B$, 则称 A 是 B 的子集, 记为 $A \subset B$(A 包含于 B), 或 $B \supset A$(B 包含 A).

规定, 空集是任何集合的子集.

定义 1.1.2　若 $A \subset B$ 且 $B \subset A$, 则称集合 A 与 B相等, 记为 $A = B$. 若 $A \subset B$, 且 $A \neq B$, $A \neq \varnothing$, 则称 A 是 B 的真子集.

例如, 正整数集 $\mathbf{N}$ 是整数集 $\mathbf{Z}$ 的真子集, 整数集 $\mathbf{Z}$ 是实数集 $\mathbf{R}$ 的真子集.

定义 1.1.3　设 A 是一个集合, 称由 A 的所有子集为元素构成的集合为 A 的幂集, 记为 2^A(或 $P(A)$), 即 $2^A = \{ B | B \subset A \}$.

定义 1.1.4　设 $A_1, A_2, \cdots, A_n$ 为 n 个集合, 称集合

$$A_1 \times A_2 \times \cdots \times A_n = \{ (x_1, x_2, \cdots, x_n) | x_i \in A_i, i = 1, 2, \cdots, n \}$$

为集合 $A_1, A_2, \cdots, A_n$ 的积集(笛卡儿积或直积), 其中 x_i 称为元素 $(x_1, x_2, \cdots, x_n)$ 在集合 A_i 上的投影(projection), 记为 $\mathrm{pr}_{A_i}(x_1, \cdots, x_n) = x_i$, $i = 1, \cdots, n$. 当 $A_1 = A_2 = \cdots = A_n = A$ 时, 记 $A^n = \overbrace{A \times A \times \cdots \times A}^{n\uparrow}$.

例如, 实平面 $\mathbf{R}^2$ 可以看作两条实直线 $\mathbf{R}$ 的积集: $\mathbf{R}^2 = \mathbf{R} \times \mathbf{R}$.

1.1.2　集合的运算

定义 1.1.5　设 A, B 为两个集合, 称集合

$$A \bigcup B = \{ x | x \in A或x \in B \},$$

$$A \bigcap B = \{ x | x \in A且x \in B \},$$

$$A - B = \{ x | x \in A且x \notin B \},$$

分别为集合 A 与 B 的并、交、差.

并与交的运算可以推广到任意多个集合的情形: 设 $\{A_i|i \in I\}$ 为一个集族, 其中 I 为一非空指标集合, 则

$$\bigcup_{i\in I} A_i = \{x|\exists i \in I, x \in A_i\},$$

$$\bigcap_{i\in I} A_i = \{x|\forall i \in I, x \in A_i\}.$$

定理 1.1.1 集合的并与交满足下面的分配律:

$$A\bigcup\left(\bigcap_{i\in I} B_i\right) = \bigcap_{i\in I}(A\bigcup B_i), \tag{1.1.1}$$

$$A\bigcap\left(\bigcup_{i\in I} B_i\right) = \bigcup_{i\in I}(A\bigcap B_i). \tag{1.1.2}$$

证明 只证式 (1.1.1), 式 (1.1.2) 的证明类似.

若 $x \in A\bigcup\left(\bigcap_{i\in I} B_i\right)$, 则 $x \in A$ 或者 $x \in \bigcap_{i\in I} B_i$. 当 $x \in A$ 时, $\forall i \in I, x \in A\bigcup B_i$, 则 $x \in \bigcap_{i\in I}(A\bigcup B_i)$; 当 $x \in \bigcap_{i\in I} B_i$ 时, $\forall i \in I, x \in B_i, x \in A\bigcup B_i$, 则 $x \in \bigcap_{i\in I}(A\bigcup B_i)$, 即 $\left(A\bigcup\left(\bigcap_{i\in I} B_i\right)\right) \subset \left(\bigcap_{i\in I}(A\bigcup B_i)\right)$.

反之, 若 $x \in \bigcap_{i\in I}(A\bigcup B_i)$, 则 $\forall i \in I, x \in A\bigcup B_i$, 即 $x \in A$ 或者 $\forall i \in I, x \in B_i$. 当 $x \in A$ 时, $x \in A\bigcup\left(\bigcap_{i\in I} B_i\right)$; 当 $\forall i \in I, x \in B_i$ 时, $x \in \bigcap_{i\in I} B_i$, 则 $x \in A\bigcup\left(\bigcap_{i\in I} B_i\right)$, 即 $\left(A\bigcup\left(\bigcap_{i\in I} B_i\right)\right) \supset \left(\bigcap_{i\in I}(A\bigcap B_i)\right)$.

由集合相等的定义可知 $A\bigcup\left(\bigcap_{i\in I} B_i\right) = \bigcap_{i\in I}(A\bigcup B_i)$. □

在某一问题的讨论中, 当所涉及的集合都是某一 "大" 集合 X 的子集时, 称这个 "大" 集合 X 为全集. 若 $A \subset X$, 称 $X - A$ 为 A 在 X 中的余集 (补集), 记为 A^c.

定理 1.1.2(De Morgan 律) 设 $A_i(i \in I)$ 为集合 X 的子集, 则下面的对偶律成立:

$$\left(\bigcup_{i\in I} A_i\right)^c = \bigcap_{i\in I} A_i^c, \quad \left(\bigcap_{i\in I} A_i\right)^c = \bigcup_{i\in I} A_i^c.$$

证明　由余集的定义,

$$x \in \left(\bigcup_{i \in I} A_i \right)^c \Leftrightarrow x \notin \bigcup_{i \in I} A_i \Leftrightarrow \forall i \in I, x \notin A_i$$

$$\Leftrightarrow \forall i \in I, x \in A_i^c \Leftrightarrow x \in \bigcap_{i \in I} A_i^c.$$

同理可证 $\left(\bigcap_{i \in I} A_i \right)^c = \bigcup_{i \in I} A_i^c.$ □

1.1.3　集合序列的极限

设 $\{A_n\}_{n=1}^{\infty}$ 是一个集合序列, 若满足

$$A_1 \subset A_2 \subset \cdots \subset A_n \subset \cdots,$$

则称集合序列 $\{A_n\}_{n=1}^{\infty}$ 为递增的. 若满足

$$A_1 \supset A_2 \supset \cdots \supset A_n \supset \cdots,$$

则称集合序列 $\{A_n\}_{n=1}^{\infty}$ 为递减的. 递增的和递减的集合序列统称为单调的集合序列.

显然, 对于任意给定的一个集合序列 $\{A_n\}_{n=1}^{\infty}$, 令

$$X_n = \bigcap_{k=n}^{\infty} A_k, \quad Y_n = \bigcup_{k=n}^{\infty} A_k,$$

则集合序列 $\{X_n\}_{n=1}^{\infty}$ 为递增的, $\{Y_n\}_{n=1}^{\infty}$ 为递减的.

定义 1.1.6　设 $\{A_n\}_{n=1}^{\infty}$ 是集合序列, 称集合

$$\varlimsup_{n \to \infty} A_n = \bigcap_{n=1}^{\infty} \left(\bigcup_{k=n}^{\infty} A_k \right)$$

为集合序列 $\{A_n\}_{n=1}^{\infty}$ 的上极限. 称集合

$$\varliminf_{n \to \infty} A_n = \bigcup_{n=1}^{\infty} \left(\bigcap_{k=n}^{\infty} A_k \right)$$

为集合序列 $\{A_n\}_{n=1}^{\infty}$ 的下极限. 若 $\varlimsup_{n \to \infty} A_n = \varliminf_{n \to \infty} A_n$, 则称集合序列 $\{A_n\}_{n=1}^{\infty}$ 收敛, 并称集合 $A = \varlimsup_{n \to \infty} A_n = \varliminf_{n \to \infty} A_n$ 为集合序列 $\{A_n\}_{n=1}^{\infty}$ 的极限, 记为 $A = \lim_{n \to \infty} A_n$.

由定义不难看出, 对于一般的集合序列 $\{A_n\}_{n=1}^{\infty}$ 有

(1) $x \in \varlimsup\limits_{n \to \infty} A_n$ 的充要条件是存在无限多个 A_n 包含 x;

(2) $x \in \varliminf\limits_{n \to \infty} A_n$ 的充要条件是存在正整数 N, $\forall n \geqslant N$ 都有 $x \in A_n$;

(3) $\varliminf\limits_{n \to \infty} A_n \subset \varlimsup\limits_{n \to \infty} A_n$.

因此, 对于单调递增的集合序列 $\{A_n\}_{n=1}^{\infty}$, 有 $\lim\limits_{n \to \infty} A_n = \bigcup\limits_{k=1}^{\infty} A_k$; 对于单调递减的集合序列 $\{B_n\}_{n=1}^{\infty}$, 有 $\lim\limits_{n \to \infty} B_n = \bigcap\limits_{k=1}^{\infty} B_k$.

例 1.1.2 设 $A_{2k-1} = \left[0, 2 - \dfrac{1}{k}\right)$, $A_{2k} = \left[0, 1 + \dfrac{1}{k}\right)$, $k = 1, 2, \cdots$, 求集合序列 $\{A_n\}_{n=1}^{\infty}$ 的上极限和下极限, 并讨论 $\{A_n\}_{n=1}^{\infty}$ 是否收敛.

解 先求上极限. 注意到 $\forall x \in [0, 2)$, 都存在一个 $N > 1/(2-x)$, 当 $k \geqslant N$ 时, 有 $0 \leqslant x < 2 - 1/k$, 即 $x \in A_{2k-1}, k = N, N+1, \cdots$. 于是对任意的正整数 n, 都有 $x \in \bigcup\limits_{k=n}^{\infty} A_k$, 因此 $x \in \bigcap\limits_{n=1}^{\infty} \left(\bigcup\limits_{k=n}^{\infty} A_k \right) = \varlimsup\limits_{n \to \infty} A_n$, 即 $[0, 2) \subset \varlimsup\limits_{n \to \infty} A_n$. 另一方面, 当 $x \notin [0, 2)$ 时, 对于任意的正整数 n, $x \notin \bigcup\limits_{k=n}^{\infty} A_k$, 因此 $\varlimsup\limits_{n \to \infty} A_n = [0, 2)$.

再求下极限. 对 $\forall x \in [0, 1]$ 和任意的正整数 $k > 1$, 有 $x \in A_k$. 于是对于任意的正整数 $n > 1$, 都有 $x \in \bigcap\limits_{k=n}^{\infty} A_k$. 因此 $x \in \bigcup\limits_{n=1}^{\infty} \left(\bigcap\limits_{k=n}^{\infty} A_k \right) = \varliminf\limits_{n \to \infty} A_n$, 即 $[0, 1] \subset \varliminf\limits_{n \to \infty} A_n$. 另一方面, 当 $1 < x < 2$ 时, 存在 $n_x > 1/(x-1)$, 对任意 $m \geqslant n_x$, 有 $x \notin A_{2m}$, 即对任意的正整数 n, 都有 $x \notin \bigcap\limits_{k=n}^{\infty} A_k$. 因此 $\varliminf\limits_{n \to \infty} A_n = [0, 1]$.

因为 $\varliminf\limits_{n \to \infty} A_n = [0, 1] \neq \varlimsup\limits_{n \to \infty} A_n = [0, 2)$, 所以集合序列 $\{A_n\}_{n=1}^{\infty}$ 不收敛.

1.2 映 射

1.2.1 映射的概念

集合与集合之间、集合的元素与元素之间都可以通过映射建立起联系. 映射是现代数学中一个最基本的概念.

定义 1.2.1 设 X, Y 是两个非空集合. 若对于每个 $x \in X$, 按照某种确定的对应法则 f, 都有唯一确定的 $y \in Y$ 与之对应, 则称此对应法则 f 为集合 X 到 Y 的一个映射(特别地, 称 X 到 X 的映射为变换), 记为 $f: X \to Y$. 称 y 为 x 在映射 f 下的象, 记为 $y = f(x)$; 称 x 为 y 的原象. 称 X 为映射 f 的定义域; 称 Y 的子集 $f(X) = \{f(x) | x \in X\}$ 为映射 f 的值域. 若 $A \subset X, B \subset Y$, 称集合

$f(A) = \{f(x)|x \in A\}$ 为集合 A 的象集; 称集合

$$f^{-1}(B) = \{x|x \in X, f(x) \in B\}$$

为集合 B 的原象集. 称集合 $X \times Y$ 的子集

$$G(f) = \{(x,y)|x \in X, y = f(x)\}$$

为映射 f 的图像.

由定义 1.2.1 可以看出, 当 X, Y 为两个数集时, 映射 f 就是普通的函数. 因此映射可以看作普通函数概念的推广.

两个映射 f_1, f_2 称为相等, 如果它们都是集合 X 到集合 Y 的映射, 并且 $\forall x \in X$, 都有 $f_1(x) = f_2(x)$.

定义 1.2.2   设映射 $f : X \to Y$.

(1) 若 $\forall x_1, x_2 \in X, x_1 \neq x_2$, 都有 $f(x_1) \neq f(x_2)$, 则称 f 为单射;

(2) 若 $\forall y \in Y$, 都存在 $x \in X$, 使 $f(x) = y$, 则称 f 为满射;

(3) 若 f 既是单射又是满射, 则称 f 为双射 (一对一映射或一一对应). 此时 $\forall y \in Y$, 都存在唯一确定的 $x \in X$, 使 $y = f(x)$, 称这一映射为 f 的逆映射, 记为 f^{-1}.

例 1.2.1   恒等映射 (单位映射) $I : X \to X, \forall x \in X, I(x) = x$.

显然, 恒等映射是双射.

例 1.2.2   图 1.2.1 给出了 $X \to Y$ 的 4 个对应法则 f_1, f_2, f_3, f_4, 判断它们是否是映射、单射、满射、双射.

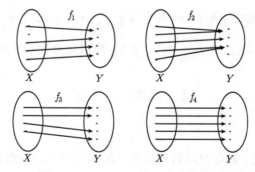

图 1.2.1 $X \to Y$ 的 4 个对应法则

解 f_1 不是映射. f_2 是映射, 但它既不是单射也不是满射. f_3 是单射但不是满射. f_4 是双射.

例 1.2.3   设 $\mathbf{Z}$ 是所有整数的集合. $\forall n \in \mathbf{Z}$, 令

$$f(n) = \left[\frac{n}{2}\right] \quad ([x] \text{ 表示不超过 } x \text{ 的最大整数}),$$

则对应法则 f 是 $\mathbf{Z}$ 到 $\mathbf{Z}$ 的满射, 但不是单射.

定义 1.2.3 设 X 是一个集合, $A \subset X$, 称 X 到数集 $[0,1]$ 的映射

$$\chi_A(x) = \begin{cases} 1, & x \in A, \\ 0, & x \notin A \end{cases}$$

为集合 A 上的特征函数 (特征映射).

1.2.2 复合映射及性质

定义 1.2.4 设 $f: X \to H, g: H \to Y$. 若 $\forall x \in X$, 令 $g \circ f(x) = g(f(x))$, 则 $g \circ f$ 是 $X \to Y$ 的映射, 称 $g \circ f$ 为映射 f 与 g 的复合映射.

同复合函数一样, 只要映射 f 的值域 $f(X)$ 包含在映射 g 的定义域 H 中就可构成复合映射 $g \circ f$. 另外, 复合映射的概念还可推广到多个 (三个以上) 映射的情形.

由定义 1.2.4 不难看出复合映射具有下面的性质:

(1) 若 f 与 g 都是单射, 则复合映射 $g \circ f$ 也是单射;

(2) 若 f 与 g 都是满射, 则复合映射 $g \circ f$ 也是满射;

(3) 若 f 与 g 都是双射, 则复合映射 $g \circ f$ 也是双射.

定义 1.2.5 设 $f: X \to Y, A \subset X, g: A \to Y$, 若对任意的 $x \in A$, 都有 $f(x) = g(x)$, 则称 f 为 g 到 X 上的延拓, 称 g 为 f 在 A 上的限制, 记为 $g = f|_A$.

例 1.2.4 设 $f(x) = |x|, -\infty < x < \infty$; $g(x) = x, 0 \leqslant x < \infty$, 则 f 是 g 到 $-\infty < x < \infty$ 上的延拓, g 是 f 在 $0 \leqslant x < \infty$ 上的限制, $g = f|_{[0,\infty)}$.

1.3 二 元 关 系

1.3.1 二元关系的概念

众所周知, 对于两个实数有大于关系、相等关系、小于关系; 对于两个人有师生关系、同学关系、朋友关系等. 把这些关系抽象出来, 推广到一般集合上就是下面的定义:

定义 1.3.1 设 X 和 Y 为两个非空集合, 称 $X \times Y$ 的每一个子集 R 为 $X \times Y$ 上的一个二元关系. 若 $(x, y) \in R$, 则称 x 与 y 是 R 相关的, 记为 xRy. 若 $(x, y) \notin R$, 则称 x 与 y 不是 R 相关的, 记为 $x\overline{R}y$. $X \times X$ 上的二元关系 R 简称为 X 上的二元关系.

当 X 和 Y 为有限集时, 除用上面积集的子集表示二元关系外, 还可用表格或矩阵表示二元关系:

设 $X = \{x_1, \cdots, x_m\}, Y = \{y_1, \cdots, y_n\}$, 则 $X \times Y$ 上的二元关系 R 可表示为

	y_1	y_2	$\cdots$	y_n
x_1	r_{11}	r_{12}	$\cdots$	r_{1n}
x_2	r_{21}	r_{22}	$\cdots$	r_{2n}
$\vdots$	$\vdots$	$\vdots$		$\vdots$
x_m	r_{m1}	r_{m2}	$\cdots$	r_{mn}

其中 $r_{ij} = \begin{cases} 1, & x_i R y_j, \\ 0, & x_i \overline{R} y_j, \end{cases}$ $\quad i = 1, \cdots, m, j = 1, \cdots, n.$ 称矩阵

$$\begin{pmatrix} r_{11} & r_{12} & \cdots & r_{1n} \\ r_{21} & r_{22} & \cdots & r_{2n} \\ \vdots & \vdots & & \vdots \\ r_{m1} & r_{m2} & \cdots & r_{mn} \end{pmatrix}$$

为 R 的关系矩阵.

在数学上, 把元素只取 0 或 1 的矩阵称为Boole (布尔) 矩阵. 关系矩阵是 Boole 矩阵.

例 1.3.1　设 $\mathbf{C}$ 是所有复数的集合, P 是所有代数方程组成的集合. 构造 $\mathbf{C} \times P$ 的一个子集

$$R = \big\{ (c,p) \mid c \in \mathbf{C}, p \in P, c \text{ 是 } p \text{ 的根} \big\},$$

则 R 就是 $\mathbf{C} \times P$ 上的一个二元关系. 具体地说, 当取 p_1 为

$$x^2 - 3x + 2 = (x-1)(x-2) = 0,$$

则 $1, 2$ 与 p_1 都是 R 相关的; 当取 p_2 为

$$x^2 - 4x + 3 = (x-1)(x-3) = 0,$$

则 1 与 p_1, p_2 都是 R 相关的.

1.3.2　等价关系

定义 1.3.2　设 R 是 X 上的一个二元关系, 满足

(1) **自反性**　$\forall x \in X$, 有 $(x, x) \in R$;

(2) **对称性**　若 $(x, y) \in R$, 则 $(y, x) \in R$;

(3) **传递性**　若 $(x, y) \in R, (y, z) \in R$, 则 $(x, z) \in R$,

则称 R 是 X 上的一个等价关系; 若 $(x,y) \in R$, 称 x 与 y 在 R 下等价.

定义 1.3.3 设 R 是 X 上的一个等价关系, $x \in X$, 记

$$\tilde{x} = \{y | y \in X, \quad yRx\},$$

称 $\tilde{x}$ 为 x 关于 R 的等价类. 称关于 R 的等价类的全体

$$X/R = \{\tilde{x} | x \in X\}$$

为 X 关于 R 的商集.

例 1.3.2 设 $\mathbf{Z}$ 是所有整数的集合, 取定正整数 $n > 0$. 构造 $\mathbf{Z} \times \mathbf{Z}$ 的一个子集

$$R = \{(k,s) | k,s \in \mathbf{Z}, n | (k-s), \text{即} k - s \text{能被} n \text{整除}\},$$

则 R 是 $\mathbf{Z}$ 上的一个等价关系. 这个等价关系通常叫做模 n 的同余关系. 由模 n 的同余关系 R 确定了 n 个等价类, 称为模 n 的剩余类, 一般用 $\tilde{0}, \tilde{1}, \cdots, \widetilde{n-1}$ 表示, 即

$$\tilde{0} = \{\cdots, -2n, -n, 0, n, 2n, \cdots\} = \{nk | k \in \mathbf{Z}\},$$
$$\tilde{1} = \{\cdots, -2n+1, -n+1, 1, n+1, 2n+1, \cdots\} = \{nk+1 | k \in \mathbf{Z}\},$$
$$\tilde{2} = \{\cdots, -2n+2, -n+2, 2, n+2, 2n+2, \cdots\} = \{nk+2 | k \in \mathbf{Z}\},$$
$$\cdots\cdots$$
$$\widetilde{n-1} = \{\cdots, -2n-1, -n-1, -1, n-1, 2n-1, 3n-1, \cdots\} = \{nk+n-1 | k \in \mathbf{Z}\}.$$

当然每个等价类可用该类中的任一元素表示. 所有模 n 剩余类组成的集合

$$\mathbf{Z}/R = \left\{\tilde{0}, \tilde{1}, \cdots, \widetilde{n-1}\right\}$$

就是 $\mathbf{Z}$ 关于 R 的商集. 当 $n = 2$ 时, 这个商集只有两个元素 $\tilde{0}$ 和 $\tilde{1}$, 其中 $\tilde{0}$ 为偶数的集合, $\tilde{1}$ 为奇数的集合.

定理 1.3.1 集合 X 上的每一个等价关系都给出 X 的一个分划 (把 X 分为一些互不相交的非空子集之并). 反之, X 的每一个分划都给出 X 上的一个等价关系.

证明 若 R 是 X 上的一个等价关系, 则所有不同的等价类互不相交, 且 $\bigcup_{x \in X} \tilde{x} = X$, 即给出 X 的一个分划.

若 $\{A_i | i \in I\}$ 为 X 的一个分划, 定义

$$R = \{(a,b) | \exists A_i, i \in I, \text{使} a, b \in A_i\},$$

则 R 是 X 上的一个等价关系. □

在例 1.3.2 中, 等价类 $\tilde{0}, \tilde{1}, \cdots, \widetilde{n-1}$ 互不相交, 且 $\mathbf{Z} = \tilde{0} \bigcup \tilde{1} \bigcup \cdots \bigcup \widetilde{n-1}$, 即 $\tilde{0}, \tilde{1}, \cdots, \widetilde{n-1}$ 为等价关系 R 给出 $\mathbf{Z}$ 的一个分划.

1.4 集 合 的 势

1.4.1 势的概念

根据集合所含元素的多少可将集合分为有限集 (集合中含有有限个元素) 和无限集 (集合中含有无限多个元素) 两大类. 在许多实际问题中, 常常需要区分两个集合中所含元素的多少. 对于有限集, 由于能够确切说出其中元素的个数, 这项工作很容易做到. 但对于两个无限集合, 又如何区分两个集合中所含元素的多少呢? 例如, 所有正整数多, 还是区间 $[0,1]$ 上的所有有理数多呢?

对于有限集合, 我们说教室里的学生和椅子一样多, 是由于发现让每个学生都坐好后没有剩余的椅子. 同样, 我们说一个集合 A 含有 n 个元素, 是由于在集合 A 与集合 $\{1,2,\cdots,n\}$ 之间建立了一个双射 (一一对应). 事实上, 这种区分两个有限集合所含元素多少的方法也适用于无限集合, 即用在两个无限集之间建立一个双射或单射的方法来区分两个无限集所含元素的多少.

定义 1.4.1 若两个集合 A,B 之间存在一个双射 (一一对应), 则称集合 A 与 B **等势** (对等), 或者说集合 A 与 B 有相同的**基数**(cardinal number), 记为 $|A|=|B|$, 其中 $|A|$ 表示集合 A 的基数 (或用 $\mathrm{card}A$ 表示, 即 $\mathrm{card}A=|A|$). 若存在集合 A 到集合 B 的一个单射, 则称集合 A 的势不大于集合 B 的势, 记为 $|A|\leqslant|B|$.

在定义 1.4.1 中, 若把所有感兴趣的集合构成一个集族 (以集合为元素的集合), 则等势 (或对等) 就是该集族上的一个等价关系. 这个等价关系把相互对等的集合归为同一类, 不对等的集合归为不同的类. 这样, 对于有限集合, 所有含有相同个数元素的集合归为同一类, 而元素个数不同的集合归为不同的类. 当 A 为含有 n 个元素的集合时, 规定 $|A|=n$.

定理 1.4.1(Bernstein) 设 A 和 B 是两个集合, 若存在单射 $f:A\to B$ 和单射 $g:B\to A$, 则存在双射 $h:A\to B$, 即若 $|A|\leqslant|B|$, 且 $|B|\leqslant|A|$, 则 $|A|=|B|$.

证明略.

1.4.2 可数集与超穷数

定义 1.4.2 用 $\aleph_0$(读作阿列夫零) 表示正整数集合 $\mathbf{N}$ 的势, 即 $|\mathbf{N}|=\aleph_0$. 若集合 A 的势满足 $|A|\leqslant|\mathbf{N}|$, 则称 A 为**可数集** (可列集), 否则称为**不可数集**.

显然, 有限集是可数集. 按照等势的定义, 对于无限集, 等势的集合含有的元素不一定一样多. 例如, 全体正偶数组成的集合 $\{2,4,6,8,\cdots\}$ 与全体正整数组成的集合 $\mathbf{N}$ 等势, 即把正整数集 $\mathbf{N}$ 中奇数去掉后还与原集合等势.

可以证明实数集 $\mathbf{R}$ 的势与正整数集 $\mathbf{N}$ 的势不对等, 即 $|\mathbf{N}|<|\mathbf{R}|$. 用 $\aleph_1$ 表示实数集 $\mathbf{R}$ 的势, 即 $|\mathbf{R}|=\aleph_1$, $\aleph_0<\aleph_1$.

定理 1.4.2 设 A 是一个非空集合, 则 $|A| < |2^A|$.

证明 先证 $|A| \leqslant |2^A|$, 只需构造 $A \to 2^A$ 的一个单射 f.

$\forall x \in A$, 令 $f(x) = \{x\} \in 2^A$, $\{x\}$ 为单点集合, 则 f 为 $A \to 2^A$ 的一个单射, 因此 $|A| \leqslant |2^A|$.

再证 $|A| \neq |2^A|$, 即不存在 $A \to 2^A$ 的双射.

反证法. 若存在双射 $g : A \to 2^A$, 注意 $\forall x \in A, g(x) \in 2^A$, 即 $g(x)$ 为 A 的一个子集, 构造 A 的子集

$$B = \{x | x \in A, \text{且 } x \notin g(x)\} \in 2^A.$$

由于 g 是双射, 所以 $\exists y \in A$, 使 $g(y) = B$. 不论 $y \in B (= g(y))$ 还是 $y \notin B (= g(y))$, 都与 B 的定义矛盾. 因此不存在 $A \to 2^A$ 的双射.

定理 1.4.2 得证. $\qquad\qquad\qquad\qquad\qquad\qquad\qquad\qquad\qquad\qquad\qquad\qquad$ □

把非有限集的势称为**超穷数**. 由定理 1.4.2 可知, 互不相等的超穷数也有无限多个. 具体来说, 前面已定义了正整数集的势 $|\mathbf{N}| = \aleph_0$, 实数集的势 $|\mathbf{R}| = \aleph_1$, 记 $|2^{\mathbf{R}}| = \aleph_2$, 以此类推可定义出 $\aleph_n$, $n = 3, 4, \cdots$, 直到 $\aleph_{\aleph_0}$. 这些势都是互不相等的超穷数. 关于每两个相邻的超穷数之间是否还存在集合 A_n, 使 $\aleph_{n-1} < |A_n| < \aleph_n$ 这个问题, 著名的连续统假设猜想不存在这样的集合 A_n(1878 年首先由 Cantor 提出在 $\aleph_0$ 和 $\aleph_1$ 之间不存在这样的集合), 直到 1963 年 (由 Cohen(科恩) 及 Gödel(哥德尔)) 证明了这一假设与集合公理系统是独立的, 即无论这个假设成立还是不成立都与集合论的其他公理相容.

1.5 序 结 构

1.5.1 序关系

实数集中任意两个实数都可以比较大小, 从而形成一种顺序, 由此有最大数、最小数、上界、下界等概念. 把实数的这些概念推广到一般集合上就是下面集合的序关系:

定义 1.5.1 设 X 是一非空集合, "$\leqslant$" 为 X 上的一个二元关系, 若满足以下序公理:

(1) **自反性** $\forall x \in X$, 有 $x \leqslant x$;

(2) **传递性** 若 $x \leqslant y, y \leqslant z$, 则 $x \leqslant z$;

(3) **反对称性** 若 $x \leqslant y$ 且 $y \leqslant x$, 则 $x = y$,

则称 "$\leqslant$" 为 X 上的一个**半序 (偏序)**, 称 $(X, \leqslant)$ 为**序空间**, 称赋予了半序的集合 X 为**半序集 (偏序集)**.

若半序 "⩽" 还满足序公理

(4) **全序性** $\forall x, y \in X, x \leqslant y$ 与 $y \leqslant x$ 必居其一,

则称 "⩽" 为全序, 称 $(X, \leqslant)$ 为全序空间, 称赋予了全序的集合 X 为全序集.

半序集和全序集统称有序集.

在定义 1.5.1 中, "⩽" 代表一个二元关系, 它未必具有通常的小于等于的意义, 可理解为实数之间的小于等于在一般集合元素间的推广, 也可以用其他的记号.

例 1.5.1 设 X 是一非空集合, 其幂集 2^X 上的包含关系 "$\subset$" 是 2^X 上的一个二元关系. 因为它具有自反性、传递性、反对称性, 所以 "$\subset$" 是 2^X 上的一个半序. 当 X 中的元素多于 1 个时, "$\subset$" 不满足全序性. 因为当 $x, y \in X$ 时, $\{x\}, \{y\} \in 2^X$, 但 $\{x\}$ 与 $\{y\}$ 互不包含, 所以此时 X 不是全序集.

例 1.5.2 $\forall \boldsymbol{x}, \boldsymbol{y} \in \mathbf{R}^n (n \geqslant 1), \boldsymbol{x} = (x_1, \cdots, x_n), \boldsymbol{y} = (y_1, \cdots, y_n)$, 定义二元关系 "$\prec$" 如下:

$$x \prec y \quad \Leftrightarrow \quad x_i \leqslant y_i, \quad i = 1, \cdots, n,$$

其中 "⩽" 为普通数之间的小于等于意义. 显然 $\prec$ 具有自返性、传递性和反对称性. 当 $n > 1$ 时, $\prec$ 只是 $\mathbf{R}^n$ 上的一个半序, 因为它不满足全序性, 如 $\boldsymbol{x} = (2, 1, \cdots, 1), \boldsymbol{y} = (1, 2, \cdots, 2)$ 就不能用 $\prec$ 比较. 当 $n = 1$ 时, $\prec$ 是实数集 $\mathbf{R}$ 上的全序, 此时满足全序性, 即实数集 $\mathbf{R}$ 关于 "⩽" 构成全序集.

1.5.2 确界与最大元

定义 1.5.2 设 X 是一个有序集, $A \subset X, b \in X$.

(1) 若 $\forall a \in A$, 都有 $a \leqslant b (b \leqslant a)$, 则称 b 为 A 的一个上界 (下界), 记为 $A \leqslant b (b \leqslant A)$, 称 A 是有上界 (有下界)的.

(2) 若 A 既有上界又有下界, 则称 A序有界.

(3) 若 b 为 A 的一个上界 (下界), 且对 A 的任何上界 (下界)b' 都有 $b \leqslant b' (b' \leqslant b)$, 则称 b 为 A 的上确界(supremum)[下确界(infimum)], 记为 $\sup A (\inf A)$.

(4) 若 b 为 A 的一个上界 (下界), 且 $b \in A$, 则称 b 为 A 的最大元 (最小元).

(5) 若 $b_0 \in A$, 对 A 中所有能与 b_0 比较顺序的元素 a, 都有 $a \leqslant b_0 (b_0 \leqslant a)$, 则称 b_0 为 A 的一个极大元 (极小元).

由定义 1.5.2, 若上确界 (下确界) 存在, 则一定唯一. 若最大元 (最小元) 存在, 则一定唯一, 它就是上确界 (下确界). 最大元 (最小元) 一定是极大元 (极小元). 半序集的极大元 (极小元) 可能不止一个.

例如, 实数集 $\mathbf{R}$ 关于普通数之间的小于等于 "⩽" 构成全序集, $\forall A \subset R, A$ 的上确界就是最小上界, 下确界就是最大下界.

例 1.5.3 设 $X = \{1,2,3\}$, 在 X 的幂集

$$2^X = \{\varnothing, \{1\}, \{2\}, \{3\}, \{1,2\}, \{1,3\}, \{2,3\}, \{1,2,3\}\}$$

上赋予半序为包含关系 "$\subset$", 取幂集的子集 $A = \{\{1\}, \{2\}, \{3\}, \{1,2\}, \{2,3\}\}$, 则 A 有一个上界 $\{1,2,3\}$, 它不是最大元. A 有一个下界 $\varnothing$, 它不是最小元. $\{1,2\}, \{2,3\}$ 都是 A 的极大元. $\{1\}, \{2\}, \{3\}$ 都是 A 的极小元. A 既没有最大元也没有最小元.

定义 1.5.3 设 $(X, \leqslant)$ 为序空间, $B \subset X$, 称 B 为 X 的有序子集. 若 $(B, \leqslant)$ 为全序空间, 则称 B 为 X 的全序子集.

下面的引理是许多重要数学结论证明的依据, 它是作为半序集的一个公理被接受的.

Zorn 引理 设 X 是一个半序集, 若 X 的每一个全序子集都有上界, 则 X 必有极大元.

对于有序集之间的映射也有类似于函数的单调性概念.

定义 1.5.4 设 X, Y 是两个半序集, 其中的序都记作 "$\leqslant$", $f: X \to Y$ 是一个映射. 若 $\forall x, y \in X, x \leqslant y$, 都有 $f(x) \leqslant f(y) (f(y) \leqslant f(x))$, 则称 f 为单调增映射 (单调减映射). 若序列 $\{x_n\} \subset X$ 满足 $x_n \leqslant x_{n+1} (x_{n+1} \leqslant x_n)$, $n = 1, 2, \cdots$, 则称 $\{x_n\}$ 为单调增序列 (单调减序列). 单调增序列和单调减序列统称单调序列.

习 题 1

1. 设集合
$$A = \{(x,y) | 0 \leqslant x \leqslant 1, 0 \leqslant y \leqslant 1\},$$
$$B = \{(x,y) | x^2 + y^2 \leqslant 1\},$$
$$C = \{(x,y) | x^2 + y^2 \leqslant 1, xy \geqslant 0\},$$
求集合 $A \bigcup B, A \bigcap B, A \bigcup C, A \bigcap C, A - B, B - A, B - C$, 并在平面直角坐标系中画出相应的图形.

2. 分析下列等式成立的充要条件:
(1) $(A - B) \bigcup B = (A \bigcup B) - B$;
(2) $(A - B) \bigcup C = A - (B - C)$;
(3) $A - B = B - A$.

3. 分别构造一个满射 $f: (0,1) \to [0,1]$ 和一个双射 $g: (0,1) \to (-\infty, \infty)$.

4. 分别构造映射 $f: X \to Y$, 使下列关系式成立:
(1) $A, B \subset X, f(A \bigcap B) \neq f(A) \bigcap f(B)$;
(2) $A \subset X, f(X - A) \subset Y - f(A)$;
(3) $A \subset X, f(X - A) \supset Y - f(A)$.

5. 设 A 是含有 n 个元素的有限集合, 证明 A 的幂集 2^A 的势为 2^n, 即 $|2^A| = 2^{|A|}$.

6. 设有限集 X 上的二元关系 R, S, T 分别用下面的关系矩阵给出：

$$M_R = \begin{pmatrix} 1 & 1 & 0 & 0 & 0 \\ 0 & 1 & 0 & 0 & 1 \\ 1 & 0 & 1 & 1 & 0 \\ 0 & 0 & 1 & 1 & 1 \\ 1 & 1 & 0 & 0 & 1 \end{pmatrix}, \quad M_S = \begin{pmatrix} 1 & 0 & 1 & 0 & 1 \\ 0 & 1 & 0 & 0 & 1 \\ 1 & 0 & 1 & 0 & 0 \\ 0 & 0 & 0 & 1 & 1 \\ 1 & 1 & 0 & 1 & 1 \end{pmatrix}, \quad M_T = \begin{pmatrix} 1 & 1 & 0 & 0 & 1 \\ 1 & 1 & 0 & 0 & 1 \\ 0 & 0 & 1 & 1 & 0 \\ 0 & 0 & 1 & 1 & 0 \\ 1 & 1 & 0 & 0 & 1 \end{pmatrix},$$

问关系 R, S, T 是否具有自反性、对称性、传递性? 是否等价关系?

7. 设 $\boldsymbol{x} = (x_1, x_2), \boldsymbol{y} = (y_1, y_2) \in \mathbf{R}^2$, 在 $\mathbf{R}^2$ 上定义二元关系 S:

若 $x_1 \leqslant y_1$ 且 $x_2 \leqslant y_2$, 则 xSy.

(1) 证明关系 S 为 $\mathbf{R}^2$ 上的半序;

(2) 试举出在此关系下 $\mathbf{R}^2$ 的一个序有界子集, 并指出该子集的两个不同的极大元;

(3) 试举出在此关系下 $\mathbf{R}^2$ 的一个有上界的全序子集, 并指出该全序子集的最大元.

8. 设 $\boldsymbol{x} = (x_1, x_2), \boldsymbol{y} = (y_1, y_2) \in \mathbf{R}^2$, 在 $\mathbf{R}^2$ 上定义二元关系 T:

若 $x_1^2 + x_2^2 \leqslant y_1^2 + y_2^2$, 则 xTy.

问关系 T 是否序关系? T 是全序还是半序?

第 2 章   代数结构与抽象空间

现代数学把各种研究对象统一抽象为集合, 把 $\mathbf{R}^n$ 中的代数运算、距离、邻域、长度、正交等概念引入到集合中, 使其具有类似于 $\mathbf{R}^n$ 的各种结构, 从而构造出各种抽象空间, 进而把 $\mathbf{R}^n$ 上各种研究方法引入到集合中.

2.1   代 数 结 构

2.1.1   代数运算与同构

数的加、减、乘、除运算, 矩阵的加、减、乘运算, 数与矩阵的乘法运算, 向量的数量积与向量积, 函数的加、减、乘运算, 集合的并与交运算等, 把这些运算的本质进行统一得到下面的代数运算.

定义 2.1.1   设 A, B, C 均为非空集合, 称映射 $f : A \times B \to C$ 为 $A \times B$ 到 C 的一个代数运算, 记 $f(a, b) = c$ 为 $a \cdot b = c$(也可以选用其他的运算符号). 称 $A \times A$ 到 A 的代数运算为 A 上的代数运算.

例如, 设 M_n 为所有 n 阶方阵组成的集合, $\mathbf{R}$ 为实数集, 则数与矩阵的乘法运算就是 $\mathbf{R} \times M_n$ 到 M_n 的一个代数运算; 矩阵的加法和乘法运算就是 M_n 上的两个代数运算.

定义 2.1.2   设 "$\cdot$" 和 "$+$" 是集合 A 上的两个代数运算.

(1) 若 $\forall a, b \in A$, 都有 $a \cdot b = b \cdot a$, 则称 "$\cdot$" 运算满足交换律;

(2) 若 $\forall a, b, c \in A$, 都有 $(a \cdot b) \cdot c = a \cdot (b \cdot c)$, 则称 "$\cdot$" 运算满足结合律;

(3) 若 $\forall a, b, c \in A$, 都有

$$a \cdot (b + c) = (a \cdot b) + (a \cdot c), ((a + b) \cdot c = (a \cdot c) + (b \cdot c)),$$

则称 "$\cdot$" 运算对 "$+$" 运算满足左 (右)分配律.

对于带有代数运算的集合间的映射, 其象运算与原象运算之间的关系是否一致是非常重要的.

定义 2.1.3   设 A, B 是两个分别带有代数运算 "$\cdot_A$" 和 "$\cdot_B$" 的集合, 映射 $f : A \to B$. 若 $\forall a, b \in A$, 都有 $f(a \cdot_A b) = f(a) \cdot_B f(b)$, 则称 f 是 A 到 B 的代数同态. 若 f 为单射 (满射), 则称 f 为单同态 (满同态). 若 f 是一一对应, 则称 f 是 A 到 B 的代数同构, 此时称 A 与 B 是代数同构的集合. 从 A 到 A 代数同构称为自同构.

代数同构的集合具有相同的代数运算性质. 因此, 它们的代数构造可以看成是一样的.

例 2.1.1   设 Π_n 是所有次数不超过 $n-1$ 的实系数多项式组成的集合, 带有普通的多项式加法运算, $\mathbf{R}^n$ 是所有 n 维实向量组成的集合, 带有普通的向量加法运算. 定义映射 $f:\Pi_n \to \mathbf{R}^n$, 对任意的 $a_0 + a_1 x + \cdots + a_{n-1}x^{n-1} \in \Pi_n$, 令

$$f(a_0 + a_1 x + \cdots + a_{n-1}x^{n-1}) = (a_0, a_1, \cdots, a_{n-1}),$$

则 f 为 Π_n 到 $\mathbf{R}^n$ 的一个代数同构.

2.1.2   群

在一个非空集合上定义一种或多种运算, 并且这些运算满足一定的运算规律, 这个集合和满足运算规律的这些运算组成的整体 (系统) 称为代数系统, 或称系统具有代数结构. 群是一种最基本、最简单的代数结构. 简单的代数结构可以发展成复杂的代数结构.

定义 2.1.4   设 G 是一个非空的集合, "·" 是 G 上的代数运算. 若运算 "·" 满足:

(1) 结合律, 则称 $(G,\cdot)$ 为半群. 在不会引起混淆时简称 G 为半群.

若半群 $(G,\cdot)$ 还满足下列条件:

(2) 有单位元, 即 $\exists e \in G$, 使 $\forall a \in G$, 有 $a \cdot e = e \cdot a = a$;

(3) 每个元素都有逆元, 即 $\forall a \in G$, $\exists a^{-1} \in G$, 使 $a \cdot a^{-1} = a^{-1} \cdot a = e$, 则称 $(G,\cdot)$ 为群. 若群 $(G,\cdot)$ 还满足交换律, 则称 $(G,\cdot)$ 为交换群(或Abel 群).

例 2.1.2   (1) 所有整数组成的集合关于整数的加法构成一个交换群. 关于整数的乘法构成一个半群. 因为除去 1 之外, 其他的元素 (整数) 都没有逆元.

(2) 所有 n 阶可逆方阵组成的集合关于矩阵的乘法构成一个群, 但不是交换群. 因为矩阵的乘法不满足交换律.

(3) 所有 n 维向量组成的集合 $\mathbf{R}^n$ 关于向量的加法构成一个交换群.

(4) 所有模 n 的剩余类组成的集合 $Z_n = \{\tilde{0}, \tilde{1}, \cdots, \widetilde{n-1}\}$, 在 Z_n 上定义

$$\tilde{s} + \tilde{k} = \widetilde{s+k},$$

其中 $s+k$ 就是普通数的加法, $\widetilde{s+k}$ 为 $s+k$ 所在的剩余类.

首先说明它是一种运算, 即运算结果与剩余类选用该类中哪个元素表示无关. 证明如下:

设 $\tilde{s} = \tilde{s'}, \tilde{k} = \tilde{k'}$, 则 $n|(s-s'), n|(k-k')$, 从而

$$n|((s-s')+(k-k')), \quad n|((s+k)-(s'+k')),$$

即 $\widetilde{s+k} = \widetilde{s'+k'}$.

显然, 此运算满足结合律, 有单位元 $\widetilde{0}$, 每一个元素 $\widetilde{s}$ 都有逆元素 $\widetilde{n-s}$, 另外还满足交换律, 所以 Z_n 关于此运算构成一个交换群, 称为**模 n 剩余类加群**.

(5) 设 X 为由 n 个元素组成的集合, 称 $X \to X$ 的双射为 X 上的**变换 (置换)**. 用 G 表示 X 上所有变换组成的集合, 则 G 关于变换的复合运算

$$\forall f, g \in G, f \circ g : X \to X, \quad \forall x \in X, f \circ g(x) = f(g(x)),$$

构成一个群, 称为 X 上的**变换群 (置换群)**. 该群的单位元是恒等映射, 逆元素是逆映射, 变换群一般不是交换群.

群 G 作为集合的势 $|G|$ 称为群 G 的**阶**. 阶为有限的群称为**有限群**, 阶为超穷数 (非有限) 的群称为**无限群**.

关于群的元素有下面的基本性质:

定理 2.1.1 设 G 是群, 则

(1) 单位元 e 是唯一的;

(2) $\forall a \in G$, a 的逆元是唯一的;

(3) 左、右消去律成立, 即 $\forall a, b, c \in G$, 若 $a \cdot b = a \cdot c$ 或 $b \cdot a = c \cdot a$, 则 $b = c$.

证明 (1) 若 e' 也是 G 的单位元, 则 $e \cdot e' = e' = e$;

(2) 若 a' 也是 a 的逆元, 则 $a' = a' \cdot e = a' \cdot a \cdot a^{-1} = e \cdot a^{-1} = a^{-1}$;

(3) $\forall a, b, c \in G$, 若 $a \cdot b = a \cdot c$, 则 $a^{-1} \cdot (a \cdot b) = a^{-1} \cdot (a \cdot c)$, $b = c$; 同理可证另一种情况. $\square$

定义 2.1.5 设 G 是群, H 是 G 的一个非空子集. 若 H 关于群 G 的运算封闭, 也构成一个群, 则称 H 为 G 的一个**子群**, 记为 $H < G$. 若 $H < G$, $\forall a \in G$, 都有 $\{a \cdot h | h \in H\} = \{h \cdot a | h \in H\}$, 则称 H 为 G 的一个**正规子群 (不变子群)**. 称 $\{a \cdot h | h \in H\}$ 为 H 的**左陪集**, 记为 aH; 称 $\{h \cdot a | h \in H\}$ 为 H 的**右陪集**, 记为 Ha.

显然, 群 G、及其单位元组成的单点子集 $\{e\}$ 都是 G 的子群. 称 G 和 $\{e\}$ 为 G 的**平凡子群**, 其余子群称为**非平凡子群**.

例如, 所有整数组成的集合 $\mathbf{Z}$ 关于普通加法构成的群, 其所有偶数组成的非空子集 $2\mathbf{Z}$ 构成 $\mathbf{Z}$ 的一个正规子群.

定理 2.1.2 设 H 是群 G 的非空子集, 则 H 是 G 的子群的充要条件是

$$\forall a, b \in H, \quad 有 a \cdot b^{-1} \in H.$$

证明 **必要性** 显然成立.

充分性 因为 H 非空, 所以 $\exists a \in H$, 使 $e = a \cdot a^{-1} \in H$. 又因为 $e, a \in H$, 所以 $a^{-1} = e \cdot a^{-1} \in H$. 于是 $\forall a, b \in H$, 有 $b^{-1} \in H$, $a \cdot b = a \cdot (b^{-1})^{-1} \in H$, 即 H 对

于 G 的运算封闭. 显然, 它满足结合律, 又有单位元, 每个元素都有逆元, 故 H 是一个子群.   □

推论 2.1.1   设 $H_i(i \in I)$ 都是群 G 的子群, 则 $\bigcap_{i \in I} H_i$ 也是 G 的子群.

一般来说, 群 G 的任意子集 A 不一定是 G 的子群, 但群 G 必有包含 A 的子群 (如 G 本身), G 的所有包含 A 的子群之交记为 (A), 由推论 2.1.1 知, (A) 是包含 A 的最小的子群 (最小的意义是说: 若 H 是包含 A 的子群, 则 $(A) \subset H$). 称 (A) 为由 A 生成的子群, A 中的元素称为生成元. 称由一个元素生成的子群为**循环群**. 循环群一定是交换子群.

例如, 整数加群 $(\mathbf{Z}, +)$ 的偶数子群 $2\mathbf{Z}$ 就可以由一个元素 2 生成, 即 $2\mathbf{Z}=(2)$.

定理 2.1.3   设 N 是群 G 的正规子群, 令 $G/N = \{aN | a \in G\}$, 在 G/N 上规定运算:
$$\forall aN, bN \in G/N, \quad (aN) \cdot (bN) = (a \cdot b)N,$$
则 G/N 关于此运算构成一个群. 称这个群为 G 对 N 的**商群**.

证明   首先证明它是一种运算, 即运算结果与两个陪集的表示元 a 和 b 的选取无关.

设 $aN = a'N, bN = b'N$, 则 $\exists n_1, n_1' \in N$ 使 $a \cdot n_1 = a' \cdot n_1'$, 即 $a' = a \cdot n_1 \cdot (n_1')^{-1}$. 同理 $\exists n_2, n_2' \in N$ 使 $b \cdot n_2 = b' \cdot n_2'$, 即 $b' = b \cdot n_2 \cdot (n_2')^{-1}$. 因此, $\forall n \in N$, 有
$$a' \cdot b' \cdot n = a \cdot n_1 \cdot (n_1')^{-1} \cdot b \cdot n_2 \cdot (n_2')^{-1} \cdot n = a \cdot m_1 \cdot b \cdot m_2,$$
其中 $m_1, m_2 \in N$. 由于 N 是正规子群, 所以 $\exists m_1' \in N$ 使 $m_1 \cdot b = b \cdot m_1'$, 于是
$$a' \cdot b' \cdot n = a \cdot m_1 \cdot b \cdot m_2 = a \cdot b \cdot m_1' \cdot m_2 = a \cdot b \cdot m, \quad m \in N,$$
即 $\forall n \in N, \exists m \in N$, 使 $a' \cdot b' \cdot n = a \cdot b \cdot m$. 反之亦然. 因此 $(a \cdot b)N = (a' \cdot b')N$.

显然, 该运算满足结合律、有单位元 eN、每个元素 aN 都有逆元 $a^{-1}N$. 因此 G/N 关于此运算构成一个群.   □

例如, 整数加群 $\mathbf{Z}$ 关于它的正规子群 $2\mathbf{Z}$ 的商群 $\mathbf{Z}/2\mathbf{Z} = \{0N, 1N\}$, 其中 $0N$ 和 $1N$ 分别为所有偶数和奇数组成的集合.

定义 2.1.6   设 G, H 为两个群. 若映射 $f : G \to H$ 关于群 G, H 的运算是代数同态, 则称 f 是**群同态**. 称集合 $\{a \in G | f(a) = e_H\}$ (e_H 为群 H 的单位元) 为群同态 f 的核. 当 f 是代数同构时称 f 是**群同构**, 并称 G 与 H 是同构的群, 记为 $G \cong H$.

2.1.3   环与域

群是最简单、最基本的代数系统. 在常见的数集、函数集、矩阵集等集合上都具有多种代数运算, 这些代数运算之间还具有一定的关系.

下面介绍具有两种代数运算的代数系统: 环与域.

定义 2.1.7　设 E 是一个非空的集合. 若 E 有两种代数运算 "+" 和 "·", 满足:

(1) $(E, +)$ 是交换群;

(2) $(E, \cdot)$ 是半群;

(3) "·" 对 "+" 满足分配律:

$\forall a, b, c \in E$, 有

$$a \cdot (b + c) = (a \cdot b) + (a \cdot c), (a + b) \cdot c = (a \cdot c) + (b \cdot c),$$

则称 $(E, +, \cdot)$(简称 E) 为一个环. 若环 E 关于 "·" 运算还满足交换律, 则称 E 为交换环. 若环 E 关于 "·" 运算存在单位元, 则称此单位元为环 E 的单位元, 称环 E 关于 "+" 运算的单位元为环 E 的零元素. 若 $a \in E$ 关于 "·" 运算存在逆元, 则称 a 为可逆元素.

例 2.1.3　(1) 所有整数组成的集合 **Z** 关于普通数的加法和乘法构成一个有单位元的交换环;

(2) 所有 n 阶方阵组成的集合关于矩阵的加法和乘法构成一个有单位元的环, 但不是交换环;

(3) 所有多项式组成的集合关于普通多项式的加法和乘法构成一个有单位元的交换环.

定义 2.1.8　设 E 是一个有单位元的交换环. 若 E 中每个非零元素均为可逆元素, 则称 E 是一个域.

例 2.1.4　有理数集 **Q**、实数集 **R**、复数集 **C** 关于普通数的加法和乘法都构成一个域, 分别称为有理数域、实数域和复数域.

2.2　线性空间

2.2.1　线性空间的概念

定义 2.2.1　设 $(K, +, \cdot)$ 是一个数域, $(X, +)$ 是一个交换群. 若 $K \times X \to X$ 的二元运算 "∘", $\forall r, s \in K, \forall a, b \in X$, 满足:

(1) 分配律　$r \circ (a + b) = (r \circ a) + (r \circ b), (r + s) \circ a = (r \circ a) + (s \circ a)$;

(2) 结合律　$r \circ (s \circ a) = (r \cdot s) \circ a$;

(3) $1 \circ a = a$, 则称 $(X, K, \circ)$(简称 X) 为数域 K 上的线性空间 (向量空间). 若 K 为实数域, 则称 X 为实线性空间; 若 K 为复数域, 则称 X 为复线性空间.

若 X 为 K 上的线性空间, $(X, +, \cdot)$ 是一个环, 且满足:

(4) $r \circ (a \cdot b) = (r \circ a) \cdot b = a \cdot (r \circ b)$,

则称 X 为数域 K 上的代数, 简称 K 代数, 当 $(X, +, \cdot)$ 中的 "·" 还满足交换律时, 称 X 为 K 上的交换代数.

若 X 是数域 K 上的线性空间, $M \subset X$ 是一个非空子集, $\forall x, y \in M, \forall a \in K$, 都有 $x + y \in M, a \circ x \in M$, 则称 M 为 X 的子线性空间, 简称子空间.

注意线性空间 X 内有一种运算, 代数 X 内有两种运算.

例 2.2.1   (1) $\mathbf{R}^n = \{(x_1, x_2, \cdots, x_n) | x_i \in \mathbf{R}, i = 1, 2, \cdots, n\}$ 关于普通向量的加法和数与向量的乘法构成一个实线性空间, 即欧几里得 (Euclid) 空间.

(2) 所有 $m \times n$ 实矩阵组成的集合 $M_{m \times n}$ 关于矩阵的加法和数与矩阵的乘法构成一个实线性空间. 所有 n 阶实方阵组成的集合 M_n 关于矩阵的加法, 数与矩阵的乘法和矩阵的乘法构成一个 $\mathbf{R}$ 代数.

(3) 所有 $p(p \geqslant 1)$ 幂可和数列的全体

$$l^p = \left\{ \{x_n\} | x_i \in \mathbf{R}, i = 1, 2, \cdots, \sum_{i=1}^{\infty} |x_i|^p < \infty \right\}$$

关于普通数列的加法和数与数列的乘法构成一个实线性空间.

(4) 所有有界数列的全体

$$l^\infty = \left\{ \{x_n\} | x_n \in \mathbf{R}, n = 1, 2, \cdots, \sup_n |x_n| < \infty \right\}$$

关于普通数列的加法和数与数列的乘法构成一个实线性空间.

(5) 闭区间 $[a, b]$ 上所有有界实函数的全体

$$B[a, b] = \left\{ f(x) \, \middle| \, \sup_{x \in [a,b]} |f(x)| < \infty \right\}$$

按照普通函数的加法和数与函数的乘法构成一个实线性空间. 按照普通函数的加法, 数与函数的乘法和函数的乘法构成一个交换代数.

(6) 闭区间 $[a, b]$ 上所有具有直到 k 阶连续导数的实函数的全体

$$C^k[a, b] = \{f(x) | f^{(k)}(x) \text{在} [a, b] \text{上连续}\}$$

按照普通函数的加法和数与函数的乘法构成一个实线性空间. 按照普通函数的加法, 数与函数的乘法和函数的乘法构成一个交换代数.

当 $k = 0$ 时, 记 $C^0[a, b]$ 为 $C[a, b]$, 即 $C[a, b] = C^0[a, b]$.

定义 2.2.2   设 $(X, +, \cdot)$ 与 $(Y, +, \cdot)$, 或 $(X, K, \circ)$ 与 $(Y, K, \circ)$ 是两个同类代数系统 (环、域、线性空间、代数). 若存在一个双射 $f : X \to Y$ 保持该系统上所有代数运算的对应关系, 则称这两个代数系统是同构的, 称 f 为同构映射.

不考虑元素的具体内容, 只从抽象的代数结构来看, 同构的两个代数系统具有完全相同的代数性质, 可以认为是等价的.

2.2.2 线性空间的基与维数

定义 2.2.3 设 X 是数域 K 上的线性空间, $\{x_1, x_2, \cdots, x_n\} \subset X$. 若存在不全为零的数 $a_i \in K$, $i = 1, 2, \cdots, n$, 使 $a_1 x_1 + a_2 x_2 + \cdots + a_n x_n = 0$($X$ 中的零元素), 则称 $\{x_1, x_2, \cdots, x_n\}$ 是线性相关的, 否则称为线性无关的. 对 X 的无限子集 M, 若 M 中的每一个非空有限子集都是线性无关的, 则称 M 为 X 的一个线性无关集.

显然, 零元素组成的单点子集是线性相关的, 含有零元素的子集也线性相关.

定义 2.2.4 设 X 是数域 K 上的线性空间, $\{x_1, x_2, \cdots, x_n\} \subset X, a_i \in K$, $i = 1, 2, \cdots, n$, 称

$$a_1 x_1 + a_2 x_2 + \cdots + a_n x_n$$

为 $x_1, x_2, \cdots, x_n$ 的一个线性组合. 设 $E \subset X$, 称

$$\mathrm{span} E = \{y | \exists n, 使 y = a_1 x_1 + a_2 x_2 + \cdots + a_n x_n, a_i \in K, x_i \in E, i = 1, 2, \cdots, n\}$$

为 E 的生成空间. 若 M 是 X 的线性无关集, $\mathrm{span} M = X$, 则称 M 为 X 的一个 (Hamel) 基. 称 $|M|$ 为 X 的维数, 记为 $\dim X$.

线性空间的基可能不止一个, 但每个基的势都是一样的. 也就是说线性空间的维数是唯一的. 规定零线性空间 $\{0\}$ 的维数为零, 即 $\dim\{0\} = 0$.

显然, 线性空间 X 的任一子集 E 的生成空间 $\mathrm{span} E$ 都是 X 的子空间, 并且是包含 E 的最小子空间. 习惯上, 当 $x_1 \in X, x_1 \neq 0$(零元素), 称 $\mathrm{span}\{x_1\}$ 是过点 $0, x_1$ 的直线. 类似地, 称 $\mathrm{span}\{x_1, x_2\}$($x_1, x_2 \in X, x_1, x_2 \neq 0$) 是过点 $0, x_1, x_2$ 的平面.

2.2.3 线性空间中的一些基本概念

定义 2.2.5 设 X 是数域 K 上的线性空间, M 为 X 的子空间, 称

$$M + \alpha = \{x + \alpha | x \in M\}, \quad \alpha \in X$$

为平行于 M 的**线性流形**. 若 $\dim M = n$, 则称 $M + \alpha$ 为 **n 维的线性流形**.

显然, (n 维) 子空间本身是一个特殊的 (n 维) 线性流形, 此时 $\alpha = 0$.

例 2.2.2 若 $X = \mathbf{R}^2$, $M = \{(x, 0) | x \in \mathbf{R}\}$($x$ 轴), $\alpha = (a, b) \in \mathbf{R}^2$, 则一维线性流形 $M + \alpha = \{(x + a, b) | x \in \mathbf{R}\}$ 就是过 (a, b) 点平行于 x 轴的直线. 一般地, 若 $E = \mathrm{span}\{(1, k)\} = \{(x, kx) | x \in \mathbf{R}\}$(过原点斜率为 k 的直线), k 为定数, $\alpha = (a, b) \in \mathbf{R}^2$, 则一维线性流形

$$E + \alpha = \{(x + a, kx + b) | x \in \mathbf{R}\}$$

就是过 (a, b) 点斜率为 k 的直线, 它平行于直线 $E(y = kx)$.

定义 2.2.6　设 $A_1, A_2, \cdots, A_n$ 均为线性空间 X 的子空间. 若 $\forall x \in X$ 都有唯一的分解式

$$x = x_1 + x_2 + \cdots + x_n, \quad x_i \in A_i, i = 1, 2, \cdots, n,$$

则称 X 为 $A_1, A_2, \cdots, A_n$ 的**直接和**, 记为

$$X = A_1 \dot{+} A_2 \dot{+} \cdots \dot{+} A_n.$$

例 2.2.3　线性空间 $\mathbf{R}^2$ 是任意两条过原点的不同直线 (子空间) 的直接和. 即 $A_1 = \{(x, k_1 x) | x \in \mathbf{R}\}, A_2 = \{(x, k_2 x) | x \in \mathbf{R}\}, k_1 \neq k_2, \mathbf{R}^2 = A_1 \dot{+} A_2.$

定理 2.2.1　设 $A_1, A_2, \cdots, A_n$ 均为线性空间 X 的子空间, 则 X 为 $A_1, A_2, \cdots, A_n$ 的直接和的充要条件是

$$X = A_1 + A_2 + \cdots + A_n = \{x_1 + x_2 + \cdots + x_n | x_i \in A_i, \quad i = 1, 2, \cdots, n\},$$

且

$$A_i \bigcap (A_1 + \cdots + A_{i-1} + A_{i+1} + \cdots + A_n) = \{0\}, \quad i = 1, 2, \cdots, n.$$

证明　**必要性**　反证法. 若 X 为 $A_1, A_2, \cdots, A_n$ 的直接和, 但存在某一数 k, $1 \leqslant k \leqslant n$, 使 $A_k \bigcap (A_1 + \cdots + A_{k-1} + A_{k+1} + \cdots + A_n) \neq \{0\}$, 不妨设 $k = 1$, 即 $A_1 \bigcap (A_2 + \cdots + A_n) \neq \{0\}$, 取 $x \in A_1 \bigcap (A_2 + \cdots + A_n), x \neq 0$, 则 x 至少有两个不同的分解式 $x = x_1 \in A_1$ 和 $x = 0 + x_2 + \cdots + x_n, x_i \in A_i, i = 2, 3, \cdots, n$. 这与 X 为 $A_1, A_2, \cdots, A_n$ 的直接和矛盾.

充分性　若 $X = A_1 + A_2 + \cdots + A_n$, 且

$$A_i \bigcap (A_1 + \cdots + A_{i-1} + A_{i+1} + \cdots + A_n) = \{0\}, \quad i = 1, 2, \cdots, n,$$

则 $\forall x \in X$ 都可分解为 $x = x_1 + x_2 + \cdots + x_n, x_i \in A_i, \quad i = 1, 2, \cdots, n$. 若 x 还有分解 $x = x_1' + x_2' + \cdots + x_n', x_i' \in A_i, i = 1, 2, \cdots, n$, 则

$$x - x = (x_1 - x_1') + (x_2 - x_2') + \cdots + (x_n - x_n').$$

由于 $A_i \bigcap (A_1 + \cdots + A_{i-1} + A_{i+1} + \cdots + A_n) = \{0\}, i = 1, 2, \cdots, n$, 所以

$$x_i - x_i' = 0, \quad i = 1, 2, \cdots, n,$$

即分解式唯一.　□

容易验证 $\dim (A_1 \dot{+} A_2 \dot{+} \cdots \dot{+} A_n) = \dim A_1 + \dim A_2 + \cdots + \dim A_n.$

定义 2.2.7　设 $X_1, X_2, \cdots, X_n$ 均为同一数域 K 上的线性空间, 称积集 $X_1 \times X_2 \times \cdots \times X_n$ 按照运算: $\forall \boldsymbol{x}, \boldsymbol{y} \in X_1 \times X_2 \times \cdots \times X_n, \boldsymbol{x} = (x_1, x_2, \cdots, x_n), \boldsymbol{y} = (y_1, y_2, \cdots, y_n), \forall a \in K,$

$$\boldsymbol{x} + \boldsymbol{y} = (x_1 + y_1, x_2 + y_2, \cdots, x_n + y_n),$$
$$a\boldsymbol{x} = (ax_1, ax_2, \cdots, ax_n),$$

构成的数域 K 上的线性空间为 $X_1, X_2, \cdots, X_n$ 的乘积空间.

定义 2.2.8　设 X 为数域 K 上的线性空间, $A \subset X$.

(1) 若 $\forall x \in A$, 都有 $-x \in A$, 则称 A 为对称集;

(2) 若 $\forall x \in A, \forall a \in K, |a| \leqslant 1$, 都有 $ax \in A$, 则称 A 为平衡集;

(3) 若 $\forall x \in X$, 存在实数 $\beta > 0$, 使得 $\beta x \in A$, 则称 A 为吸收集;

(4) 若 $\forall x, y \in A, \forall \alpha \in [0,1]$, 都有 $\alpha x + (1-\alpha)y \in A$, 则称 A 为凸集;

(5) 设 $\{x_1, x_2, \cdots, x_n\} \subset X$, $a_i \in K$, $a_i \geqslant 0$, $i = 1, 2, \cdots, n$, $\sum_{i=1}^{n} a_i = 1$, 称

$$a_1 x_1 + a_2 x_2 + \cdots + a_n x_n = \sum_{i=1}^{n} a_i x_i$$

为 $\{x_1, x_2, \cdots, x_n\}$ 的凸组合;

(6) 若 $\varnothing \neq M \subset X$, 称

$$\mathrm{co}M = \left\{ y \Big| \exists n, 使 y = \sum_{i=1}^{n} a_i x_i, x_i \in M, a_i \in K, a_i \geqslant 0, i = 1, 2, \cdots, n, \sum_{i=1}^{n} a_i = 1 \right\}$$

为 M 的凸包.

由定义 2.2.8 易见, 平衡集一定是对称集, 但对称集不一定是平衡集. 吸收集一定包含空间中的零元素. M 的凸包 $\mathrm{co}M$ 是包含 M 的最小凸集.

例 2.2.4　在线性空间 $\mathbf{R}^2$ 中,

(1) $A = \{(x,y) | x^2 + y^2 \leqslant 1\}$ 是对称集、平衡集、吸收集、凸集;

(2) $B = \{(x,y) | 1 \leqslant x^2 + y^2 \leqslant 2\}$ 是对称集, 不是平衡集, 不是吸收集, 不是凸集;

(3) $\forall x, y, z \in \mathbf{R}^2$, $\mathrm{co}(x,y)$ 是以 x, y 为端点的线段, $\mathrm{co}(x,y,z)$ 是以 x, y, z 为顶点的三角形.

例 2.2.5　在线性空间 $\mathbf{R}$ 中, 子集 $E = \{-1, 0, 1\}$ 是对称集、吸收集, 不是平衡集, 不是凸集.

2.3　距　离　空　间

2.3.1　距离空间的概念及举例

定义 2.3.1　设 X 是一个非空集合, $d: X \times X \to \mathbf{R}$. 若 $\forall x, y, z \in X$, 满足以下公理:

(1) **正定性**　$d(x,y) \geqslant 0$, 且 $d(x,y) = 0 \Leftrightarrow x = y$;

(2) **对称性**　$d(x,y) = d(y,x)$;

(3) 三角不等式　$d(x,y) \leqslant d(x,z) + d(z,y)$,

则称 d 为 X 上的一个距离 (度量), 称 $d(x,y)$ 为 x 与 y 之间的距离, 称 (X,d)(简称 X) 为距离空间 (度量空间). 若 $Y \subset X$, 称 (Y,d) 为 (X,d) 的子距离空间 (子度量空间).

例 2.3.1　(1) 设 X 是一个非空集合, 对任意 $x,y \in X$, 令

$$d_a(x,y) = \begin{cases} 0, & \text{当} x = y, \\ a, & \text{当} x \neq y, \end{cases}$$

其中 $a > 0$ 为定数. 显然, $d_a(x,y)$ 满足定义中的三条公理, 因此它是 X 上的一个距离 (称为**离散距离**). 当 a 取不同的正数时对应不同的距离, 因此同一个集合上可以定义多个距离.

(2) 在 $\mathbf{R}^n$ 中, 对任意 $\boldsymbol{x} = (x_1, x_2, \cdots, x_n), \boldsymbol{y} = (y_1, y_2, \cdots, y_n) \in \mathbf{R}^n$, 令

$$d(\boldsymbol{x}, \boldsymbol{y}) = \sqrt{(x_1 - y_1)^2 + \cdots + (x_n - y_n)^2},$$

则 $d(\boldsymbol{x}, \boldsymbol{y})$ 为 $\mathbf{R}^n$ 上的一个距离. 不特别强调时该距离是 $\mathbf{R}^n$ 上默认的距离. 可以证明 $d_1(\boldsymbol{x}, \boldsymbol{y}) = |x_1 - y_1| + \cdots + |x_n - y_n|$ 也是 $\mathbf{R}^n$ 上的一个距离.

(3) 在 $\mathbf{C}^n$ 中, 对任意 $\boldsymbol{x}, \boldsymbol{y} \in \mathbf{C}^n$, 令

$$d(\boldsymbol{x}, \boldsymbol{y}) = \sqrt{|x_1 - y_1|^2 + \cdots + |x_n - y_n|^2},$$

则 $d(\boldsymbol{x}, \boldsymbol{y})$ 为 $\mathbf{C}^n$ 上的一个距离. 不特别强调时该距离是 $\mathbf{C}^n$ 上默认的距离. 显然对于默认距离, $\mathbf{R}^n$ 中的距离与它作为 $\mathbf{C}^n$ 的子空间的距离是一致的.

(4) 在 $C[a,b]$(闭区间 $[a,b]$ 上连续实函数全体组成的集合) 中, 对任意 $f, g \in C[a,b]$, 令

$$d(f,g) = \max_{x \in [a,b]} |f(x) - g(x)|,$$

则 $d(f,g)$ 为 $C[a,b]$ 上的一个距离.

(5) 在 $B[a,b]$(闭区间 $[a,b]$ 上有界实函数全体组成的集合) 中, 对任意 $f, g \in B[a,b]$, 令

$$d(f,g) = \sup_{x \in [a,b]} |f(x) - g(x)|,$$

则 $d(f,g)$ 为 $B[a,b]$ 上的一个距离.

(6) 在 l^∞(有界数列全体组成的集合) 中, 对任意 $\boldsymbol{x} = \{x_n\}_{n=1}^\infty, \boldsymbol{y} = \{y_n\}_{n=1}^\infty \in l^\infty$, 令

$$d(\boldsymbol{x}, \boldsymbol{y}) = \sup_n |x_n - y_n|,$$

则 $d(\boldsymbol{x}, \boldsymbol{y})$ 为 l^∞ 上的一个距离.

(7) 在 l^p(全体 p 幂可和数列 $\{x_n\}_{n=1}^{\infty}$, 即 $\sum\limits_{n=1}^{\infty}|x_n|^p < \infty$, 组成的集合, $p \geqslant 1$) 中, 对任意 $\boldsymbol{x} = \{x_n\}_{n=1}^{\infty}, \boldsymbol{y} = \{y_n\}_{n=1}^{\infty} \in l^p$, 令

$$d(\boldsymbol{x}, \boldsymbol{y}) = \left(\sum_{n=1}^{\infty}|x_n - y_n|^p\right)^{\frac{1}{p}},$$

则 $d(\boldsymbol{x}, \boldsymbol{y})$ 为 l^p 上的一个距离. (借助于后面的 Minkowski 不等式可证明)

定理 2.3.1 (1) (Hölder 不等式) 设 $1 \leqslant p, q \leqslant \infty$, $\dfrac{1}{p} + \dfrac{1}{q} = 1$, 则 $\forall \boldsymbol{x} = \{x_n\}_{n=1}^{\infty} \in l^p$, $\forall \boldsymbol{y} = \{y_n\}_{n=1}^{\infty} \in l^q$, 有

$$\sum_{n=1}^{\infty}|x_n y_n| \leqslant \left(\sum_{n=1}^{\infty}|x_n|^p\right)^{\frac{1}{p}} \left(\sum_{n=1}^{\infty}|y_n|^q\right)^{\frac{1}{q}}.$$

(2) (Minkowski 不等式) 设 $1 \leqslant p \leqslant \infty$, 则 $\forall \boldsymbol{x} = \{x_n\}_{n=1}^{\infty}$, $\forall \boldsymbol{y} = \{y_n\}_{n=1}^{\infty} \in l^p$, 有

$$\left(\sum_{n=1}^{\infty}|x_n + y_n|^p\right)^{\frac{1}{p}} \leqslant \left(\sum_{n=1}^{\infty}|x_n|^p\right)^{\frac{1}{p}} + \left(\sum_{n=1}^{\infty}|y_n|^p\right)^{\frac{1}{p}}.$$

(当 $s = \infty$ 时, $\left(\sum\limits_{n=1}^{\infty}|z_n|^s\right)^{\frac{1}{s}}$ 理解为 $\sup\limits_n|z_n|$)

证明见文献 (Hardy et al., 1965).

2.3.2 距离空间的开集与闭集

定义 2.3.2 设 (X, d) 为距离空间, $x \in X, \delta > 0$, 称 X 中的点集

$$U(x, \delta) = \{y | y \in X, d(x, y) < \delta\}$$

为点 x 的 δ 邻域. 设 $M \subset X$, 若 $\forall x \in M$, 都存在 x 的某个邻域 $U(x, \delta)$, 使 $U(x, \delta) \subset M$, 则称 M 为距离空间 X 中的**开集**.

定理 2.3.2 距离空间 (X, d) 中的开集满足

(1) 空集 $\varnothing$ 和全集 X 都是开集;

(2) 任意多个开集的并集是开集;

(3) 有限个开集的交集是开集.

证明 (1) 空集 $\varnothing$ 中没有元素, 认为满足开集的定义. 显然, 全集 X 中任一点的邻域都包含于 X, 故 X 为开集.

(2) 设 $\{M_i\}_{i \in I}$ 为任意多个开集, 其中 I 为指标集, $M = \bigcup\limits_{i \in I} M_i$, 则对 $\forall x \in M$,

总存在某个 M_i, 使 $x \in M_i$. 由于 M_i 为开集, 所以存在 x 的某个邻域 $U(x, \delta) \subset M_i$. 于是 $U(x, \delta) \subset M$, 即 $M = \bigcup_{i \in I} M_i$ 为开集.

(3) 设 $\{M_i\}_{i=1}^n$ 为 n 个 (有限个) 开集, $B = \bigcap_{i=1}^n M_i$, 则 $\forall x \in B$, 有 $x \in M_i, i = 1, \cdots, n$. 由于 M_i 为开集, 所以存在 x 的某个邻域 $U(x, \delta_i) \subset M_i$. 取 $\delta = \min\{\delta_1, \cdots, \delta_n\}$, 则 $U(x, \delta) \subset B$, 故 $B = \bigcap_{i=1}^n M_i$ 为开集.   □

定义 2.3.3   设 (X, d) 为距离空间, $A \subset X, x \in X$. 若 x 的任何一个邻域都含有 A 中异于 x 的点, 则称 x 为 A 的一个极限点. 若 A 包含了它的所有极限点, 则称 A 为 X 中的闭集. 称 A 的极限点的全体 A' 与 A 的并集为 A 的闭包, 记为 $\overline{A}$, 即 $\overline{A} = A \bigcup A'$.

由闭集的定义, 用类似于定理 2.3.2 的证明方法可证明下面的性质.

定理 2.3.3   距离空间 (X, d) 中的闭集满足

(1) 空集 $\varnothing$ 和全集 X 都是闭集;

(2) 任意多个闭集的交集是闭集;

(3) 有限个闭集的并集是闭集.

距离空间 (X, d) 中的开集与闭集存在着对偶关系.

定理 2.3.4   设 (X, d) 为距离空间, $A \subset X$. 若 A 为开集, 则 A 的余集 A^c 为闭集. 若 A 为闭集, 则 A 的余集 A^c 为开集.

证明   必要性   若 A 为闭集, 则 $\forall x \in X - A$ 都不是 A 的极限点, 即存在 x 的一个邻域 $U(x, \delta)$, 使 $U(x, \delta) \bigcap A = \varnothing$, 于是 $U(x, \delta) \subset X - A, X - A$ 为开集.

充分性   若 $X - A$ 是开集, 则 $\forall x \in X - A$, 存在 x 的一个邻域 $U(x, \delta) \subset X - A$, 于是 $U(x, \delta) \bigcap A = \varnothing$, 即 x 不是 A 的极限点, 故 A 为闭集.   □

定义 2.3.4   设 (X, d) 为距离空间, $E \subset X$. 若存在 X 中某一元素 x_0 的邻域 $U(x_0, \delta)$, 使 $E \subset U(x_0, \delta)$, 则称 E 为 X 中的有界集. 若 $\forall x \in X$, 都存在 E 中的点列 $\{x_n\}_{n=1}^\infty$, 使 $\lim_{n \to \infty} d(x_n, x) = 0$, 则称 E 为 X 的一个稠密子集.

例如, 有理数集 $\mathbf{Q}$ 是实数集 $\mathbf{R}$ 的一个稠密子集.

定义 2.3.5   设 (X, d) 为距离空间. 若 X 中存在一个稠密的可数子集, 则称 X 是可分的 (可析的) 距离空间.

例 2.3.2   (1) $\mathbf{R}^n$ 按默认 (例 2.3.1) 的距离是可分的. 因为以有理数为分量的向量全体在 $\mathbf{R}^n$ 中稠密.

(2) 系数为有理数的多项式全体 P_Q 在实系数多项式全体 P 中稠密. 由著名的 Weierstrass 逼近定理知, P 在 $C[a, b]$ 中稠密. 于是 P_Q 在 $C[a, b]$ 中稠密. 因此 P, $C[a, b]$ 都是可分的.

(3) p 幂可和数列全体 $l^p(p \geqslant 1)$ 是可分的. 因为可数子集

$$E = \{(q_1, \cdots, q_m, 0, \cdots) | q_i \in Q, i = 1, \cdots, m, m \in \mathbf{N}\}$$

在 l^p 中稠密.

2.3.3 极限与连续映射

定义 2.3.6 设 (X, d) 为距离空间, $\{x_n\}_{n=1}^\infty \subset X$.

(1) 若存在 $x \in X$, 使 $\lim\limits_{n \to \infty} d(x_n, x) = 0$, 则称 $\{x_n\}_{n=1}^\infty$ 在 X 中收敛(为收敛点列), 称 x 为 $\{x_n\}_{n=1}^\infty$ 的极限, 记为 $\lim\limits_{n \to \infty} x_n = x$;

(2) 若 $\forall \varepsilon > 0, \exists N > 0$, 对 $\forall m, n > N$, 都有 $d(x_m, x_n) < \varepsilon$, 则称 $\{x_n\}_{n=1}^\infty$ 为 Cauchy 列;

(3) 若 X 中的 Cauchy 列都收敛, 则称 X 为完备的距离空间.

定理 2.3.5 设 (X, d) 为距离空间.

(1) X 中收敛点列的极限是唯一的;

(2) X 中收敛的点列一定是 Cauchy 列.

证明 (1) 设 $\{x_n\}_{n=1}^\infty \subset X$ 是收敛的点列, 若 $\lim\limits_{n \to \infty} x_n = x$, 又 $\lim\limits_{n \to \infty} x_n = y$, 则 $\forall \varepsilon > 0, \exists N > 0, \forall n > N, d(x_n, x) < \dfrac{\varepsilon}{2}$ 与 $d(x_n, y) < \dfrac{\varepsilon}{2}$ 同时成立. 于是

$$d(x, y) \leqslant d(x, x_n) + d(x_n, y) < \frac{\varepsilon}{2} + \frac{\varepsilon}{2} = \varepsilon.$$

由 ε 的任意性知 $d(x, y) = 0$, 故 $x = y$.

(2) 设 $\{x_n\}_{n=1}^\infty \subset X$ 是收敛的点列, 则 $\exists x \in X$, 使 $\lim\limits_{n \to \infty} x_n = x$, 即 $\forall \varepsilon > 0, \exists N > 0, \forall n > N$, 有 $d(x_n, x) < \dfrac{\varepsilon}{2}$. 因此 $\forall m, n > N$, 有

$$d(x_m, x_n) < d(x_m, x) + d(x, x_n) < \frac{\varepsilon}{2} + \frac{\varepsilon}{2} < \varepsilon,$$

故 $\{x_n\}_{n=1}^\infty$ 是 Cauchy 列. $\qquad\qquad\square$

一般地, 距离空间中的 Cauchy 列不一定收敛, 如有理数集 $\mathbf{Q}$, 按距离 $d(x, y) = |x - y|$ 构成距离空间, 数列 $\{x_n\} = \left\{ \left(1 + \dfrac{1}{n}\right)^n \right\}$ 是 Cauchy 列, 但不收敛. 众所周知, 数列 $\left\{ \left(1 + \dfrac{1}{n}\right)^n \right\}$ 的极限为 $\mathrm{e} \notin \mathbf{Q}$, 即在 $\mathbf{Q}$ 内不收敛.

由定理 2.3.5, 在完备的距离空间中, Cauchy 列的条件是点列收敛的充要条件, 即在完备的距离空间中点列收敛的充要条件是它为 Cauchy 列. 例 2.3.1(2)~(7) 中所列举的空间都是完备的距离空间.

容易证明: 完备距离空间的闭子集是一个完备的子距离空间. 任意距离空间的完备子距离空间一定是闭的子集.

定义 2.3.7 设 $(X, d_X),(Y, d_Y)$ 为两个距离空间, $f : X \rightarrow Y$, $x_0 \in X$. 若 $\forall \varepsilon > 0, \exists \delta > 0$, 使 X 中满足 $d_X(x, x_0) < \delta$ 的所有 x 都有

$$d_Y(f(x), f(x_0)) < \varepsilon,$$

则称映射 f 在 x_0 **连续**. 若 f 在 X 中的每一点连续, 则称 f 为 X 上的**连续映射**.

在定义 2.3.7 中两个距离空间的距离 d_X, d_Y 一般是不一样的. 当象空间 Y 为实数集 $\mathbf{R}$ 或复数集 $\mathbf{C}$ 时, 连续映射称为**连续函数**.

定理 2.3.6 设 $(X, d_X),(Y, d_Y)$ 为两个距离空间, $f : X \rightarrow Y$, 则下列条件等价:

(1) f 为 X 上的连续映射;

(2) Y 中任一开集 E 的原象 $f^{-1}(E)$ 是 X 中的开集;

(3) Y 中任一闭集 E 的原象 $f^{-1}(E)$ 是 X 中的闭集;

(4) X 中每一个以 x 为极限的收敛点列 $\{x_n\}_{n=1}^\infty$, 其象点序列 $\{f(x_n)\}_{n=1}^\infty$ 在 Y 中收敛于 $f(x)$.

证明 (1) $\rightarrow$ (2) 设 E 为 Y 中的开集. 若 $f^{-1}(E) = \varnothing$, 则 $f^{-1}(E)$ 是 X 中的开集. 若 $f^{-1}(E) \neq \varnothing$, 则 $\forall x \in f^{-1}(E)$, 有 $f(x) \in E$. 于是在 Y 中存在 $f(x)$ 的一个邻域 $U(f(x), \varepsilon) \subset E$. 由连续映射的定义, 存在 x 的一个邻域 $U(x, \delta)$, 使 $f(U(x, \delta)) \subset U(f(x), \varepsilon) \subset E$, 即 $U(x, \delta) \subset f^{-1}(E)$, $f^{-1}(E)$ 是 X 中的开集.

(2) $\rightarrow$ (1) $\forall x_0 \in X, \forall \varepsilon > 0$, 令 $E = U(f(x_0), \varepsilon)$, 则 E 为 Y 中的开集. 因此 $f^{-1}(E) = f^{-1}(U(f(x_0), \varepsilon))$ 为 X 中的开集, 且 $x_0 \in f^{-1}(E)$, 于是存在 x_0 的某个邻域 $U(x_0, \delta)$, 使 $U(x_0, \delta) \subset f^{-1}(E) = f^{-1}(U(f(x_0), \varepsilon))$, 即 $f(U(x_0, \delta)) \subset U(f(x_0), \varepsilon)$, 满足 $d_X(x, x_0) < \delta$ 的所有 x 都有

$$d_Y(f(x), f(x_0)) < \varepsilon,$$

f 在 x_0 连续. 由 x_0 的任意性, f 为 X 上的连续映射.

(2) $\rightarrow$ (3) 设 B 为 Y 中的闭集, 则 $Y - B$ 为 Y 中的开集, 因为

$$f^{-1}(Y - B) = f^{-1}(Y) - f^{-1}(B) = X - f^{-1}(B)$$

为 X 中的开集, 所以 $f^{-1}(B)$ 为 X 中的闭集.

(3) $\rightarrow$ (2) 同理可证.

(1) $\rightarrow$ (4) 设 $\{x_n\}_{n=1}^\infty \subset X, x \in X, \lim\limits_{n \to \infty} x_n = x$. 由 f 的连续性, $\forall \varepsilon > 0, \exists \delta > 0$, 使 X 中满足 $d_X(y, x) < \delta$ 的所有 y 都有 $d_Y(f(y), f(x)) < \varepsilon$. 由 $\lim\limits_{n \to \infty} x_n = x$, 对上

述的 $\delta > 0, \exists N, \forall n > N$, 有 $d_X(x_n, x) < \delta$. 于是 $d_Y(f(x_n), f(x)) < \varepsilon$, 即 $\{f(x_n)\}_{n=1}^{\infty}$
在 Y 中收敛于 $f(x)$.

(4) → (1) 反证法. 假设存在 $x \in X$, 使 f 在 x 不连续, 则存在 $\varepsilon_0 > 0$, 对于任
意的正整数 n, 都存在 $x_n \in X, d_X(x_n, x) < \dfrac{1}{n}, d_Y(f(x_n), f(x)) > \varepsilon_0$, 即 $\lim\limits_{n\to\infty} x_n = x$,
但 $\{f(x_n)\}_{n=1}^{\infty}$ 在 Y 中不收敛于 $f(x)$, 与 (4) 矛盾. □

2.3.4 距离空间的致密集与紧集

定义 2.3.8 设 (X, d) 为距离空间, $E \subset X$. 若 E 中的任一无穷点列都存在
子点列在 X 中收敛, 则称 E 为 X 中的致密集, 称 X 中致密的闭集为紧集 (列紧
集). 若 X 本身是紧集, 则称 X 为紧空间 (列紧空间).

例 2.3.3 距离空间 $\mathbf{R}$(距离 $d(x, y) = |x - y|$) 本身不是紧空间, 因为 $\mathbf{R}$ 中的
点列 $\{n\}_{n=1}^{\infty}$ 不存在收敛的子点列. $\mathbf{R}$ 中的闭子集 $[0, 1]$ 是紧集, 但 $(0, 1]$ 只是致密
集不是紧集, 因为 $(0, 1]$ 不是闭集, 其极限点 0 不含在集合内. $\mathbf{R}$ 中的闭集 $[0, +\infty)$
不是紧集, 因为其中的点列 $\{n\}_{n=1}^{\infty}$ 不存在收敛的子点列.

由此可见, 紧集一定是闭集, 但闭集不一定是紧集.

定理 2.3.7 设 (X, d) 为距离空间, $E \subset X$. 若 E 为 X 中的紧集, 则 E 一定
是 X 中的有界集.

证明 反证法. 若 E 无界, 取定 $x \in E$, 则对任意的正整数 n, 存在 $x_n \in E$,
使 $d(x_n, x) > n$. 显然, 点列 $\{x_n\}_{n=1}^{\infty}$ 不存在收敛的子点列, 这与 E 为紧集矛盾. □

定理 2.3.8 设 f 为紧距离空间 (X, d_X) 到距离空间 (Y, d_Y) 的连续映射, 则
(1) $f(X)$ 为 Y 中的紧集;
(2) f 把 X 中的闭集映射成 Y 中的闭集.

证明见文献 (夏道行等, 1979). 由定理 2.3.7 和定理 2.3.8 易得.

推论 2.3.1 紧集上的连续函数一定有界, 且上、下确界可达.

2.3.5 压缩映射与不动点原理

定义 2.3.9 设 (X, d) 为距离空间, $f : X \to X$. 若存在常数 $c(0 < c < 1)$, 对
$\forall x, y \in X$, 都有
$$d(f(x), f(y)) \leqslant cd(x, y),$$
则称 f 为 X 上的压缩映射.

由定义 2.3.9 易见, 压缩映射一定是连续映射, 但连续映射不一定是压缩映射.
例如, 设 $f : (0, +\infty) \to (0, +\infty), \forall x \in (0, +\infty), f(x) = \dfrac{1}{x}$, 则 f 为连续映射, 但不是
压缩映射.

完备距离空间上的压缩映射有一个非常好的性质.

定理 2.3.9(Banach 不动点原理)   设 (X, d) 为完备距离空间. 若 f 为 X 上的压缩映射, 则存在唯一的 $x^* \in X$, 使 $f(x^*) = x^*$. 称 x^* 为 f 的不动点.

证明   存在性   任取 $x_0 \in X$, 令

$$x_{n+1} = f(x_n), \quad n = 0, 1, 2, \cdots, \tag{2.3.1}$$

由 f 的压缩性,

$$
\begin{aligned}
d(x_{n+k}, x_n) &= d\left(f(x_{n+k-1}), f(x_{n-1})\right) \\
&\leqslant cd\left(x_{n+k-1}, x_{n-1}\right) \\
&\leqslant c^2 d\left(x_{n+k-2}, x_{n-2}\right) \\
&\leqslant \cdots \\
&\leqslant c^n d\left(x_k, x_0\right) \\
&\leqslant c^n \left(d\left(x_k, x_{k-1}\right) + d\left(x_{k-1}, x_{k-2}\right) + \cdots + d\left(x_1, x_0\right)\right) \\
&\leqslant c^n \left(c^{k-1} + c^{k-2} + \cdots + 1\right) d\left(x_1, x_0\right) \\
&\leqslant \frac{c^n}{1-c} d\left(x_1, x_0\right).
\end{aligned}
$$

因为 $0 < c < 1$, 所以 $\lim\limits_{n \to \infty} c^n = 0$, $\{x_n\}_{n=0}^{\infty}$ 为 Cauchy 列. 再由 X 的完备性, 存在 $x^* \in X$ 使 $\lim\limits_{n \to \infty} x_n = x^*$. 因为压缩映射一定连续, 所以在式 (2.3.1) 两端取极限得 $x^* = f(x^*)$.

唯一性   若还有 $x' \in X$ 使 $f(x') = x'$, 则

$$
\begin{aligned}
d(x^*, x') &= d\left(f(x^*), f(x')\right) \leqslant cd(x^*, x') \\
&< d(x^*, x).
\end{aligned}
$$

矛盾, 所以 $x^* = x'$. $\qquad\qquad\qquad\qquad\qquad\qquad\qquad\qquad\qquad\qquad\qquad\qquad\square$

定理证明中所使用的迭代方法是现代数学中一种常用方法. 不动点定理在微分方程、积分方程、数值分析等领域中有着广泛的应用.

例 2.3.4   已知 $k(s, t)$ 为 $[a, b] \times [a, b]$ 上的连续函数, $\omega(t)$ 为区间 $[a, b]$ 上的连续函数, 讨论积分方程

$$x(t) = \int_a^t k(s, t) x(s) \mathrm{d}s + \omega(t)$$

在 $C[a, b]$ 中解的存在唯一性.

解   构造映射 $f : C[a, b] \to C[a, b]$, $\forall x(t) \in C[a, b]$,

$$f(x(t)) = \int_a^t k(s, t) x(s) \mathrm{d}s + \omega(t),$$

则对 $\forall x(t), y(t) \in C[a,b]$,

$$|f(x(t)) - f(y(t))| = \left| \int_a^t k(s,t)(x(s) - y(s))\,\mathrm{d}s \right|$$
$$\leqslant M(t-a) \max_{u \in [a,b]} |x(u) - y(u)|, \qquad (2.3.2)$$

其中 M 为函数 $|k(s,t)|$ 在 $[a,b] \times [a,b]$ 上的最大值.

对任意的正整数 n, 构造映射

$$F_n : C[a,b] \to C[a,b], F_n = \overbrace{f \circ f \circ \cdots \circ f}^{n}.$$

下用归纳法证明

$$|F_n(x(t)) - F_n(y(t))| \leqslant \frac{M^n(t-a)^n}{n!} \max_{u \in [a,b]} |x(u) - y(u)|. \qquad (2.3.3)$$

当 $n=1$ 时, 由 (2.3.2) 知 (2.3.3) 成立. 假设在 $n-1$ 时 (2.3.3) 成立, 即

$$|F_{n-1}(x(t)) - F_{n-1}(y(t))| \leqslant \frac{M^{n-1}(t-a)^{n-1}}{(n-1)!} \max_{u \in [a,b]} |x(u) - y(u)|,$$

则

$$|F_n(x(t)) - F_n(y(t))| = |f(F_{n-1}(x(t))) - f(F_{n-1}(y(t)))|$$
$$= \left| \int_a^t K(s,t)(F_{n-1}(x(s)) - F_{n-1}(y(s)))\,\mathrm{d}s \right|$$
$$\leqslant \int_a^t M |(F_{n-1}(x(s)) - F_{n-1}(y(s)))|\,\mathrm{d}s$$
$$\leqslant \frac{M^n}{(n-1)!} \int_a^t (s-a)^{n-1}\mathrm{d}s \max_{u \in [a,b]} |x(u) - y(u)|$$
$$\leqslant \frac{M^n(t-a)^n}{n!} \max_{u \in [a,b]} |x(u) - y(u)|,$$

由归纳法原理知, (2.3.3) 成立.

因为对于任意的常数 k, 有 $\lim\limits_{n \to \infty} \dfrac{k^n}{n!} = 0$. 取自然数 n 满足 $c = \dfrac{M^n(b-a)^n}{n!} < 1$, 由 (2.3.3) 知 F_n 为压缩映射, 因此存在 $x^*(t) \in C[a,b]$ 使 $F_n(x^*(t)) = x^*(t)$. 这样

$$F_n(f(x^*(t))) = f(F_n(x^*(t))) = f(x^*(t)),$$

即 $f(x^*(t))$ 也是 F_n 的一个不动点. 由不动点的唯一性,

$$f(x^*(t)) = x^*(t),$$

且 $x^*(t)$ 是映射 f 的唯一不动点 (否则 F_n 的不动点不唯一), 即积分方程在 $C[a,b]$ 的解存在且唯一.

由上面的讨论可得下面的结论.

定理 2.3.10　设 (X,d) 为完备距离空间, $f: X \to X$. 若存在某个正整数 n, 使 $F_n = \overbrace{f \circ f \circ \cdots \circ f}^{n}$ 为压缩映射, 则映射 f 有唯一的不动点, 即存在唯一的 $x^* \in X$, 使 $f(x^*) = x^*$.

2.4　赋 范 空 间

2.4.1　赋范空间的概念和性质

定义 2.4.1　设 X 是数域 K 上的线性空间, $\rho: X \to R$. 若 $\forall x, y \in X, \forall a \in K$, 满足

(1) 正定性　$\rho(x) \geqslant 0$, 且 $\rho(x) = 0 \Leftrightarrow x = 0 (X$ 中的零元素$)$;

(2) 齐次性　$\rho(ax) = |a|\rho(x)$;

(3) 三角不等式　$\rho(x + y) \leqslant \rho(x) + \rho(y)$,

则称 $\rho(x)$ 为 x 的范数, 记为 $\|x\|$, 称 $(X, \|\cdot\|)$(简称 X) 为赋范空间. 若 M 为 X 的子线性空间, 则称 $(M, \|\cdot\|)$ 为子赋范空间. 在赋范空间 X 上, $\forall x, y \in X$, 令 $d(x, y) = \|x - y\|$, 则 $d(x, y)$ 是 X 上的一个距离, 称此距离为由范数导出的距离. 若 由 $(X, \|\cdot\|)$ 的范数导出的距离对应的距离空间是完备的, 则称赋范空间 $(X, \|\cdot\|)$ 是完备的. 称完备的赋范空间为 Banach 空间.

对于定义 2.4.1 中的条件 (1)~(3), 若 ρ 只满足其中条件 (2)、条件 (3), 和条件 $(1^{\#})$, $\forall x \in X, \rho(x) \geqslant 0$, 则称 ρ 为 X 上的一个半范数, 称 (X, ρ) 为赋半范空间. 若 ρ 满足条件 (1)、条件 (2) 和下面的条件 $(3^{\#})$:

$(3^{\#})$ 存在常量 $C > 0$, $\forall x, y \in X$ 有 $\rho(x + y) \leqslant C(\rho(x) + \rho(y))$,

则称 ρ 为 X 上的一个拟范数, 称 (X, ρ) 为赋拟范空间.

类似地, 如果 X 上的非负函数 ρ 只满足定义 2.4.1 的条件 (2)、条件 $(1^{\#})$ 和 $(3^{\#})$, 则称 ρ 为一个拟半范数, 称 (X, ρ) 为赋拟半范空间.

例 2.4.1　(1) $\mathbf{R}^n$ 按范数 $\|\boldsymbol{x}\| = \sqrt{x_1^2 + x_2^2 + \cdots + x_n^2}$ 构成一个完备的赋范空间, 即 Banach 空间. 不特别强调时该范数是 $\mathbf{R}^n$ 上默认的范数, 该范数导出的距离为 $d(\boldsymbol{x}, \boldsymbol{y}) = \sqrt{(x_1 - y_1)^2 + \cdots + (x_n - y_n)^2}$.

(2) $\mathbf{C}^n$ 按范数 $\|\boldsymbol{x}\| = \sqrt{|x_1|^2 + |x_2|^2 + \cdots + |x_n|^2}$ 构成一个 Banach 空间. 不

特别强调时该范数是 $\mathbf{C}^n$ 上默认的范数, 该范数导出的距离为

$$d(x,y) = \sqrt{|x_1 - y_1|^2 + \cdots + |x_n - y_n|^2}.$$

(3) $C[a,b]$ 按范数 $||f|| = \max_{x \in [a,b]} |f(x)|$ 构成一个 Banach 空间. 该范数导出的距离为 $d(f,g) = \max_{x \in [a,b]} |f(x) - g(x)|$.

(4) $B[a,b]$ 按范数 $||f|| = \sup_{x \in [a,b]} |f(x)|$ 构成一个 Banach 空间. 该范数导出的距离为 $d(f,g) = \sup_{x \in [a,b]} |f(x) - g(x)|$.

(5) l^∞ 按范数 $||x|| = \sup_n |x_n|$ 构成一个 Banach 空间. 该范数导出的距离为 $d(x,y) = \sup_n |x_n - y_n|$.

(6) $l^p(p \geqslant 1)$ 按范数 $||x|| = \left(\sum_{n=1}^{\infty} |x_n|^p \right)^{\frac{1}{p}}$ 构成一个 Banach 空间. 该范数导出的距离为 $d(x,y) = \left(\sum_{n=1}^{\infty} |x_n - y_n|^p \right)^{\frac{1}{p}}$.

(7) $C^1[a,b]$ ={$[a,b]$ 上具有一阶连续导数的实函数全体}按半范数 $\rho(f) = \max_{x \in [a,b]} |f'(x)|$ 构成一个赋半范空间. 因为当 $\rho(f) = \max_{x \in [a,b]} |f'(x)| = 0$ 时, 不一定有 $f(x) \equiv 0$, f 可以是非零常函数.

(8) $l^p(0 < p < 1)$ 按拟范数 $\rho(x) = \left(\sum_{n=1}^{\infty} |x_n|^p \right)^{\frac{1}{p}}$ 构成一个赋拟范空间. 因为当 $0 < p < 1$ 时, $\forall \{x_n\}, \{y_n\} \in l^p$, 注意到 $|x_n + y_n| \leqslant |x_n| + |y_n| \leqslant (|x_n|^p + |y_n|^p)^{\frac{1}{p}}$, $\sum_{n=1}^{\infty} |x_n + y_n|^p \leqslant \sum_{n=1}^{\infty} |x_n|^p + \sum_{n=1}^{\infty} |y_n|^p$, 所以

$$\begin{aligned}
\left\{ \sum_{n=1}^{\infty} |x_n + y_n|^p \right\}^{\frac{1}{p}} &\leqslant \left\{ \sum_{n=1}^{\infty} |x_n|^p + \sum_{n=1}^{\infty} |y_n|^p \right\}^{\frac{1}{p}} \\
&\leqslant \left\{ 2 \max \left\{ \sum_{n=1}^{\infty} |x_n|^p, \sum_{n=1}^{\infty} |y_n|^p \right\} \right\}^{\frac{1}{p}} \\
&\leqslant 2^{\frac{1}{p}} \left\{ \left(\sum_{n=1}^{\infty} |x_n|^p \right)^{\frac{1}{p}} + \left(\sum_{n=1}^{\infty} |y_n|^p \right)^{\frac{1}{p}} \right\}.
\end{aligned}$$

由于每一个赋范空间中的范数都可以通过 $d(x,y) = ||x-y||$ 导出一个距离, 所以一个赋范空间同时也是一个距离空间. 但反之不成立, 即使是线性空间上的距离也未必能导出范数.

定理 2.4.1　数域 K 上赋范空间 $(X, ||\cdot||)$ 中的范数导出的距离 d 满足:

(1) 平移不变性　$\forall x, y, z \in X, d(x+z, y+z) = d(x,y)$;

(2) 相似性　$\forall x, y \in X, \forall a \in K, d(ax, ay) = |a|d(x,y)$.

反之, 若线性空间 X 上的距离 d 满足 (1) 和 (2), 令 $||x|| = d(x,0)$(0 为 X 中的零元素), 则 $(X, ||\cdot||)$ 为赋范空间.

证明　$\forall x, y, z \in X, \forall \alpha \in K$, 由导出距离的定义,

(1) $d(x+z, y+z) = ||(x+z)-(y+z)|| = ||x-y|| = d(x,y)$;

(2) $d(ax, ay) = ||ax - ay|| = ||a(x-y)|| = |a|||x-y|| = |a|d(x,y)$.

反之, 若线性空间 X 上的距离 d 满足上述 (1) 和 (2), 令 $||x|| = d(x,0)$, 则由 (1),(2) 和距离公理知 $||\cdot||$ 满足:

(a) $\forall x \in X, ||x|| = d(x,0) \geqslant 0$, 且 $||x|| = d(x,0) = 0 \Leftrightarrow x = 0$;

(b) $\forall a \in K, \forall x \in X, ||ax|| = d(ax,0) = d(ax, a0) = |a|d(x,0) = |a|||x||$;

(c) $\forall x, y \in X, ||x+y|| = d(x+y, 0) \leqslant d(x+y, y) + d(y, 0)$

$$= d(x,0) + d(y,0) = ||x|| + ||y||,$$

即 $(X, ||\cdot||)$ 为赋范空间. □

例 2.4.2　设 X 是数域 K 上的线性空间, X 上的离散距离

$$d(x,y) = \begin{cases} 0, & \text{当} x = y, \\ 1, & \text{当} x \neq y, \end{cases} \quad x, y \in X$$

不满足相似性, 因此该距离不能由 X 上的任何范数导出.

每一个赋范空间都导出一个距离空间, 赋范空间中的极限就是在此距离的意义下. 例如, $(X, ||\cdot||)$ 为赋范空间, $\{x_n\}_{n=1}^\infty \subset X, x \in X$, 若

$$\lim_{n\to\infty} ||x_n - x|| = \lim_{n\to\infty} d(x_n, x) = 0,$$

则称 $\{x_n\}_{n=1}^{+\infty}$ 在 X 上收敛, 也称为依范数收敛.

在赋范空间中除定理 2.3.5 的结论外, 许多微积分学中熟知的极限性质. 例如, 收敛序列的有界性, 极限运算的性质等都可以平行推导到赋范空间中的序列极限, 其证明只需将 $\mathbf{R}^n$ 中的距离换成由范数导出的距离即可.

2.4.2 赋范空间的基

赋范空间首先是一个线性空间, 但与线性空间相比, 赋范空间中有了极限的概念, 因此赋范空间基的概念与线性空间基的概念有所不同.

定义 2.4.2 设 X 是数域 K 上的赋范空间, $\{e_\alpha\}$ 是 X 的线性无关集. 若 $\forall x \in X$, 都有唯一确定的数列 $\{a_n\} \subset K$ 和子列 $\{e_n\} \subset \{e_\alpha\}$, 使

$$\|x - (a_1 e_1 + a_2 e_2 + \cdots + a_n e_n)\| \to 0,$$

即 $x = \sum_{n=1}^{\infty} a_n e_n$, 则称 $\{e_\alpha\}$ 为赋范空间 X 的一个 Schauder 基, 简称赋范空间 X 的一个基. 称势 $|\{e_\alpha\}|$ 为赋范空间 X 的维数.

显然, 线性空间的 Hamel 基一定是赋范空间的 Schauder 基. 当 X 为有限维空间时, X 上的 Schauder 基与 Hamel 基一致. 但 X 为无限维空间时 Schauder 基不一定是 Hamel 基. 例如, 在赋范空间 l^2 中, 取 $e_n = (0, \cdots, 0, \overset{n}{1}, 0, \cdots), n = 1, 2, \cdots$, 则 $\{e_n\}_{n=1}^{\infty}$ 是 l^2 的一个 Schauder 基, 但不是 l^2 的 Hamel 基. 因为 $\left\{\frac{1}{2^n}\right\}_{n=1}^{\infty} \in l^2$ 不能表成 $\{e_n\}_{n=1}^{\infty}$ 中有限个元素的线性组合. 但赋范空间的维数与其作为线性空间的维数是一致的.

定义 2.4.3 设 X 为线性空间, $\|\cdot\|_1$ 和 $\|\cdot\|_2$ 是 X 上的两个范数. 若存在两个正数 c_1 和 c_2, 使 $\forall x \in X$ 都有 $c_1\|x\|_2 \leqslant \|x\|_1 \leqslant c_2\|x\|_2$, 则称范数 $\|\cdot\|_1$ 和 $\|\cdot\|_2$ 是等价的.

对于有限维线性空间有下面的性质:

定理 2.4.2 设 X 为有限维线性空间, 则

(1) X 上定义的任何两个范数都是等价的;

(2) X 上定义的任何范数构成的赋范空间都是完备的.

定理的证明见文献 (夏道行等, 1979).

2.4.3 赋范空间的同构

空间的同构是一个对空间进行分类的方法. 通过对空间的分类, 可以把复杂空间上的问题拿到与其同构的简单、熟悉的空间上讨论, 从而使问题得到简化.

定义 2.4.4(线性空间的同构) 设 X 与 Y 为同一数域 K 上的两个线性空间. 若存在一个双射 $T : X \to Y$, 使得 $\forall x, y \in X, \forall \alpha, \beta \in K$, 满足线性性:

$$T(\alpha x + \beta y) = \alpha T(x) + \beta T(y),$$

则称线性空间 X 与 Y 是同构的, 称 T 为线性同构映射.

同构的线性空间具有相同的代数运算关系.

例 2.4.3　已知实数域 $\mathbf{R}$ 上的线性空间 Π_n 和 $\mathbf{R}^n$, 构造双射 $T : \Pi_n \to \mathbf{R}^n$, 对任意 $f(x) = a_0 + a_1 x + \cdots + a_{n-1}x^{n-1} \in \Pi_n$, $T(f(x)) = (a_0, a_1, \cdots, a_{n-1})$, 则 T 为 Π_n 到 $\mathbf{R}^n$ 的线性同构映射, 即线性空间 Π_n 与 $\mathbf{R}^n$ 同构.

定义 2.4.5(赋范空间的同构)　设 X 与 Y 为同一数域 K 上的赋范空间. 若存在一个线性同构映射 $T : X \to Y$, 使得 $\forall x \in X$, 满足保范性

$$||Tx|| = ||x||,$$

则称赋范空间 X 与 Y 是同构的, 称 T 为同构映射.

同构是赋范空间中的一种等价关系, 同构的赋范空间有完全相同的空间结构, 具有完全相同的空间性质, 不考虑空间中元素的实际意义, 同构的赋范空间被认为是相等的.

2.5　内　积　空　间

2.5.1　内积空间的基本概念

定义 2.5.1　设 X 为数域 K 上的线性空间, 映射 $\langle \cdot, \cdot \rangle : X \times X \to K$. 若 $\forall x, y, z \in X, \forall a, b \in K$, 满足

(1) 正定性　$\langle x, x \rangle \geqslant 0$, 且 $\langle x, x \rangle = 0 \Leftrightarrow x = 0$;

(2) 共轭对称性　$\langle x, y \rangle = \overline{\langle y, x \rangle}$;

(3) 关于第一个变元的线性性　$\langle ax + by, z \rangle = a\langle x, z \rangle + b\langle y, z \rangle$,

则称 $\langle x, y \rangle$ 为 x 与 y 的内积, 称 $(X, \langle \cdot, \cdot \rangle)$(简称 X) 为内积空间. 若 $M \subset X$ 为子线性空间, 则称 $(M, \langle \cdot, \cdot \rangle)$ 为子内积空间. 在内积空间 $(X, \langle \cdot, \cdot \rangle)$ 上, $\forall x \in X$, 令 $||x|| = \sqrt{\langle x, x \rangle}$, 则 $(X, || \cdot ||)$ 为赋范空间, 称该范数为由内积导出的范数. 若这个赋范空间 $(X, || \cdot ||)$ 是完备的, 则称内积空间 $(X, \langle \cdot, \cdot \rangle)$ 是完备的, 称完备的内积空间为 Hilbert 空间.

不论数域 K 是实数域还是复数域, 因为 $\forall x \in X$, 内积 $\langle x, x \rangle$ 都是非负实数, 所以 $\sqrt{\langle x, x \rangle}$ 都有意义. 习惯上, 当 K 为实数域时, 称 $(X, \langle \cdot, \cdot \rangle)$ 为实内积空间 (欧氏空间); 当 K 为复数域时, 称 $(X, \langle \cdot, \cdot \rangle)$ 为复内积空间 (酉空间).

对于实内积空间, 共轭对称性就是对称性, 即 $\forall x, y \in X$, 有 $\langle x, y \rangle = \langle y, x \rangle$, 此时不仅关于内积的第一个变元是线性的, 关于内积的第二个变元也是线性的, 即 $\forall x, y, z \in X, \forall a, b \in K$, 有

$$\langle x, ay + bz \rangle = a\langle x, y \rangle + b\langle x, z \rangle.$$

对于复内积空间, 关于内积的第二个变元是共轭线性的, 即 $\forall x, y, z \in X, \forall a, b \in K$, 有

$$\langle x, ay + bz \rangle = \overline{a}\langle x, y \rangle + \overline{b}\langle x, z \rangle.$$

例 2.5.1 (1) $\mathbf{R}^n$ 按内积 $\langle \boldsymbol{x}, \boldsymbol{y} \rangle = x_1 y_1 + x_2 y_2 + \cdots + x_n y_n$ 构成一个完备的内积空间. 该内积导出的范数为 $||\boldsymbol{x}|| = \sqrt{x_1^2 + x_2^2 + \cdots + x_n^2}$, 该范数导出的距离为 $d(\boldsymbol{x}, \boldsymbol{y}) = \sqrt{(x_1 - y_1)^2 + \cdots + (x_n - y_n)^2}$.

(2) $\mathbf{C}^n$ 按内积 $\langle \boldsymbol{x}, \boldsymbol{y} \rangle = x_1\overline{y_1} + x_2\overline{y_2} + \cdots + x_n\overline{y_n}$ 构成一个完备的内积空间. 该内积导出的范数为 $||\boldsymbol{x}|| = \sqrt{|x_1|^2 + |x_2|^2 + \cdots + |x_n|^2}$, 该范数导出的距离为 $d(\boldsymbol{x}, \boldsymbol{y}) = \sqrt{|x_1 - y_1|^2 + \cdots + |x_n - y_n|^2}$.

(3) l^2 按内积 $\langle \boldsymbol{x}, \boldsymbol{y} \rangle = \sum_{n=1}^{\infty} x_n y_n$ 构成一个完备的内积空间. 该内积导出的范数为 $||\boldsymbol{x}|| = \left(\sum_{n=1}^{\infty} |x_n|^2 \right)^{\frac{1}{2}}$, 该范数导出的距离为 $d(\boldsymbol{x}, \boldsymbol{y}) = \left(\sum_{n=1}^{\infty} |x_n - y_n|^2 \right)^{\frac{1}{2}}$.

在不特别强调时, 以上内积、范数、距离都是相应空间上默认的.

定理 2.5.1(Schwarz 不等式) 设 X 为数域 K 上的内积空间, 则 $\forall x, y \in X$, 有

$$|\langle x, y \rangle| \leqslant ||x|| \cdot ||y||.$$

证明 $\forall x, y \in X, \forall a \in K$, 有

$$\begin{aligned}
0 &\leqslant \langle x + ay, x + ay \rangle \\
&= \langle x, x + ay \rangle + a\langle y, x + ay \rangle \\
&= \langle x, x \rangle + \overline{a}\langle x, y \rangle + a\langle y, x \rangle + |a|^2\langle y, y \rangle \\
&= ||x||^2 + \overline{a}\langle x, y \rangle + a\langle y, x \rangle + |a|^2||y||^2. \quad (2.5.1)
\end{aligned}$$

令 $a = -\dfrac{\langle x, y \rangle}{||y||^2}$ 代入式 (2.5.1) 得

$$\begin{aligned}
0 &\leqslant \langle x + ay, x + ay \rangle \\
&= ||x||^2 - \frac{\overline{\langle x, y \rangle}}{||y||^2}\langle x, y \rangle - \frac{\langle x, y \rangle}{||y||^2}\overline{\langle x, y \rangle} + \left| \frac{\langle x, y \rangle}{||y||^2} \right|^2 ||y||^2 \\
&= ||x||^2 - 2\frac{\langle x, y \rangle\overline{\langle x, y \rangle}}{||y||^2} + \frac{\langle x, y \rangle\overline{\langle x, y \rangle}}{||y||^2} \\
&= ||x||^2 - \frac{\langle x, y \rangle\overline{\langle x, y \rangle}}{||y||^2},
\end{aligned}$$

即 $||x||^2 - \dfrac{\langle x,y \rangle \overline{\langle x,y \rangle}}{||y||^2} \geqslant 0$, $\langle x,y \rangle \overline{\langle x,y \rangle} = |\langle x,y \rangle|^2 \leqslant ||x||^2 ||y||^2$.　　　　　　□

每一个内积空间中的内积都可以通过 $||x|| = \sqrt{\langle x,x \rangle}$ 导出一个范数, 因此内积空间也是赋范空间. 但反之不一定成立, 即赋范空间中的范数未必能导出内积.

定理 2.5.2　内积空间 $(X, \langle \cdot, \cdot \rangle)$ 中的内积导出的范数满足平行四边形公式, 即 $\forall x,y \in X$, 有

$$||x + y||^2 + ||x - y||^2 = 2 \left(||x||^2 + ||y||^2 \right).$$

反过来, 若赋范空间 $(X, ||\cdot||)$ 中的范数满足平行四边形公式, 当 X 为实线性空间时, $\forall x,y \in X$, 令

$$\langle x,y \rangle = \frac{1}{4} \left(||x + y||^2 - ||x - y||^2 \right),$$

则 $(X, \langle \cdot, \cdot \rangle)$ 为实内积空间; 当 X 为复线性空间时, $\forall x,y \in X$, 令

$$\langle x,y \rangle = \frac{1}{4} \left(||x + y||^2 - ||x - y||^2 + \mathrm{i}||x + \mathrm{i}y||^2 - \mathrm{i}||x - \mathrm{i}y||^2 \right),$$

则 $(X, \langle \cdot, \cdot \rangle)$ 为复内积空间. 且上述内积是满足 $\langle x,x \rangle = ||x||^2$ 的唯一内积.

证明　若 $(X, \langle \cdot, \cdot \rangle)$ 为内积空间, 则 $\forall x,y \in X$,

$$||x + y||^2 + ||x - y||^2 = \langle x + y, x + y \rangle + \langle x - y, x - y \rangle$$
$$= \langle x, x + y \rangle + \langle y, x + y \rangle + \langle x, x - y \rangle - \langle y, x - y \rangle$$
$$= 2\langle x, x \rangle + 2\langle y, y \rangle = 2 \left(||x||^2 + ||y||^2 \right).$$

相反的证明较繁, 见文献 (夏道行等, 1979).　　　　　　□

例如, 对于赋范空间 l^p, $p \geqslant 1, p \neq 2$, 取 $\boldsymbol{x} = (1,1,0,\cdots), \boldsymbol{y} = (1,-1,0,\cdots) \in l^p$, 因为 $||\boldsymbol{x} + \boldsymbol{y}||^2 + ||\boldsymbol{x} - \boldsymbol{y}||^2 = (2^p)^{\frac{2}{p}} + (2^p)^{\frac{2}{p}} = 4 + 4 = 8$, $||\boldsymbol{x}|| = ||\boldsymbol{y}|| = 2^{\frac{1}{p}}$, 显然 $8 \neq 2(2^{\frac{2}{p}} + 2^{\frac{2}{p}})$, 所以其范数不满足平行四边形公式. 因此该范数不能由内积导出, 不能成为内积空间.

2.5.2　内积空间的正交与投影

定义 2.5.2　设 $(X, \langle \cdot, \cdot \rangle)$ 为内积空间, $x,y \in X, M, N \subset X$.

(1) 若 $\langle x,y \rangle = 0$, 则称 $\boldsymbol{x}$ 与 $\boldsymbol{y}$ **正交**, 记为 $x \perp y$;

(2) 若 $\forall z \in M$, 有 $\langle x, z \rangle = 0$, 则称 $\boldsymbol{x}$ 与 $\boldsymbol{M}$ **正交**, 记为 $x \perp M$;

(3) 若 $\forall u \in M, \forall v \in N$, 有 $\langle u, v \rangle = 0$, 则称 $\boldsymbol{M}$ 与 $\boldsymbol{N}$ **正交**, 记为 $M \perp N$;

(4) 称集合 $\{x | x \in X, x \perp M\}$ 为 M 的**正交补**, 记为 $M^{\perp}$;

(5) 若 M 与 N 为 X 的两个子空间, $M \perp N$, 且 $\forall x \in X$ 可唯一地表示为

$$x = a + b, \quad a \in M, b \in N,$$

则称 X 为 M 与 N 的正交和, 记为 $X = M \oplus N$.

显然, 内积空间中的零向量 (零元素) 与所有的向量 (元素) 正交, 且只有零向量具有此性质, 即 $X^\perp = \{0\}$, $\{0\}^\perp = X$. 若 $M \subset X$, 则 $0 \in M^\perp \neq \varnothing$, 且 $\forall x, y \in M^\perp$, $\forall z \in M$, 及任意常数 a 和 b, 因为 $\langle z, ax+by \rangle = \bar{a}\langle z,x \rangle + \bar{b}\langle z,y \rangle = 0$, 即 $ax+by \in M^\perp$, 故 $M^\perp$ 为 X 的子空间. 进一步, 若 x_0 为 $M^\perp$ 的一个极限点, 则 $\exists \{x_n\}_{n=1}^{+\infty} \subset M^\perp$, 使 $\lim_{n \to \infty} x_n = x_0$. 因为 $\forall z \in M$, $\langle x_0, z \rangle = \langle x_0, z \rangle - \langle x_n, z \rangle = \langle x_0 - x_n, z \rangle$, 由 Schwarz 不等式知

$$|\langle x_0, z \rangle| = |\langle x_0 - x_n, z \rangle| \leqslant ||x_0 - x_n|| \cdot ||z|| \to 0,$$

即 $x_0 \in M^\perp$, 所以 $M^\perp$ 为 X 的一个闭子线性空间.

当 M 是内积空间 X 的一个子空间时, $M \bigcap M^\perp = \{0\}$.

定理 2.5.3 设 M 是 Hilbert 空间 X 的一个闭子线性空间, 则

(1) $\forall x \in X$, 存在唯一的 $x_0 \in M$, 使

$$d(x, M) := \inf_{y \in M} d(x, y) = \inf_{y \in M} ||x - y|| = ||x - x_0||.$$

(2) (投影定理) $\forall x \in X$, 可唯一地表示为

$$x = x_0 + y,$$

其中 $x_0 \in M, y \in M^\perp$, 称 x_0 为 x 在 M 上的正交投影.

定理的证明见文献 (夏道行等, 1979).

称 $d(x, M)$ 为 x 到 M 的距离. (1) 中存在的 x_0 就是 x 在 M 上的正交投影. 容易证明, 完备距离空间的闭子集是一个完备的子空间, 而任一距离空间的完备子空间是闭子集. 由定理 2.5.3 可知, 当 M 是 Hilbert 空间 X 的一个闭子线性空间时, $X = M \oplus M^\perp$.

2.5.3 内积空间的正交基

定义 2.5.3 设 $(X, \langle \cdot, \cdot \rangle)$ 为内积空间.

(1) 若 $M \subset X$, M 中的任意两个不同的元素都正交, 则称 M 为一个正交集. 若正交集 M 中的每一个元素的范数都是 1, 则称 M 为一个标准正交集.

(2) 若 $\{e_i | i \in I\} \subset X(I$ 为指标集) 为一个标准正交集, 且 $\forall x \in X$, 有 $x = \sum_i \langle x, e_i \rangle e_i$, 则称 $\{e_i | i \in I\}$ 为 X 的一个标准正交基.

容易证明, 内积空间的标准正交集一定是线性无关集. 内积空间的标准正交基一定是导出赋范空间的 Schauder 基.

定理 2.5.4 设 $(X, \langle \cdot, \cdot \rangle)$ 为内积空间.

(1) 若 $\{x_1, x_2, \cdots, x_n\} \subset X$ 是一个非零正交集, $M = \operatorname{span}\{x_1, x_2, \cdots, x_n\}$, 则

$$||x_1 + x_2 + \cdots + x_n||^2 = ||x_1||^2 + ||x_2||^2 + \cdots + ||x_n||^2 (勾股定理),$$

且 $\forall x \in X$, $x_0 = \sum_{i=1}^{n} \langle x, e_i \rangle e_i \left(e_i = \dfrac{x_i}{||x_i||}, i = 1, 2, \cdots, n \right)$ 为 x 在子空间 M 中的正交投影,

$$||x_0||^2 = \sum_{i=1}^{n} |\langle x, e_i \rangle|^2, \quad ||x - x_0||^2 = ||x||^2 - ||x_0||^2.$$

(2) 若 $\{e_i | i \in I\} \subset X$ 为一个标准正交集, 则 $\forall x \in X$, 下面的 Bessel 不等式成立:

$$\sum_i |\langle x, e_i \rangle|^2 \leqslant ||x||^2.$$

(3) 标准正交集 $\{e_i | i \in I\} \subset X$ 为标准正交基的充要条件是:

$$\{e_i | i \in I\}^\perp = \{0\}.$$

(4) 标准正交集 $\{e_i | i \in I\} \subset X$ 为标准正交基的充要条件是 Parseval 等式

$$\sum_i |\langle x, e_i \rangle|^2 = ||x||^2$$

成立.

证明　(1) 对于勾股定理只证 $n = 2$ 时成立, $n > 2$ 的情形可类似证明. 若 x_1 与 x_2 正交, 则

$$\begin{aligned} ||x_1 + x_2||^2 &= \langle x_1 + x_2, x_1 + x_2 \rangle \\ &= \langle x_1, x_1 \rangle + \langle x_1, x_2 \rangle + \langle x_2, x_1 \rangle + \langle x_2, x_2 \rangle \\ &= ||x_1||^2 + ||x_2||^2, \end{aligned}$$

即勾股定理成立. $\forall x \in X$, 显然 $x_0 = \sum_{i=1}^{n} \langle x, e_i \rangle e_i \in M$, 且

$$\begin{aligned} \langle x - x_0, e_k \rangle &= \left\langle x - \sum_{i=1}^{n} \langle x, e_i \rangle e_i, e_k \right\rangle \\ &= \langle x, e_k \rangle - \sum_{i=1}^{n} \langle x, e_i \rangle \langle e_i, e_k \rangle \\ &= \langle x, e_k \rangle - \langle x, e_k \rangle = 0, \quad k = 1, 2, \cdots, n, \end{aligned}$$

即 $\forall z \in M$, 有 $(x - x_0) \perp z$, $(x - x_0) \in M^\perp$. 令 $y = x - x_0$, 则 $x = x_0 + y$, 由分解式的唯一性知, x_0 为 x 在 M 中的正交投影, 由内积关于第一个变元的线性性和关于第二个变元的共轭线性知,

$$||x_0||^2 = \langle x_0, x_0 \rangle = \left\langle \sum_{i=1}^{n} \langle x, e_i \rangle e_i, \sum_{j=1}^{n} \langle x, e_j \rangle e_j \right\rangle$$

$$= \sum_{i=1}^{n} \langle x, e_i \rangle \left\langle e_i, \sum_{j=1}^{n} \langle x, e_j \rangle e_j \right\rangle$$

$$= \sum_{i=1}^{n} \langle x, e_i \rangle \langle e_i, \langle x, e_i \rangle e_i \rangle$$

$$= \sum_{i=1}^{n} \langle x, e_i \rangle \overline{\langle x, e_i \rangle} = \sum_{i=1}^{n} |\langle x, e_i \rangle|^2.$$

再由已证明的勾股定理,

$$||x||^2 = ||x_0 + y||^2 = ||x_0||^2 + ||y||^2 = ||x_0||^2 + ||x - x_0||^2,$$

即 $||x - x_0||^2 = ||x||^2 - ||x_0||^2$.

(2) 若 $\{e_i | i \in I\} \subset X$ 为一个标准正交集, $\forall \{e_n\}_{n=1}^{m} \subset \{e_i | i \in I\}$, $\forall x \in X$, $x_0 = \sum_{n=1}^{m} <x, e_n> e_n$ 由 (1) 得

$$||x||^2 = ||x_0||^2 + ||x - x_0||^2 = \sum_{n=1}^{m} |\langle x, e_n \rangle|^2 + ||x - x_0||^2 \geqslant \sum_{n=1}^{m} |\langle x, e_n \rangle|^2,$$

由 m 的任意性, 取极限不等式依然成立.

(3) 和 (4) 的证明借助于 (1), (2) 的证明即可, 略. □

例如, 用 $L^2[0, 2\pi]$ 表示区间 $[0, 2\pi]$ 上平方可积实函数的全体, 即

$$L^2[0, 2\pi] = \left\{ f(x) \middle| \int_0^{2\pi} |f(x)|^2 \mathrm{d}x < \infty \right\},$$

按内积 $\langle f, g \rangle = \int_0^{2\pi} f(x)g(x)\mathrm{d}x$ 构成的内积空间,

$$\left\{ \frac{1}{\sqrt{2\pi}}, \frac{1}{\sqrt{\pi}}\cos t, \frac{1}{\sqrt{\pi}}\sin t, \cdots, \frac{1}{\sqrt{\pi}}\cos nt, \frac{1}{\sqrt{\pi}}\sin nt, \cdots \right\}$$

就是一个标准正交基.

2.6 拓扑空间

2.6.1 拓扑空间的概念

在集合上定义了距离之后可以引入极限的概念, 使用与极限相关的分析方法, 在没有距离的集合上也可通过建立邻域结构引入极限的概念. 拓扑就是在集合的元素间赋予一种相邻结构, 通过这种结构把极限的有关概念及研究方法移植到更一般的集合上.

定义 2.6.1　设 X 是一个非空集合, τ 为以 X 的某些子集为元素构成的集合. 若 τ 满足下列条件:

(1) $\varnothing, X \in \tau$;

(2) τ 中成员的任意并仍属于 τ(τ 对任意并封闭);

(3) τ 中成员的有限交仍属于 τ(τ 对有限交封闭),

则称 τ 为 X 上的一个拓扑, 称 (X,τ)(简称 X) 为拓扑空间, τ 中的元素称为开集. 设 $x \in U \subset X$, 若 $\exists V \in \tau$, 使 $x \in V \subset U$, 则称 U 为 x 的一个邻域, 称包含 x 的开集为 x 的开邻域.

例 2.6.1　在 $\mathbf{R}^n$ 中, 令

$$\tau = \left\{ A \subset \mathbf{R}^n | \forall \boldsymbol{x} \in A, \exists \delta > 0, 使 U(\boldsymbol{x}, \delta) \subset A \right\},$$

其中 $U(\boldsymbol{x}, \delta) = \{ \boldsymbol{y} \in \mathbf{R}^n | d(\boldsymbol{x}, \boldsymbol{y}) < \delta \}$ 为 $\boldsymbol{x}$ 在 $\mathbf{R}^n$ 中距离空间意义下的 δ 邻域. 显然, 空集 $\varnothing$ 和全集 $\mathbf{R}^n$ 都在 τ 内, 且 τ 对任意并和有限交都封闭, 因此 τ 为 $\mathbf{R}^n$ 上的一个拓扑. 该拓扑是由 $\mathbf{R}^n$ 中的距离 $(d(\boldsymbol{x}, \boldsymbol{y}) = \sqrt{(x_1 - y_1)^2 + \cdots + (x_n - y_n)^2})$ 导出的, 称该拓扑为 $\mathbf{R}^n$ 上的欧氏拓扑, 称 $(\mathbf{R}^n, \tau)$ 为 n 维欧氏空间.

对于一般的距离空间 (X, d), 可类似定义其上的拓扑:

$$\tau(d) = \left\{ E \subset X | \forall x \in E, \exists \delta > 0, 使 U(x, \delta) \subset E \right\},$$

其中 $U(x, \delta) = \{ y \in X | d(x, y) < \delta \}$ 为 x 在距离空间意义下的 δ 邻域, 称 $\tau(d)$ 为由距离导出的拓扑. 按这种方式, 每一个距离空间都对应一个拓扑空间.

在拓扑空间的定义中也使用了开集和邻域的概念, 这里的开集和邻域可理解为距离空间中开集和邻域概念的推广. 由例 2.6.1 可以看出距离空间 (X, d) 中的开集和邻域依然是导出拓扑空间 $(X, \tau(d))$ 中的开集与邻域. 注意拓扑空间 (X, τ) 中的开集是指拓扑 τ 中的每一个成员.

例 2.6.2　设 $X = \{a, b, c\}$, 子集族

$$\tau_1 = \{\varnothing, X, \{a\}, \{b, c\}\}, \quad \tau_2 = \{\varnothing, X, \{a\}, \{b\}, \{b, c\}\}.$$

容易验证 τ_1 是 X 上的拓扑, τ_2 不是 X 上的拓扑, 因为 $\{a\} \bigcup \{b\} = \{a, b\} \notin \tau_2$. 对于拓扑 τ_1, 除空集 $\varnothing$ 和全集 X 外, $\{a\}$ 和 $\{b, c\}$ 也都是开集; 元素 a 的邻域有 $\{a\}, \{a, b\}, \{a, c\}, X$, 其中开邻域为 $\{a\}$ 和 X.

例 2.6.3　设 X 是一非空集合, 容易验证子集族

$$\tau_1 = \{\varnothing, X\}, \quad \tau_2 = 2^X$$

都是 X 上的拓扑. 称 τ_1 为 X 上的平凡拓扑, 称 (X, τ_1) 为平凡拓扑空间 (平凡空间). 称 τ_2 为 X 上的离散拓扑, 称 (X, τ_2) 为离散拓扑空间 (离散空间).

由例 2.6.3 可以看出, 在同一个集合 X 上可以建立多个拓扑, 从而形成不同的拓扑空间.

定义 2.6.2 设 τ_1, τ_2 是同一集合 X 上的两个拓扑. 若 $\tau_1 \subset \tau_2$, 则称拓扑 τ_1 弱于 τ_2(或称 τ_2 强于 τ_1).

显然, 在给定的集合 X 上, 平凡拓扑是最弱的拓扑, 离散拓扑是最强的拓扑. 为了便于把拓扑空间的一个子集作为独立的对象进行研究, 下面给出拓扑子空间的概念:

定义 2.6.3 设 (X, τ) 为拓扑空间, $Y \subset X$ 为非空子集, 令

$$\tau_Y = \left\{ A \bigcap Y \mid A \in \tau \right\},$$

则 τ_Y 为 Y 上的一个拓扑. 称 τ_Y 为由 τ 诱导的拓扑 (子空间拓扑), 称 (Y, τ_Y) 为 (X, τ) 的**拓扑子空间**.

不难看出, Y 的子集 M 是拓扑子空间 (Y, τ_Y) 中的开集当且仅当存在全空间 X 中的开集 A, 使 $M = A \bigcap Y$.

设 $(X_1, \tau_1), (X_2, \tau_2)$ 为两个拓扑空间, 对于积集 $X_1 \times X_2$ 来说, 一个明显问题是子集族 $B = \{u \times v \mid u \in \tau_1, v \in \tau_2\}$ 是否构成 $X_1 \times X_2$ 上的拓扑? 答案是否定的, 因为子集族 B 对并运算不一定封闭. 容易证明, 由 B 中成员的任意并为元素得到的子集族 $\tau = \left\{ w \mid \exists \mathfrak{F} \subset B, w = \bigcup_{A \in \mathfrak{F}} A \right\}$ 构成 $X_1 \times X_2$ 上的一个拓扑.

定义 2.6.4 设 $(X_1, \tau_1), (X_2, \tau_2)$ 为两个拓扑空间, 称由子集族 $B = \{u \times v \mid u \in \tau_1, v \in \tau_2\}$ 中成员的任意并构成的拓扑 τ 为 $X_1 \times X_2$ 上的**积拓扑**, 称 $(X_1 \times X_2, \tau)$ 为**积拓扑空间**.

上述积拓扑的定义可以推广到有限个拓扑空间的情形. 二维欧氏拓扑空间的拓扑与两个一维欧氏空间的积拓扑一致. 一般地, n 维欧氏空间的拓扑与 n 个一维欧氏空间的积拓扑一致.

由定义 2.6.1, 拓扑就是满足一定条件的子集族, 要给出一个拓扑需要给出该拓扑中的所有开集 (元素). 事实上也可只给出它的一些基本的开集, 只要其他的开集能够用这些基本的开集通过简单的并得到即可.

定义 2.6.5 设 (X, τ) 为拓扑空间, $\mathfrak{B} \subset \tau$. 若 $\forall u \in \tau$ 都能表示成 $\mathfrak{B}$ 中某些成员的并, 则称 $\mathfrak{B}$ 为拓扑 τ 的一个**基**, $\mathfrak{B}$ 中的成员称为**基开集**.

由定义 2.6.5, 拓扑空间的拓扑基与线性空间的 Hamel 基不一样. 拓扑 τ 的一个拓扑基 $\mathfrak{B}$ 再增加若干个 τ 中的开集 (如果还有的话) 后仍是拓扑 τ 的拓扑基, 特别地, τ 本身就是自己的拓扑基.

例 2.6.4 (1) 设 $\mathscr{F}$ 是非空集合 X 上的离散拓扑, 则由 X 中所有单点子集构成的子集族 $\mathfrak{B} = \{\{x\} \mid x \in X\}$ 为离散拓扑 $\mathscr{F}$ 的一个拓扑基. 它是离散拓扑最小的

一个拓扑基.

(2) 对于二维欧氏拓扑空间 $\mathbf{R}^2$ 的子集 $A = \{(x,y)|x^2 + y^2 = 1\}$(单位圆) 的子拓扑 τ_A, 所有的开圆弧构成的子集族就是 τ_A 的一个拓扑基.

(3) 对于拓扑空间 (X_1, τ_1) 与 (X_2, τ_2) 的积拓扑, $B = \{u \times v | u \in \tau_1, v \in \tau_2\}$ 就是一个积拓扑的拓扑基.

定理 2.6.1 设 X 是一非空集合, $\mathfrak{B}$ 为以 X 的若干子集为元素构成的子集族. 若 $\mathfrak{B}$ 满足:

(1) $X = \bigcup\limits_{A \in \mathfrak{B}} A$;

(2) $\forall A_1, A_2 \in \mathfrak{B}, \forall x \in A_1 \bigcap A_2$, 存在 $B_x \in \mathfrak{B}$, 使 $x \in B_x \subset A_1 \bigcap A_2$,

则 $\mathfrak{B}$ 必是 X 上唯一一个拓扑 τ 的基, 其中 $\tau = \left\{ B \left| \exists E_B \subset \mathfrak{B}, 使 B = \bigcup\limits_{A \in E_B} A \right. \right\}$.

反之, 若 $\mathfrak{B}$ 是某一拓扑 τ 的拓扑基, 则 $\mathfrak{B}$ 必满足条件 (1) 和条件 (2).

证明 若 $\mathfrak{B}$ 满足条件 (1) 和条件 (2), 令

$$\tau = \left\{ B \left| \exists E_B \subset \mathfrak{B}, 使 B = \bigcup\limits_{A \in E_B} A \right. \right\}.$$

显然, τ 包含空集 $\varnothing$ 和全集 X, 对任意并封闭. 再由条件 (2), $\forall A_1, A_2 \in \mathfrak{B}, \forall x \in A_1 \bigcap A_2$, 存在 $B_x \in \mathfrak{B}$, 使

$$x \in B_x \subset A_1 \bigcap A_2, \quad A_1 \bigcap A_2 = \bigcup\limits_{x \in A_1 \bigcap A_2} B_x,$$

即 $\mathfrak{B}$ 中成员的有限交属于 τ. 进一步, $\forall B_1, B_2 \in \tau$, 存在 $E_{B_1} \in \mathfrak{B}$ 和 $E_{B_2} \in \mathfrak{B}$, 使 $B_1 = \bigcup\limits_{A_1 \in E_{B_1}} A_1, B_2 = \bigcup\limits_{A_2 \in E_{B_2}} A_2$. 于是

$$B_1 \bigcap B_2 = \left(\bigcup\limits_{A_1 \in E_{B_1}} A_1 \right) \bigcap \left(\bigcup\limits_{A_2 \in E_{B_2}} A_2 \right) = \bigcup\limits_{A_2 \in E_{B_2}} \left(\left(\bigcup\limits_{A_1 \in E_{B_1}} A_1 \right) \bigcap A_2 \right)$$

$$= \bigcup\limits_{A_2 \in E_{B_2}} \left(\bigcup\limits_{A_1 \in E_{B_1}} (A_1 \bigcap A_2) \right) = \bigcup\limits_{A_1 \in E_{B_1}, A_2 \in E_{B_2}} (A_1 \bigcap A_2),$$

因此 τ 是一个拓扑, $\mathfrak{B}$ 是 τ 的一个拓扑基.

若 τ' 也是一个以 $\mathfrak{B}$ 为基的拓扑, 则 $\forall A \in \tau'$, A 必是 $\mathfrak{B}$ 中某些成员的并. 于是 $A \in \tau$, 即 $\tau' \subset \tau$. 又因为 $\mathfrak{B} \subset \tau'$, τ 中的每一个成员 B 都是 $\mathfrak{B}$ 中成员的任意并, 所以它也是 τ' 中成员的任意并. 由 τ' 对任意并封闭知 $B \in \tau'$, 即 $\tau \subset \tau'$, 故 $\tau = \tau'$, $\mathfrak{B}$ 生成拓扑的唯一性得证.

反之, 若 $\mathfrak{B}$ 是 X 上某一拓扑 $\mathcal{F}$ 的拓扑基, 则 $X \in \mathcal{F}$ 可由 $\mathfrak{B}$ 中若干成员的并得到, 即 $X = \bigcup\limits_{A \in \mathfrak{B}} A$. 另一方面, 因为 $\mathfrak{B} \subset \mathcal{F}$, $\mathcal{F}$ 对有限交封闭, 于是 $\forall A_1, A_2 \in \mathfrak{B}$, 有 $A_1 \bigcap A_2 \in \mathcal{F}$, 所以 $A_1 \bigcap A_2$ 也是 $\mathfrak{B}$ 中若干成员的并, 即 $\exists E \subset \mathfrak{B}$, 使 $A_1 \bigcap A_2 = \bigcup\limits_{A \in E} A$. 因此 $\forall x \in A_1 \bigcap A_2, \exists B_x \in E \subset \mathfrak{B}$, 使

$$x \in B_x \subset A_1 \bigcap A_2. \qquad \square$$

定义 2.6.6　设 (X, τ) 为拓扑空间, $x \in X, A \subset X$, 若 x 的每个邻域中都含有 A 中异于 x 的点, 则称 x 为 A 的一个极限点. 若 A 的每一个极限点都属于 A, 则称 A 为闭集.

定理 2.6.2　设 (X, τ) 为拓扑空间, $A \subset X$, 则 A 为闭集的充要条件是 A 的余集 $X - A$ 是开集.

证明　必要性　若 A 为闭集, 则 $\forall x \in X - A$ 都不是 A 的极限点, 即存在 x 的一个邻域 U 使 $U \bigcap A = \varnothing$, 于是 $U \subset X - A$. 由邻域的定义, 一定存在 x 的一个开邻域 V_x, 使 $V_x \subset U \subset X - A$, 因此 $X - A = \bigcup\limits_{x \in X - A} V_x \in \tau$ 为开集.

充分性　若 $X - A$ 是开集, 则 $\forall x \in X - A, X - A$ 就是 x 的一个开邻域. 由于该邻域不含有 A 的点, 所以 x 不是 A 的极限点, 即 $X - A$ 中的每一个点都不是 A 的极限点, A 的极限点都属于 A, 故 A 为闭集. $\qquad \square$

推论 2.6.1　设 (X, τ) 为拓扑空间, 则

(1) $\varnothing, X$ 是闭集;

(2) X 中有限个闭集的并还是闭集;

(3) X 中任意多个闭集的交还是闭集.

证明　因为 $\varnothing, X$ 互为余集, 所以 (1) 可由定理 2.6.2 直接推出. (2) 和 (3) 可由集合运算的 De Morgen 律及定理 2.6.2 直接推出. $\qquad \square$

任何一个拓扑空间 (X, τ) 中的 $\varnothing, X$ 既是开集又是闭集, 离散拓扑空间中的任何一个子集既是开集又是闭集. 但一维欧氏拓扑空间 $\mathbf{R}$ 中的子集 $(2, 3]$ 既不是开集又不是闭集, 它不是闭集是因为极限点 2 不属于 $(2, 3]$; 它不是开集是因为其余集 $(-\infty, 2] \bigcup (3, +\infty)$ 不是闭集, 极限点 3 不属于 $(-\infty, 2] \bigcup (3, +\infty)$. 前面我们知道, 对于拓扑空间 $(X, \tau), M \subset Y \subset X, M$ 是子空间 (Y, τ_Y) 的开集的充要条件是存在 τ 中的开集 A, 使 $M = A \bigcap Y$. 同样, 子集 $N \subset Y$ 是子空间 (Y, τ_Y) 的闭集的充要条件是存在 X 中的闭集 B, 使 $N = B \bigcap Y$.

2.6.2　连续映射与同胚

集合上有了相邻的概念, 就可以类比距离空间讨论空间中点列的极限与映射的连续性.

定义 2.6.7　设 (X, τ) 为拓扑空间, $\{x_n\}_{n=1}^{\infty} \subset X, x \in X$. 若对于 x 的任何一个邻域 V, 都存在一个正整数 N, 使 $\forall n > N$ 有 $x_n \in V$, 则称序列 $\{x_n\}_{n=1}^{\infty}$ 收敛于 x, 称 x 为序列 $\{x_n\}_{n=1}^{\infty}$ 的极限, 记为 $\lim\limits_{n \to \infty} x_n = x$. 若 $\{x_n\}_{n=1}^{\infty}$ 不收敛, 则称它是发散的.

对于一般拓扑空间中的收敛序列, 其极限可能不唯一. 极端的情形: 对于只有两个开集的平凡拓扑空间, 其中任何一个序列都收敛, 且收敛于空间中的每一点.

定义 2.6.8　设 X, Y 是两个拓扑空间, 映射 $f : X \to Y, x_0 \in X$. 若 $f(x_0)$ 在 Y 中的任何邻域 U 的原象 $f^{-1}(U)$ 均为 x_0 在 X 中的邻域, 则称 f 在 x_0 点连续. 若 Y 中任何开集 V 的原象 $f^{-1}(V)$ 都是 X 中的开集, 则称 f 为 X 到 Y 的连续映射.

定理 2.6.3　设 X, Y 是两个拓扑空间, 映射 $f : X \to Y$, 则下列条件等价:

(1) f 为 X 到 Y 的连续映射;

(2) Y 中的任何闭集 W 的原象 $f^{-1}(W)$ 都是 X 中的闭集;

(3) f 在 X 中每一点连续.

证明　(1)→(2)　若 f 为 X 到 Y 的连续映射, 则 Y 中任何开集 V 的原象 $f^{-1}(V)$ 都是 X 中的开集. 设 W 是 Y 中的闭集, 则 $Y - W$ 为 Y 中的开集. 于是 $f^{-1}(Y - W)$ 为 X 中的开集. 因为 $f^{-1}(Y - W) = f^{-1}(Y) - f^{-1}(W) = X - f^{-1}(W)$, 所以 $f^{-1}(W)$ 为 X 中的闭集.

(2)→(1) 的证明与上类似.

(1)→(3)　若 f 为 X 到 Y 的连续映射, 则 Y 中任何开集 V 的原象 $f^{-1}(V)$ 都是 X 中的开集. $\forall x \in X$, 设 U 为 $f(x)$ 在 Y 中的一个邻域, 则存在 Y 中的一个开集 V, 使 $f(x) \in V \subset U$. 因为 $f^{-1}(V)$ 是 X 中包含 x 的开集, 且 $x \in f^{-1}(V) \subset f^{-1}(U)$, 所以 $f^{-1}(U)$ 为 x 在 X 中的邻域, 即 f 在 x 点连续.

(3)→(1)　若 f 在 X 中每一点连续, 则 $\forall x \in X$, $f(x)$ 在 Y 中的任何邻域 U 的原象 $f^{-1}(U)$ 均为 x 在 X 中的邻域. 设 V 为 Y 中的开集, $\forall x \in f^{-1}(V)$ 有 $f(x) \in V$, 即 V 为 $f(x)$ 的一个邻域, $f^{-1}(V)$ 为 x 在 X 中的邻域. 因此, 存在 X 中的开集 U_x, 使 $x \in U_x \subset f^{-1}(V)$, 则 $f^{-1}(V) = \bigcup\limits_{x \in f^{-1}(V)} U_x$, 即 $f^{-1}(V)$ 为 X 中的开集.　□

例 2.6.5　(1) 设 X, Y 是两个拓扑空间, 映射 $f : X \to Y, y_0 \in Y$, 若 $\forall x \in X$, 都有 $f(x) = y_0$, 则称 f 为 X 到 Y 的**常映射**. 常映射是连续映射, 因为对 Y 中的任何开集 U, 当 $y_0 \in U$ 时, $f^{-1}(U) = X$; 当 $y_0 \notin U$ 时, $f^{-1}(U) = \varnothing$, 即 $f^{-1}(U)$ 为开集.

(2) 设 τ_1, τ_2 是非空集合 X 上的两个拓扑, $I : X(\tau_1) \to X(\tau_2)$ 为 X 上的恒等映射 ($\forall x \in X, I(x) = x$), 则只有当 $\tau_2 \subset \tau_1$ 时, 恒等映射 I 才是连续映射.

定义 2.6.9　设 X, Y 是两个拓扑空间, $f : X \to Y$ 为双射. 若 f 与 f^{-1} 都是

连续映射, 则称 f 为 X 到 Y 的同胚映射, 称 X 与 Y 是同胚空间.

两个拓扑空间 X 与 Y 同胚意味着 X 与 Y 有类似的相邻关系和相同的拓扑结构. 容易证明, 若 X, Y, Z 为拓扑空间, $f : X \to Y, g : Y \to Z$ 均为同胚映射, 则复合映射 $g \circ f : X \to Z$ 为 $X \to Z$ 的同胚映射, 即同胚具有传递性. 因此, 同胚是拓扑空间族中的一种等价关系. 利用这种等价关系将拓扑空间族分成互不相交的等价类, 属于同一类的拓扑空间都同胚, 属于不同类的拓扑空间不同胚. 同胚的空间具有相同的拓扑结构, 在某种意义下可看作同一空间. 若拓扑空间的某个性质 P, 当为某一拓扑空间所具有, 与它同胚的任一空间也一定具有时, 这个性质 P 称为同胚映射下不变的性质, 简称拓扑性质或拓扑不变性. 研究拓扑不变性是拓扑学的一个中心任务.

2.6.3 拓扑空间的连通性

定义 2.6.10 设 (X, τ) 为拓扑空间, 若存在 X 的非空闭集 A, B, 使

$$A \bigcap B = \varnothing, \quad A \bigcup B = X,$$

则称 X 为不连通空间. 否则, 若 X 不能分解为两个不交的非空闭集之并, 则称 X 为连通空间. 若 X 的子集 $Y \subset X$ 作为子空间是连通的 (不连通的), 称 Y 为 X 的连通子集 (不连通子集).

定理 2.6.4 设 (X, τ) 为拓扑空间, 则下列条件等价:

(1) X 为不连通空间;

(2) 存在 X 中的非空开集 A, B, 使 $A \bigcap B = \varnothing, A \bigcup B = X$;

(3) X 中存在既开又闭的非空真子集.

证明 (1)$\to$(2) 设 X 不连通, 则存在非空闭集 A, B, 使 $A \bigcap B = \varnothing, A \bigcup B = X$. 因为 A, B 互为余集, 所以 A, B 也是非空开集.

(2)$\to$(3) 若存在 X 中的非空开集 A, B, 使 $A \bigcap B = \varnothing, A \bigcup B = X$, 则 A, B 互为余集, A, B 同时也是闭集, 即 A, B 都是 X 中既开又闭的非空真子集.

(3)$\to$(1) 若 X 中存在既开又闭的非空真子集 A, 则 A 的余集 $B = X - A$ 也是既开又闭的真子集, 且

$$A \bigcap B = A \bigcap (X - A) = \varnothing, \quad A \bigcup B = A \bigcup (X - A) = X,$$

即 X 不连通. □

例 2.6.6 (1) 每个平凡空间都是连通空间. 因为它不存在既开又闭的非空真子集.

(2) 每个多于一点的离散空间都是不连通的. 因为每一个单点集都是既开又闭的非空真子集.

(3) 一维欧氏空间 $\mathbf{R}$ 是连通的, 但它的子集 $Y = (1,2]\bigcup(5,6)$ 是不连通的, $(1,2]$ 与 $(5,6)$ 都是子空间 Y 的既开又闭的非空真子集. 因为 $(1,2] = (1,3)\bigcap Y = [1,3]\bigcap Y$, 所以 $(1,2]$ 既是 Y 的开集又是 Y 的闭集. 又因为 $(5,6) = (5,6)\bigcap Y = [5,6]\bigcap Y$, 所以 $(5,6)$ 既是 Y 的开集又是 Y 的闭集, 即连通是不能 "遗传" 的.

定理 2.6.5　设 X, Y 是两个拓扑空间, $f : X \to Y$ 为连续映射, 则

(1) 若 X 是连通空间, 则 $f(X)$ 为 Y 的连通子集;

(2) 若 f 还是同胚映射, X 是连通空间, 则 Y 也是连通空间;

(3) 若 X 是连通空间, Y 是一维欧氏空间 $\mathbf{R}$, 则 $f(X)$ 是一个区间 (当 f 为常映射时 $f(X)$ 缩成一点), 即 $\forall x, y \in X, \forall \alpha \in \mathbf{R} : f(x) < \alpha < f(y)$, 一定存在 $z \in X$, 使 $f(z) = \alpha$.

证明　(1) 显然, 若 $f : X \to Y$ 为连续映射, 则 $f : X \to f(X)$ 也是连续映射.

反证法. 假设 $f(X)$ 不连通, 则 $f(X)$ 存在既开又闭的非空真子集 A, 由连续映射的定义, $f^{-1}(A)$ 为 X 的既开又闭的非空真子集, 这与 X 是连通空间矛盾, 因此 $f(X)$ 连通.

(2) 由同胚映射的定义及 (1) 即可推得.

(3) 反证法. 假设不存在 $z \in X$, 使 $f(z) = \alpha$, 则 $(-\infty, \alpha), (\alpha, +\infty)$ 都是 $\mathbf{R}$ 中的开集. 因为 f 连续, 则 $f^{-1}(-\infty, \alpha), f^{-1}(\alpha, +\infty)$ 都是 X 中的开集, 满足 $f^{-1}(-\infty, \alpha)\bigcap f^{-1}(\alpha, +\infty) = \varnothing, f^{-1}(-\infty, \alpha)\bigcup f^{-1}(\alpha, +\infty) = X$, 这与 X 是连通空间矛盾, 因此 $f(X)$ 是一个区间.　　　　□

为讨论连通空间的积空间的连通性, 给出下面的引理:

引理 2.6.1　(1) 设 Y 是拓扑空间 X 的连通子集, A, B 为 X 的两个不相交的开 (闭) 集, 且 $Y \subset A\bigcup B$, 则或者 $Y \subset A$, 或者 $Y \subset B$.

(2) 设 $\{A_\alpha | \alpha \in I\}$ 为拓扑空间 X 的一个连通子集族, 且 $\bigcap\limits_{\alpha \in I} A_\alpha \neq \varnothing$, 则 $\bigcup\limits_{\alpha \in I} A_\alpha$ 连通.

证明　(1) 因为 $A\bigcap Y, B\bigcap Y$ 都是 Y 的开 (闭) 集, 若两个都非空, 则 Y 不连通, 因此 $A\bigcap Y, B\bigcap Y$ 必有一个为空集. 若 $B\bigcap Y = \varnothing$, 则 $Y \subset A$, 否则 $Y \subset B$.

(2) 令 $Y = \bigcup\limits_{\alpha \in I} A_\alpha$, 设 A, B 为 Y 的两个不相交的开 (闭) 集, 且 $Y = A\bigcup B$, 取 $x \in \bigcap\limits_{\alpha \in I} A_\alpha$, 不妨设 $x \in A$, 因为 $\forall \alpha \in I, A_\alpha$ 都连通, 由 (1) 可知 $A_\alpha \subset A$, 即 B 为空集, $Y = \bigcup\limits_{\alpha \in I} A_\alpha$ 连通.　　　　□

定理 2.6.6　积空间 $X_1 \times X_2$ 是连通空间的充要条件是 X_1, X_2 为连通空间.

证明　必要性　若 $X_1 \times X_2$ 是连通空间, 令 $f : X_1 \times X_2 \to X_1, \forall x = (x_1, x_2) \in X_1 \times X_2, f(x_1, x_2) = x_1$, 则 X_1 中任何开集 V 的原象 $f^{-1}(V) = V \times X_2$ 为 $X_1 \times X_2$ 中的开集, 即 f 为 $X_1 \times X_2$ 到 X_1 的连续映射. 因此连通空间在连续映射下的象

$f(X_1 \times X_2) = X_1$ 是连通的. 同理可证 X_2 也是连通的.

充分性 首先证明 $\forall x = (x_1, x_2) \in X_1 \times X_2$, $x_1 \times X_2$ 与 X_2 同胚. 令 $g : x_1 \times X_2 \to X_2, g(x_1, x_2) = x_2$. 显然 g 是 $x_1 \times X_2 \to X_2$ 的双射, 在 g 与 g^{-1} 的映射下, X_2 中的开集 W 与 $x_1 \times X_2$ 中的开集 $x_1 \times W$ 互为原象, 即 g 与 g^{-1} 都连续, 故 g 为 $x_1 \times X_2 \to X_2$ 的同胚映射, $x_1 \times X_2$ 与 X_2 同胚.

同理可证 $X_1 \times x_2$ 与 X_1 也同胚. 这样由 X_1, X_2 连通可知 $x_1 \times X_2$ 与 $X_1 \times x_2$ 也都连通.

下面证明 $X_1 \times X_2$ 连通.

反证法. 假设 $X_1 \times X_2$ 不连通, 则存在两个既开又闭的非空不相交子集 A, B 使 $X_1 \times X_2 = A \bigcup B$. 取 $x = (x_1, x_2) \in A, y = (y_1, y_2) \in B$, 令 $Y_{x,y} = (x_1 \times X_2) \bigcup (X_1 \times y_2)$. 因为 $(x_1 \times X_2) \bigcap (X_1 \times y_2) = (x_1, y_2)$ 非空, $x_1 \times X_2$ 与 $X_1 \times y_2$ 都连通, 所以 $Y_{x,y}$ 是一个包含 x 与 y 的连通子集, 但 $Y_{x,y} \bigcap A$ 与 $Y_{x,y} \bigcap B$ 都是 $Y_{x,y}$ 的既开又闭的非空不相交子集, 且

$$(Y_{x,y} \bigcap A) \bigcup (Y_{x,y} \bigcap B) = Y_{x,y},$$

这与 $Y_{x,y}$ 连通矛盾, 因此 $X_1 \times X_2$ 连通. □

定理 2.6.6 的结论可以推广到有限个拓扑空间的积空间情形.

2.6.4 拓扑空间的分离性与紧致性

定义 2.6.11 设 (X, τ) 为拓扑空间. 若 X 中的任意两点都可以用两个各自的开邻域分离开来, 即 $\forall x_1, x_2 \in X, x_1 \neq x_2, \exists A_1, A_2 \in \tau$, 使 $x_1 \in A_1, x_2 \in A_2$, 且 $A_1 \bigcap A_2 = \varnothing$, 则称 X 为 Hausdorff空间.

在 Hausdorff 空间中, 收敛序列的极限是唯一的. 要注意把 Hausdorff 空间中的分离性与空间的连通性区分开来. 连通的空间可以是 Hausdorff 空间, 如欧氏空间 $\mathbf{R}$. 不连通的空间也可以是 Hausdorff 空间, 如离散空间.

定理 2.6.7 设 (X, τ) 为 Hausdorff 空间, 则

(1) 若 Y 是 X 的子空间, 则 Y 也是 Hausdorff 空间;

(2) 若 Y 与 X 同胚, 则 Y 也是 Hausdorff 空间;

(3) 若 Y 是 Hausdorff 空间, 则 $X \times Y$ 也是 Hausdorff 空间.

证明 (1) $\forall y_1, y_2 \in Y \subset X, y_1 \neq y_2$, 由 (X, τ) 为 Hausdorff 空间知, 存在 $A_1, A_2 \in \tau$, 使 $y_1 \in A_1, y_2 \in A_2$, 且 $A_1 \bigcap A_2 = \varnothing$, 而 $A_1 \bigcap Y, A_2 \bigcap Y$ 都是 Y 中的开集, 且 $(A_1 \bigcap Y) \bigcap (A_2 \bigcap Y) = \varnothing$, 故 Y 也是 Hausdorff 空间.

(2) 设 $f : X \to Y$ 为同胚映射, $\forall y_1, y_2 \in Y, y_1 \neq y_2$, 由 (X, τ) 为 Hausdorff 空间知, 存在 $f^{-1}(y_1), f^{-1}(y_2)$ 的不相交的开邻域 V_1, V_2, 再由 f^{-1} 的连续性, $f(V_1), f(V_2)$ 分别为 y_1, y_2 在 Y 中不相交的开邻域, 即 Y 也是 Hausdorff 空间.

(3) $\forall (x_1, y_1), (x_2, y_2) \in X \times Y, (x_1, y_1) \neq (x_2, y_2)$, 则 $x_1 \neq x_2$ 或 $y_1 \neq y_2$. 不妨设 $x_1 \neq x_2$, 则存在 x_1, x_2 各自在 X 中互不相交的开邻域 U 与 V, 而 $U \times Y$ 与 $V \times Y$ 就是 (x_1, y_1) 与 (x_2, y_2) 各自在 $X \times Y$ 中互不相交的开邻域, 即 $X \times Y$ 也是 Hausdorff 空间. □

定义 2.6.12 设 (X, τ) 为拓扑空间, $\mathcal{F} \subset \tau$ 为 X 的一开集族.

(1) 若 $X = \bigcup\limits_{A \in \mathcal{F}} A$, 则称 $\mathcal{F}$ 为 X 的一个开覆盖.

(2) 若 X 的每一个开覆盖都有有限的子覆盖, 则称 X 为紧致空间, 简称紧空间.

(3) 若 $Y \subset X$ 作为 X 的子空间是紧空间, 则称 Y 为 X 的一个紧子集.

例 2.6.7 (1) 欧氏空间 $\mathbf{R}$ 非紧. 因为开覆盖 $\{(-n, n) | n \in \mathbf{N}\}$ ($\mathbf{N}$ 为正整数集) 中不存在有限的子覆盖;

(2) 若 (X, τ) 为离散拓扑空间, 则 X 为紧空间的充要条件是 X 为有限集.

定理 2.6.8 设 (X, τ) 为拓扑空间.

(1) 若 X 为紧空间, 则 X 的每一个闭子集 A 都是 X 的紧子集;

(2) 若拓扑空间 Y 与 X 同胚, 则 X 是紧空间当且仅当 Y 是紧空间;

(3) 若拓扑空间 Y 与 X 都是紧空间, 则积空间 $X \times Y$ 也是紧空间;

(4) 若 X 为紧空间, $f : X \to \mathbf{R}$ 连续, 则 $f(X)$ 中存在最大值和最小值.

证明 (1) 若 X 为紧空间, A 是 X 的一个闭子集, $\{A_\alpha\}_{\alpha \in I} \subset \tau$, $\{A_\alpha \bigcap A\}_{\alpha \in I}$ 为 A 的一个开覆盖, 则 $\{A_\alpha\}_{\alpha \in I} \bigcup (X - A)$ 为 X 的一个开覆盖. 由 X 为紧空间知, 存在 $\{A_\alpha\}_{\alpha \in I} \bigcup (X - A)$ 中的有限个开集 $\{A_i\}_{i=1}^n \bigcup (X - A)$ 覆盖 X, 从而 $\{A_i\}_{i=1}^n$ 覆盖 A, $\{A_i \bigcap A\}_{i=1}^n$ 也覆盖 A, 即 A 为紧子集.

(2) 若拓扑空间 Y 与 X 同胚, 即存在同胚映射 $f : X \to Y$. 若 X 为紧空间, $\{B_\alpha\}_{\alpha \in I}$ 为 Y 的一个开覆盖, 则 $\{f^{-1}(B_\alpha)\}_{\alpha \in I}$ 为 X 的一个开覆盖. 于是存在有限个 $\{f^{-1}(B_i)\}_{i=1}^n$ 覆盖 X, 则 $\{B_i\}_{i=1}^n$ 覆盖 Y, 即 Y 也是紧空间. 反之亦然.

(3) 设拓扑空间 X 与 Y 都是紧空间, $\{U_\alpha\}_{\alpha \in H}, \{V_\beta\}_{\beta \in I}$ 分别是 X 与 Y 的一个开覆盖, 则 $\{U_\alpha \times V_\beta\}_{\alpha \in H, \beta \in I}$ 为 $X \times Y$ 的一个开覆盖. 因为 $\forall x \in X$, $x \times Y$ 与 Y 同胚 (见定理 2.3.6 的证明), 且 Y 是紧空间, 所以 $x \times Y$ 是紧集, 并且 $\{(U_\alpha \times V_\beta) \bigcap (x \times Y)\}_{\alpha \in H, \beta \in I}$ 为 $x \times Y$ 的一个开覆盖. 于是存在有限的子覆盖 $\{(U_{x,i} \times V_{x,i}) \bigcap (x \times Y)\}_{i=1}^{n_x}$. 不妨设 $\{U_{x,i} \times V_{x,i}\}_{i=1}^{n_x}$ 与 $(x \times Y)$ 的交集都非空, 否则将其去掉即可, 这样令 $M_x = \bigcap\limits_{i=1}^{n_x} U_{x,i}$, 则 M_x 为 X 的开集, $\{M_x \times V_{x,i}\}_{i=1}^{n_x}$ 为 $M_x \times Y$ 的一个开覆盖. 而 $\{M_x | x \in X\}$ 为 X 的一个开覆盖, 故存在有限的子覆盖 $\{M_{x_j}\}_{j=1}^m$, 于是 $\{M_{x_j} \times V_{x,i} | i = 1, 2, \cdots, n_{x_j}, j = 1, 2, \cdots, m\}$ 是 $X \times Y$ 的一个有限子覆盖.

另一方面, 对于 $X \times Y$ 的任一个开覆盖 $\mathcal{F}$, $\mathcal{F}$ 中的每一个开集都是 $U_\alpha \times V_\alpha$

这种成员的并, 其中 U_α 与 V_α 分别为 X 与 Y 中的开集, 因此 $X \times Y$ 的开覆盖 $\bigcup_{A \in \mathcal{F}} A = \bigcup_{\alpha \in K} (U_\alpha \times V_\alpha)$, 前面已证 $\{U_\alpha \times V_\alpha\}_{\alpha \in K}$ 中存在有限覆盖 $\{U_i \times V_i\}_{i=1}^s$, $\mathcal{F}$ 中包含 $\{U_i \times V_i\}_{i=1}^s$ 的有限个开集也是 $X \times Y$ 的一个覆盖.

(4) 反证法. 假设 $f(X)$ 中不存在最大值, 则 $\forall a \in f(X)$, $f^{-1}(-\infty, a)$ 为 X 中的非空开集, $\{f^{-1}(-\infty, a)\}_{a \in f(X)}$ 为 X 的一个开覆盖, 但这个开覆盖中不存在有限的子覆盖, 这与 X 为紧空间矛盾. 因此 $f(X)$ 中存在最大值. 同理可证 $f(X)$ 中存在最小值. □

2.7 拓扑线性空间

2.7.1 拓扑线性空间的概念

拓扑线性空间是在一个集合上同时装备了线性结构和拓扑结构, 但这两个结构需满足一定的关系.

定义 2.7.1 设 X 为数域 K 上的线性空间, τ 为 X 上的一个拓扑. 若 X 上的加法和数乘运算分别作为积拓扑空间 $X \times X \to X$ 和 $K \times X \to X$ 的映射都是连续的, 则称 τ 为 X 上的一个线性拓扑, 称 (X, τ)(简称 X) 为拓扑线性空间 (线性拓扑空间).

通常把定义中线性运算关于拓扑满足的条件称为 X 上线性结构与拓扑结构的相容性条件. 由积拓扑的定义, 相容性条件可等价叙述为:

加法连续 $\forall x, y \in X$, $x + y$ 的任何邻域 U_{x+y} 都存在 x 的邻域 U_x 和 y 的邻域 U_y, 使 $U_x + U_y \subset U_{x+y}$;

数乘连续 $\forall \lambda \in K, \forall x \in X$, λx 的任何邻域 $U_{\lambda x}$ 都存在 $\delta > 0$ 和 x 的邻域 U_x, 使满足 $|\mu - \lambda| < \delta$ 的所有 $\mu \in K$ 都有 $\mu U_x \subset U_{\lambda x}$, 其中记号 $U + V = \{x + y | x \in U, y \in V\}$, $\mu U = \{\mu x | x \in U\}$.

拓扑线性空间需满足相容性条件, 换句话说, 并不是在线性空间上引入的任何拓扑都能使相应的拓扑空间成为拓扑线性空间.

例 2.7.1 每一个赋范空间对应一个拓扑线性空间.

设 $(X, \|\cdot\|)$ 为数域 K 上的赋范空间, 则 X 首先是一个线性空间, 也是一个距离空间. 由距离诱导拓扑的定义, 证明其线性运算关于其范数导出距离诱导的拓扑连续, 只需证明线性运算关于其范数导出距离连续.

$\forall x_n, y_n, x, y \in X, \forall \lambda_n, \lambda \in K$, 若 $\lim_{n \to \infty} x_n = x$, $\lim_{n \to \infty} y_n = y$, $\lim_{n \to \infty} \lambda_n = \lambda$, 则由范数的性质,

$$\|(x_n + y_n) - (x + y)\| \leqslant \|x_n - x\| + \|y_n - y\|,$$

$$\|\lambda_n x_n - \lambda x\| \leqslant |\lambda_n| \|x_n - x\| + |\lambda_n - \lambda| \|x\|.$$

由 $\{\lambda_n\}$ 收敛一定有界, 得 $\lim\limits_{n\to\infty}(x_n+y_n)=x+y$, $\lim\limits_{n\to\infty}\lambda_n x_n=\lambda x$, 即 X 为拓扑线性空间.

例 2.7.2   数域 K 上不只含零元素的线性空间 X 上引入离散拓扑不是拓扑线性空间. 因为取 $x\in X, x\neq\theta, 0\in K$, 则 $0x=\theta$ 的邻域 $U_{0x}=\{\theta\}$, $\forall\delta>0$, 都存在 $\lambda\neq0, |\lambda|<\delta$, 使 $\lambda x\notin\{\theta\}$, 即对 x 的任何邻域 U_x, 都不能满足 $|\lambda|<\delta$ 时, $\lambda U_x\subset U_{0x}=\{\theta\}$.

2.7.2   拓扑线性空间的局部基

由拓扑线性空间中的线性运算与拓扑的相容性, 容易证明拓扑线性空间中的开集具有下面的性质:

定理 2.7.1   设 X 为数域 K 上的拓扑线性空间, 则 $\forall x\in X, \forall\lambda\in K, \lambda\neq0$, 有

(1) $U\subset X$ 是开集, 当且仅当 $x+\lambda U$ 是开集;

(2) $U\subset X$ 是零元素 θ(原点) 的邻域, 当且仅当 $x+\lambda U$ 是 x 的邻域;

(3) $\forall V\subset X$, 若 $U\subset X$ 是开集, 则 $V+U=\bigcup\limits_{x\in V}(x+U)$ 也是开集, 其中 $x+U=\{x+y|y\in U\}$.

由定理 2.7.1, 通过平移原点的邻域可以成为空间中任何一点的邻域.

定义 2.7.2   设 X 为数域 K 上的拓扑线性空间, 称 $x\in X$ 的开邻域的全体 $\mathcal{N}(x)$ 为 x 的**邻域系**. 若 $N(x)\subset\mathcal{N}(x)$, 且对 x 的任何邻域 U 都存在 $V\in N(x)$, 使 $V\subset U$, 则称 $N(x)$ 为点 x 的**邻域基**; 称原点 θ 的邻域基 $N(\theta)$ 为拓扑线性空间的**局部基**.

这里需注意的是局部基里的元素都是开集 (各书的定义有所不同). 拓扑线性空间的局部基具有下面的性质.

定理 2.7.2   设 X 为数域 K 上的拓扑线性空间, 则 X 的局部基 $N(\theta)$ 满足下列条件:

(1) 对 $\forall A_1, A_2\in N(\theta)$, 都存在 $A\in N(\theta)$ 满足 $A\subset A_1\bigcap A_2$;

(2) 每个 $A\in N(\theta)$ 都是吸收的, 即 $\forall x\in X$, 都存在正数 λ 使 $\lambda x\in A$;

(3) 对 $\forall A\in N(\theta)$, 都存在 $B\in N(\theta)$, 使 $B+B\subset A$;

(4) 每个 $A\in N(\theta)$ 都包含原点 θ 的一个平衡邻域.

证明   设 $N(\theta)$ 为 X 的局部基. (1) 由局部基的定义其结论显然成立.

(2) $\forall x\in X$, 由数乘的连续性, $\lim\limits_{n\to\infty}\dfrac{1}{n}x=\theta$, 于是对每一个 $A\in N(\theta)$, 都存在正整数 N, 当 $n>N$ 时, $\dfrac{1}{n}x\in A$, 即 A 为吸收集.

(3) 由加法的连续性, $\theta+\theta=\theta$. $\forall A\in N(\theta)$, 都存在 $A_1, A_2\in N(\theta)$, 使 $A_1+A_2\subset A$. 注意到 $A_1\bigcap A_2$ 为原点 θ 的一个邻域, 由局部基的定义, 存在 $B\in N(\theta)$, 使

$B \subset A_1 \bigcap A_2$, 于是 $B + B \subset A_1 + A_2 \subset A$.

(4) $\forall A \in N(\theta)$, 由数乘的连续性, 存在正数 $\delta > 0$ 及 $B \in N(\theta)$, $\forall \alpha \in K, |\alpha| < \delta$, 有 $\alpha B \subset A$. 令 $U = \bigcup\limits_{|\alpha| < \delta} \alpha B$, 则 U 为原点 θ 的一个邻域, 且 $U \subset A$. 注意到 $\forall \lambda \in K, |\lambda| \leqslant 1$, 有 $\lambda U = \bigcup\limits_{|\alpha| < \delta} \lambda \alpha B \subset \bigcup\limits_{|\alpha| < \delta} \alpha B = U$, 所以 U 为原点 θ 的一个平衡的邻域, 即 A 包含原点 θ 的一个平衡邻域. □

定理 2.7.3 设 X 为数域 K 上的拓扑线性空间, 则 X 存在平衡的局部基 $N(\theta)$, 即每个 $A \in N(\theta)$ 都是平衡的, 对 K 中满足 $|\lambda| \leqslant 1$ 的所有数, 都有 $\lambda A \subset A$.

证明 设 $Y(\theta)$ 为 X 的一个局部基. $\forall A \in Y(\theta)$, 令

$$\text{eo}A := \{\lambda x | \lambda \in K, \quad |\lambda| \leqslant 1, \quad x \in A\},$$

称 eo$A$ 为 A 的**平衡包**. 显然, 平衡包是包含 A 的平衡集, 也是原点 θ 的一个邻域. 取

$$N(\theta) = \{B | B = \lambda \text{eo}A, \quad A \in Y(\theta), \quad \lambda > 0\},$$

则 $N(\theta)$ 为 X 的一个局部基, $N(\theta)$ 中的元素都是平衡集. □

定理 2.7.4 设 (X, τ) 为数域 K 上的拓扑线性空间, $N(\theta)$ 为 X 的一个局部基, 则 (X, τ) 是 Hausdorff 空间的充要条件是:

$$\bigcap_{A \in N(\theta)} A = \{\theta\}.$$

证明 **必要性** 设 (X, τ) 是 Hausdorff 空间, 则 $\forall x \in X, x \neq \theta, \exists A \in N(\theta)$ 使 $x \notin A$, 因此 $\bigcap\limits_{A \in N(\theta)} A = \{\theta\}$.

充分性 若 $\bigcap\limits_{A \in N(\theta)} A = \{\theta\}$, 则 $\forall x_1, x_2 \in X, x_1 \neq x_2, \exists A \in N(\theta)$ 使 $x_1 - x_2 \notin A$. 由定理 2.7.1 和定理 2.7.2, 存在原点 θ 的平衡邻域 A_1, 使 $A_1 + A_1 \subset A$, 于是 $x_1 - x_2 \notin A_1 + A_1$, $\{x_1 - A_1\} \bigcap \{x_2 + A_1\} = \varnothing$, 注意到 $-A_1 = A_1$, 得到 $\{x_1 + A_1\} \bigcap \{x_2 + A_1\} = \varnothing$, 所以 (X, τ) 是 Hausdorff 空间. □

2.7.3 局部凸空间

定义 2.7.3 设 X 为数域 K 上的拓扑线性空间, 若 X 存在由凸集构成的局部基, 则称 X 为**局部凸拓扑线性空间 (局部凸空间)**.

例 2.7.3 每一个赋范空间都对应一个局部凸拓扑线性空间, 因为赋范空间的范数导出距离诱导的拓扑是线性拓扑, 原点的所有开球 $\{x | x \in X, ||x|| < r\}$ 构成的局部基就是一个由凸集构成的局部基.

定理 2.7.5 设 X 为数域 K 上的线性空间, $A \subset X$ 是吸收凸集, 定义

$$p_A(x) := \inf\{t > 0 | x \in tA\}, \quad x \in X$$

(称 p_A 为 A 的 Minkowski泛函), 则 p_A 满足:

(1) $\forall x, y \in X$, 有 $p_A(x+y) \leqslant p_A(x) + p_A(y)$;

(2) $\forall \lambda \geqslant 0, \forall x \in X$, 有 $p_A(\lambda x) = \lambda p_A(x)$;

(3) 若 A 是平衡的, 则 p_A 为 X 上的半范数;

(4) 令 $B = \{x | p_A(x) < 1\}$, $C = \{x | p_A(x) \leqslant 1\}$, 则 $B \subset A \subset C$, 且 $p_B = p_A = p_C$.

证明 由 A 的吸收性, $\forall x \in X$, $\exists t > 0$ 使 $x \in tA$, 因此 $0 \leqslant p_A(x) \leqslant t$, $p_A(x)$ 存在.

(1) $\forall x, y \in X$, 由确界的性质, $\forall \varepsilon > 0$, $\exists t_1, t_2 > 0$ 使 $x \in t_1 A$, $y \in t_2 A$, $t_1 < p_A(x) + \varepsilon$, $t_2 < p_A(y) + \varepsilon$, 即 $x/t_1 \in A$, $y/t_2 \in A$; 由 A 为凸集, $(x+y)/(t_1+t_2) \in A$, 即 $x + y \in (t_1 + t_2) A$, $p_A(x+y) \leqslant t_1 + t_2 \leqslant p_A(x) + p_A(y) + 2\varepsilon$, 由 ε 的任意性, $p_A(x+y) \leqslant p_A(x) + p_A(y)$.

(2) $\forall \lambda \geqslant 0, \forall x \in X$, 当 $\lambda = 0$ 时, 显然, $p_A(\theta) = 0$; 当 $\lambda > 0$ 时,

$$
\begin{aligned}
p_A(\lambda x) &= \inf\{t > 0 | \lambda x \in tA\} \\
&= \lambda \inf\left\{\frac{t}{\lambda} > 0 \middle| \lambda x \in tA\right\} \\
&= \lambda \inf\left\{\frac{t}{\lambda} > 0 \middle| x \in \frac{t}{\lambda} A\right\} \\
&= \lambda p_A(x).
\end{aligned}
$$

(3) 若 A 是平衡的, 则 $\forall \alpha \in K$, $\forall x \in X$, $\alpha x \in A$ 当且仅当 $|\alpha| x \in A$. 因此,

$$
\begin{aligned}
p_A(\alpha x) &= \inf\{t > 0 | \alpha x \in tA\} \\
&= |\alpha| \inf\left\{\frac{t}{|\alpha|} > 0 \middle| x \in \frac{t}{|\alpha|} A\right\} \\
&= \lambda p_A(x).
\end{aligned}
$$

再由 (1) 知 p_A 为 X 上的半范数.

(4) 由定义可直接推得 $B \subset A \subset C$, 且 $\forall x \in X$ 有 $p_B(x) \geqslant p_A(x) \geqslant p_C(x)$. 另一方面, 设 $p_C(x) = a$, 当 $a = 0$ 时, 显然, $p_B(x) = p_A(x) = p_C(x)$; 当 $a > 0$ 时, $\forall \varepsilon > 0$, $x \in (1+\varepsilon)aC$, 即 $p_A\left(\dfrac{x}{(1+\varepsilon)a}\right) \leqslant 1$, $p_A\left(\dfrac{x}{(1+2\varepsilon)a}\right) < 1$, $\dfrac{x}{(1+2\varepsilon)a} \in B$, $p_B(x) \leqslant (1+2\varepsilon)a$; 由 ε 的任意性知 $p_B(x) \leqslant a = p_C(x)$. $\qquad\square$

借助于 Minkowski 泛函, 可给出局部凸空间的另一种刻画.

定理 2.7.6 设 X 为数域 K 上的线性空间, $\wp = \{p_i, i \in I\}$ 为 X 上的一个半范族, 其中 I 为指标集; $\forall \varepsilon > 0$ 和任意的正整数 n, 令

$$
U(p_{i_1}, \cdots, p_{i_n}; \varepsilon) := \{x \in X | p_{i_k}(x) < \varepsilon, i_k \in I, k = 1, \cdots, n\},
$$

则所有形如 $U(p_{i_1}, \cdots, p_{i_n}; \varepsilon)$ 的子集构成的集族为 X 上一个局部凸拓扑的局部基,
且每个半范 $p_i (i \in I)$ 在该拓扑下连续; 反之, 若 (X, τ) 为局部凸空间, $\{U_i, i \in I\}$
是 X 的一个平衡凸的局部基, p_i 为 $U_i (i \in I)$ 的 Minkowski 泛函, 则用 $\{p_i, i \in I\}$
按前半部分定义的拓扑与 τ 一致.

证明略.

习 题 2

1. 证明集合 $A = \{x + y\sqrt{2} | x, y \text{为有理数}\}$ 关于普通数的加法和乘法运算构成一个域.

2. 设
$$A = \{(x_1, \cdots, x_n) \in \mathbf{R}^n | x_1 + \cdots + x_n = 0\},$$
$$B = \{(x_1, \cdots, x_n) \in \mathbf{R}^n | x_1 = \cdots = x_n\}.$$

(1) 证明 A 与 B 均为 $\mathbf{R}^n$ 中的子线性空间;

(2) 分别写出子空间 A 与 B 的一个基, 证明 $\mathbf{R}^n = A + B$ 为直接和 (也是正交和).

3. 设 X 与 Y 为同一数域 K 上的两个有限维线性空间, 证明 X 与 Y 同构的充要条件是
它们有相同的维数.

4. 设 (X, d) 为距离空间, 证明 $\forall x_1, x_2, x_3, x_4 \in X$, 有

(1) $|d(x_1, x_3) - d(x_2, x_3)| \leqslant d(x_1, x_2)$;

(2) $|d(x_1, x_3) - d(x_2, x_4)| \leqslant d(x_1, x_2) + d(x_3, x_4)$.

5. 设 $T : [0, 1] \to [0, 1]$, $\forall x \in [0, 1]$, $T(x) = (2 - x^3)/4$. 验证 T 为压缩映射, 并用迭代法
求方程 $x^3 + 4x - 2 = 0$ 在 $[0, 1]$ 上实根的近似值.

6. 对 $\forall \boldsymbol{x} = (x_1, x_2) \in \mathbf{R}^2$, 令 $\rho(\boldsymbol{x}) = |x_1| + |x_2|$.

(1) 证明 $\rho(\boldsymbol{x})$ 是 $\mathbf{R}^2$ 上的一个范数;

(2) 用几何法分别表示 $\mathbf{R}^2$ 中该范数下的单位球 $B_\rho = \{x \in \mathbf{R}^2 | \rho(x) \leqslant 1\}$ 与默认范数下
的单位球 $B = \{\boldsymbol{x} \in \mathbf{R}^2 | ||x|| \leqslant 1\}$.

7. 设 $k(t) \in C[a, b]$, 且 $\forall t \in [a, b]$, $k(t) > 0$; $\forall x(t), y(t) \in C[a, b]$, 令

$$\langle x, y \rangle = \int_a^b k(t)x(t)y(t)\mathrm{d}t,$$

证明 $\langle \cdot, \cdot \rangle$ 为 $C[a, b]$ 上的内积.

8. 设 H 为数域 K 上的内积空间, 证明:

(1) 若 $x, y \in H$, $\forall z \in H$ 均有 $\langle x, z \rangle = \langle y, z \rangle$, 则 $x = y$;

(2) $x \perp y \Leftrightarrow \forall a \in K$ 有 $||x + ay|| = ||x - ay||$;

(3) $x \perp y \Leftrightarrow \forall a \in K$ 有 $||x + ay|| \geqslant ||x||$.

9. 设 $X = \{x_1, x_2, \cdots\}$, $A_i = \{x_i, x_{i+1}, \cdots\}$, $i = 1, 2, \cdots$, $\tau = \{\varnothing, A_1, A_2, \cdots\}$.

(1) 验证 τ 为 X 上的拓扑;

(2) 分析该拓扑空间是否连通, 是否是 Hausdorff 空间, 是否是紧空间;

(3) 问 $\Im = \{X, A_1^c, A_2^c, \cdots\}$ 是否构成 X 上的拓扑? 说明你的理由.

10. 证明从离散拓扑空间到任一拓扑空间的任一映射都连续, 从任一拓扑空间到平凡拓扑空间的任一映射都连续.

11. 设 A 与 B 均为线性空间 X 的平衡凸吸收集, 验证关于 Minkowski 泛函有

$$p_{A \cap B}(x) = \max\{p_A(x), p_B(x)\}.$$

第 3 章　测度与积分

3.1　测　　度

3.1.1　测度空间

测度是长度、面积、体积、质量、概率等概念在一般集合上的推广. 一方面这些量在实际应用中都会涉及一定的运算, 满足一定的法则; 另一方面, 一般来说, 并不是全集的每一个子集都可以定义测度, 也需满足一定的条件.

1. 可测空间

定义 3.1.1　设 X 是一个非空的集合, $\mathcal{J} \subset 2^X$ 为 X 的某些子集构成的子集族. 若 $\mathcal{J}$ 满足

(1) $X \in \mathcal{J}$;

(2) 对余运算封闭　$\forall A \in \mathcal{J}$, 有 $A^c = X - A \in \mathcal{J}$;

(3) 对可列并封闭　$\forall \{A_n\}_{n=1}^{\infty} \subset \mathcal{J}$, 有 $\bigcup_{n=1}^{\infty} A_n \in \mathcal{J}$,

则称 $\mathcal{J}$ 为 X 上的一个 σ 代数, 称 $(X, \mathcal{J})$ 为可测空间, 称 $\mathcal{J}$ 中的元素为可测集. $\forall A \in \mathcal{J}$, $\mathcal{J}_A = \{A \bigcap B | B \in \mathcal{J}\}$ 为 A 上的 σ 代数, 称 $\mathcal{J}_A$ 为 $\mathcal{J}$ 的子 σ 代数, 称 $(A, \mathcal{J}_A)$ 为子可测空间.

定理 3.1.1　设 $\mathcal{J}$ 为非空集合 X 上的一个 σ 代数, 则

(1) $\varnothing \in \mathcal{J}$;

(2) $\mathcal{J}$ 对可列交封闭, $\forall \{B_n\}_{n=1}^{\infty} \subset \mathcal{J}$, 有 $\bigcap_{n=1}^{\infty} B_n \in \mathcal{J}$;

(3) $\mathcal{J}$ 对差运算封闭, $\forall A, B \in \mathcal{J}$, 有 $A - B \in \mathcal{J}$.

证明　(1) 因为 $\mathcal{J}$ 对余运算封闭, 所以 $\varnothing = X^c = X - X \in \mathcal{J}$.

(2) $\forall \{B_n\}_{n=1}^{\infty} \subset \mathcal{J}$, 因为 $\bigcap_{n=1}^{\infty} B_n = \bigcap_{n=1}^{\infty} (B_n^c)^c = (\bigcup_{n=1}^{\infty} B_n^c)^c$, 又 $\mathcal{J}$ 对余运算、可列并封闭, 所以 $\bigcap_{n=1}^{\infty} B_n = \left(\bigcup_{n=1}^{\infty} B_n^c \right)^c \in \mathcal{J}$.

(3) $\forall A, B \in \mathcal{J}$, $A - B = A \bigcap B^c \in \mathcal{J}$.　　　　　　　　　□

例 3.1.1　设 X 是一个非空的集合, 则 $\mathcal{F}_1 = \{\varnothing, X\}$ 是 X 上最小的 σ 代数, $\mathcal{F}_2 = 2^X$ 是 X 上最大的 σ 代数.

例 3.1.2　实数集 **R** 中的子集族 $\omega = \{(a,b] \mid -\infty \leqslant a < b < +\infty\}$ 不是 **R** 上的 σ 代数. 因为 $(1,2] \bigcup (3,5] \notin \omega$.

若非空集合 X 的子集族 $\mathfrak{D} \subset 2^X$ 不是 X 上的 σ 代数, 可以把它扩充成 X 上的 σ 代数.

定理 3.1.2　设 X 为非空集合, $\mathfrak{D} \subset 2^X$, 则存在唯一的 σ 代数 $S(\mathfrak{D})$ 满足

(1) $\mathfrak{D} \subset S(\mathfrak{D})$;

(2) 任何包含 $\mathfrak{D}$ 的 σ 代数 $\mathcal{J}$ 都有 $S(\mathfrak{D}) \subset \mathcal{J}$, 即 $S(\mathfrak{D})$ 是包含 $\mathfrak{D}$ 的最小的 σ 代数.

证明　存在性　显然, X 的幂集 2^X 是 X 上包含 $\mathfrak{D}$ 的一个 σ 代数, 即在 X 上存在包含 $\mathfrak{D}$ 的 σ 代数. 令

$$S(\mathfrak{D}) = \bigcap_{\alpha} \mathcal{F}_{\alpha},$$

其中 $\mathcal{F}_{\alpha}$ 为 X 上包含 $\mathfrak{D}$ 的任一 σ 代数, 则 $S(\mathfrak{D})$ 也是 X 上的 σ 代数, 并且满足 (1) 和 (2).

唯一性　若 σ 代数 $\mathcal{J}_0$ 也满足 (1) 和 (2), 则 $\mathcal{J}_0 \subset S(\mathfrak{D})$, 但由 $S(\mathfrak{D})$ 的定义知 $S(\mathfrak{D}) \subset \mathcal{J}_0$, 所以 $S(\mathfrak{D}) = \mathcal{J}_0$.　　　□

称 $S(\mathfrak{D})$ 为由 $\mathfrak{D}$ 生成的 σ 代数.

2. 测度空间

用 $\mathbf{R}^+$ 表示所有非负实数的全体, $\overline{\mathbf{R}}$ 表示实数集 **R** 增加 $-\infty$ 和 $+\infty$ 元素后的扩大实数集, $\overline{\mathbf{R}^+}$ 表示 $\mathbf{R}^+$ 增加 $+\infty$ 元素后的扩大非负实数集, 即 $\mathbf{R}^+ = [0, +\infty)$, $\overline{\mathbf{R}} = (-\infty, +\infty) \bigcup \{-\infty\} \bigcup \{+\infty\}$, $\overline{\mathbf{R}^+} = [0, +\infty) \bigcup \{+\infty\}$.

定义 3.1.2　设 $(X, \mathcal{J})$ 为可测空间. 若集函数 $\mu : \mathcal{J} \to \overline{\mathbf{R}^+}$ 满足

(1) $\mu(\varnothing) = 0$;

(2) 可列可加性　$\forall \{A_n\}_{n=1}^{\infty} \subset \mathcal{J}$, 集列 $\{A_n\}_{n=1}^{\infty}$ 中元素互不相交, 有

$$\mu\left(\bigcup_{n=1}^{\infty} A_n\right) = \sum_{n=1}^{\infty} \mu(A_n),$$

则称 μ 为 $\mathcal{J}$ 上的测度, 称 $(X, \mathcal{J}, \mu)$ 为测度空间. 当 $\mu(X) = 1$ 时, 称 μ 为 $\mathcal{J}$ 上的概率测度. 若 $\mathcal{J}$ 的任一零测度集的子集还是零测度集, 则称 μ 是完备的, 此时称 $(X, \mathcal{J}, \mu)$ 为完备测度空间.

定理 3.1.3　设 $(X, \mathcal{J}, \mu)$ 为测度空间, 则测度 μ 具有下列性质:

(1) 有限可加性　$\forall \{A_n\}_{n=1}^{m} \subset \mathcal{J}$, 且 $\{A_n\}_{n=1}^{m}$ 中元素互不相交, 有 $\mu\left(\bigcup_{n=1}^{m} A_n\right) = \sum_{n=1}^{m} \mu(A_n)$;

(2) **单调性** $\forall A, B \in \mathcal{J}, A \subset B$, 有 $\mu(A) \leqslant \mu(B)$;

(3) **减性** $\forall A, B \in \mathcal{J}, A \subset B, \mu(A) < +\infty$, 有 $\mu(B - A) = \mu(B) - \mu(A)$;

(4) **次可列可加性** $\forall \{A_n\}_{n=1}^{\infty} \subset \mathcal{J}$, 有 $\mu\left(\bigcup\limits_{n=1}^{\infty} A_n\right) \leqslant \sum\limits_{n=1}^{\infty} \mu(A_n)$.

证明   (1) 令 $A_n = \varnothing, n = m+1, m+2, \cdots$, 由 $\mu(\varnothing) = 0$ 及可列可加性即可得到.

(2),(3) 的证明 $\forall A, B \in \mathcal{J}, A \subset B$, 因为 $B = A \bigcup (B - A), A \bigcap (B - A) = \varnothing$, 所以

$$\mu(B) = \mu(A) + \mu(B - A).$$

再由 $\mu(B - A) \geqslant 0$, 即可得到 $\mu(A) \leqslant \mu(B)$. 再由 $\mu(A) < +\infty$, 得

$$\mu(B - A) = \mu(B) - \mu(A).$$

(4) 令 $B_1 = A_1, B_2 = A_2 - A_1, B_3 = A_3 - (A_1 \bigcup A_2), \cdots, B_n = A_n - \bigcup\limits_{k=1}^{n-1} A_k, \cdots$, 则集列 $\{B_n\}_{n=1}^{\infty}$ 中每个元素均为可测集, 并且互不相交. 因为 $B_n \subset A_n$, 并且 $\bigcup\limits_{n=1}^{m} B_n = \bigcup\limits_{n=1}^{m} A_n, m = 1, 2, \cdots$, 所以 $\mu\left(\bigcup\limits_{n=1}^{\infty} A_n\right) = \mu\left(\bigcup\limits_{n=1}^{\infty} B_n\right) = \sum\limits_{n=1}^{\infty} \mu(B_n) \leqslant \sum\limits_{n=1}^{\infty} \mu(A_n)$. $\square$

例 3.1.3   设 $(X, \mathcal{J})$ 为可测空间, 则

(1) $\forall A \in \mathcal{J}$, 当 A 为有限集时, 令 $\mu_1(A) = |A|$; 当 A 为无限集时, 令 $\mu_1(A) = +\infty$, 则 μ_1 为 $\mathcal{J}$ 上的测度, 称为计数测度.

(2) 取定 $x_0 \in X, \forall A \in \mathcal{J}$, 令 $\mu_2(A) = \chi_A(x_0)$, 即当 $x_0 \in A$ 时, $\mu_2(A) = \chi_A(x_0) = 1$; 当 $x_0 \notin A$ 时, $\mu_2(A) = \chi_A(x_0) = 0$, 则 μ_2 为 $\mathcal{J}$ 上的测度, 称为点 x_0 处的 Dirac 测度.

(3) 设 X 是一个可列点集, $P : X \to \mathbf{R}^+, \forall A \in \mathcal{J}$, 令 $\mu_3(A) = \sum\limits_{x_i \in A} P(x_i)$, 则 μ_3 为 $\mathcal{J}$ 上的测度. 特别地, 若 $P(x_i)$ 代表质点的质量, 则 $\mu_3(A)$ 代表质点组 A 的质量. 若 $P(x_i)$ 代表样本点出现的概率, 则 $\mu_3(A)$ 代表事件 A 出现的概率.

3.1.2   外测度及由它导出的测度

定义 3.1.3   (1) 设 X 是一个非空集合, $G \subset 2^X$ 为 X 的若干个子集构成的子集族. 若 $\varnothing \in G$, 且 $\forall A \subset X$, 存在 $\{A_n\} \subset G$(集列 $\{A_n\}$ 可以有限可以无限), 使 $A \subset \bigcup\limits_{n} A_n$, 则称 G 为 X 上的一个覆盖集族.

(2) 设 X 是一个非空集合, $\mu^* : 2^X \to \overline{\mathbf{R}^+}$, 满足:

(a) $\mu^*(\varnothing) = 0$;

(b) **单调性**　$\forall A, B \in 2^X, A \subset B$, 有 $\mu^*(A) \leqslant \mu^*(B)$;

(c) **次可列可加性**　$\forall \{A_n\} \subset 2^X$, 有 $\mu^* \left(\bigcup_n A_n \right) \leqslant \sum_n \mu^*(A_n)$,

则称 μ^* 为 2^X 上的一个外测度.

(3) 若 $E \subset X, \forall F \subset X$, 有

$$\mu^*(F) = \mu^*(F \bigcap E) + \mu^*(F - E),$$

则称 E 为一个 μ^* 可测集.

例 3.1.4　在实数集 $\mathbf{R}$ 中, 子集族

$$\omega = \{(a, b)| -\infty \leqslant a < b \leqslant +\infty\} \bigcup \varnothing$$

是 $\mathbf{R}$ 上的一个覆盖集族.

外测度与测度相比, 将可列可加性减弱成单调性和次可列可加性.

定理 3.1.4　设 X 是一个非空集合, μ^* 为 2^X 上的一个外测度, $\mathfrak{M}$ 为 μ^* 可测集全体构成的集合, 则 $\mathfrak{M}$ 是 X 上的一个 σ 代数, μ^* 在 $\mathfrak{M}$ 上的限制是 $\mathfrak{M}$ 上的完备测度, 称此测度为由外测度 μ^* 导出的测度.

证明　首先证 $\mathfrak{M}$ 是 X 上的一个 σ 代数.

因为 $\forall A \subset X$, 有 $\mu^*(A) = \mu^*(A) + \mu^*(\varnothing) = \mu^*(A \bigcap X) + \mu^*(A - X)$, 所以 X 为 μ^* 可测集, 即 $X \in \mathfrak{M}$.

又因为 $\forall E \in \mathfrak{M}, \forall B \in X$, 有

$$\mu^*(B) = \mu^*(B \bigcap E) + \mu^*(B - E) = \mu^* (B - (X - E)) + \mu^*(B \bigcap (X - E)),$$

所以 $X - E \in \mathfrak{M}$, 即 $\mathfrak{M}$ 对余封闭.

又因为 $\forall E_1, E_2 \in \mathfrak{M}, \forall A \subset X$, 有

$$\mu^*(A) = \mu^*(A \bigcap E_1) + \mu^*(A - E_1), \tag{3.1.1}$$

$$\mu^*(A) = \mu^*(A \bigcap E_2) + \mu^*(A - E_2), \tag{3.1.2}$$

将 (3.1.2) 中的 A 分别用 $A - E_1$ 和 $A \bigcap E_1$ 代替, 然后代入 (3.1.1) 得

$$\mu^*(A) = \mu^*(A \bigcap E_1) + \mu^*(A - E_1)$$
$$= \mu^*(A \bigcap E_1) + \mu^* \left((A - E_1) \bigcap E_2 \right) + \mu^*((A - E_1) - E_2)$$

$$= \mu^*(A \bigcap E_1) + \mu^* \left((A - E_1) \bigcap E_2\right) + \mu^* \left(A - (E_1 \bigcup E_2)\right)$$

$$= \mu^*(A \bigcap E_1 \bigcap E_2) + \mu^*(A \bigcap E_1 - E_2) + \mu^* \left((A - E_1) \bigcap E_2\right)$$

$$+ \mu^* \left(A - (E_1 \bigcup E_2)\right), \tag{3.1.3}$$

再用 $A \bigcap (E_1 \bigcup E_2)$ 代替 (3.1.3) 中的 A 得

$$\mu^*(A \bigcap (E_1 \bigcup E_2)) = \mu^*(A \bigcap (E_1 \bigcup E_2) \bigcap E_1 \bigcap E_2)$$

$$+ \mu^*(A \bigcap (E_1 \bigcup E_2) \bigcap E_1 - E_2)$$

$$+ \mu^* \left((A \bigcap (E_1 \bigcup E_2) - E_1) \bigcap E_2\right)$$

$$+ \mu^* \left(A \bigcap (E_1 \bigcup E_2) - (E_1 \bigcup E_2)\right)$$

$$= \mu^*(A \bigcap E_1 \bigcap E_2) + \mu^*(A \bigcap E_1 - E_2) + \mu^* \left((A - E_1) \bigcap E_2\right), \tag{3.1.4}$$

比较 (3.1.3) 与 (3.1.4) 得

$$\mu^*(A) = \mu^* \left(A \bigcap (E_1 \bigcup E_2)\right) + \mu^* \left(A - (E_1 \bigcup E_2)\right),$$

所以 $E_1 \bigcup E_2 \in \mathfrak{M}$, 即 $\mathfrak{M}$ 对有限并封闭.

下面证 $\mathfrak{M}$ 对可列并封闭.

$\forall \{E_n\}_{n=1}^{\infty} \in \mathfrak{M}$, 首先对 $\{E_n\}_{n=1}^{\infty}$ 中元素互不相交情形证明.

因为 $\forall A \subset X$, 有

$$A = \left(A \bigcap \left(\bigcup_{n=1}^{\infty} E_n\right)\right) \bigcup \left(A - \left(\bigcup_{n=1}^{\infty} E_n\right)\right),$$

由 μ^* 的次可列可加性,

$$\mu^*(A) \leqslant \mu^* \left(A \bigcap \left(\bigcup_{n=1}^{\infty} E_n\right)\right) + \mu^* \left(A - \left(\bigcup_{n=1}^{\infty} E_n\right)\right). \tag{3.1.5}$$

由于 $\{E_n\}_{n=1}^{\infty}$ 中元素互不相交, 注意在 (3.1.4) 中, 当 $E_1 \bigcap E_2 = \varnothing$ 时

$$\mu^*(A \bigcap (E_1 \bigcup E_2)) = \mu^*(A \bigcap E_1 \bigcap E_2) + \mu^*(A \bigcap E_1 - E_2) + \mu^* \left((A - E_1) \bigcap E_2\right)$$

$$= \mu^*(\varnothing) + \mu^*(A \bigcap E_1) + \mu^* \left(A \bigcap E_2\right)$$

$$= \mu^*(A \bigcap E_1) + \mu^* \left(A \bigcap E_2\right),$$

由数学归纳法可证, 对任意的自然数 n, 有

$$\mu^* \left(A \bigcap \left(\bigcup_{i=1}^{n} E_i\right)\right) = \sum_{i=1}^{n} \mu^*(A \bigcap E_i). \tag{3.1.6}$$

因为 $\bigcup\limits_{i=1}^{\infty} E_i = \left(\bigcup\limits_{i=1}^{n} E_i\right) \cup \left(\bigcup\limits_{i=n+1}^{\infty} E_i\right)$, 所以

$$A - \left(\bigcup_{i=1}^{n} E_i\right) = \bigcap_{i=1}^{n} (A - E_i) \supset \bigcap_{i=1}^{\infty} (A - E_i) = A - \left(\bigcup_{i=1}^{\infty} E_i\right).$$

再由 (3.1.6) 及 μ^* 的单调性,

$$\mu^*(A) = \mu^* \left(A \bigcap \left(\bigcup_{i=1}^{n} E_i\right)\right) + \mu^* \left(A - \left(\bigcup_{i=1}^{n} E_i\right)\right)$$

$$= \sum_{i=1}^{n} \mu^*(A \bigcap E_i) + \mu^* \left(A - \left(\bigcup_{i=1}^{n} E_i\right)\right)$$

$$\geqslant \sum_{i=1}^{n} \mu^*(A \bigcap E_i) + \mu^* \left(A - \left(\bigcup_{i=1}^{\infty} E_i\right)\right),$$

上式两边取极限得

$$\mu^*(A) \geqslant \sum_{i=1}^{\infty} \mu^*(A \bigcap E_i) + \mu^* \left(A - \left(\bigcup_{i=1}^{\infty} E_i\right)\right), \tag{3.1.7}$$

而 $A \bigcap \left(\bigcup\limits_{i=1}^{\infty} E_i\right) = \bigcup\limits_{i=1}^{\infty} (A \bigcap E_i)$, 再由 (3.1.7) 及 μ^* 的次可列可加性,

$$\mu^*(A) \geqslant \sum_{i=1}^{\infty} \mu^*(A \bigcap E_i) + \mu^* \left(A - \left(\bigcup_{i=1}^{\infty} E_i\right)\right)$$

$$\geqslant \mu^* \left(A \bigcap \left(\bigcup_{i=1}^{\infty} E_i\right)\right) + \mu^* \left(A - \left(\bigcup_{i=1}^{\infty} E_i\right)\right),$$

由 (3.1.5) 得

$$\mu^*(A) = \mu^* \left(A \bigcap \left(\bigcup_{n=1}^{\infty} E_n\right)\right) + \mu^* \left(A - \left(\bigcup_{n=1}^{\infty} E_n\right)\right), \tag{3.1.8}$$

即 $\bigcup\limits_{i=1}^{\infty} E_i \subset \mathfrak{M}.$

对于一般的 $\{E_n\}_{n=1}^{\infty} \subset \mathfrak{M}$, 令

$$F_1 = E_1, F_2 = E_2 - E_1, F_3 = E_3 - (E_1 \bigcup E_2), \cdots, F_n = E_n - \bigcup_{k=1}^{n-1} E_k, \cdots$$

由于 $\mathfrak{M}$ 对余运算和有限并封闭, 所以集列 $\{F_n\}_{n=1}^{\infty}$ 中每个元素均属于 $\mathfrak{M}$, 并且互

不相交, $\bigcup\limits_{n=1}^{\infty} F_n = \bigcup\limits_{n=1}^{\infty} E_n$, 由 (3.1.8),

$$\mu^*(A) = \mu^*\left(A\bigcap\left(\bigcup_{n=1}^{\infty} F_n\right)\right) + \mu^*\left(A - \left(\bigcup_{n=1}^{\infty} F_n\right)\right)$$
$$= \mu^*\left(A\bigcap\left(\bigcup_{n=1}^{\infty} E_n\right)\right) + \mu^*\left(A - \left(\bigcup_{n=1}^{\infty} E_n\right)\right),$$

即 $\mathfrak{M}$ 对可列并封闭, $\mathfrak{M}$ 是一个 σ 代数.

下面证 μ^* 在 $\mathfrak{M}$ 上的限制为测度, 即 μ^* 在 $\mathfrak{M}$ 上满足可列可加性.

$\forall \{E_n\}_{n=1}^{\infty} \in \mathfrak{M}$, $\{E_n\}_{n=1}^{\infty}$ 中元素互不相交, 在 (3.1.7) 中用 $\bigcup\limits_{i=1}^{\infty} E_i$ 代替 A 得

$$\mu^*\left(\bigcup_{i=1}^{\infty} E_i\right) \geqslant \sum_{i=1}^{\infty} \mu^*\left(\left(\bigcup_{n=1}^{\infty} E_n\right)\bigcap E_i\right) + \mu^*(\varnothing) = \sum_{i=1}^{\infty} \mu^*(E_i),$$

再由 μ^* 的次可列可加性可得相反的不等式, 于是

$$\mu^*\left(\bigcup_{i=1}^{\infty} E_i\right) = \sum_{i=1}^{\infty} \mu^*(E_i),$$

即 μ^* 在 $\mathfrak{M}$ 上满足可列可加性, μ^* 在 $\mathfrak{M}$ 上的限制为测度.

最后证 μ^* 在 $\mathfrak{M}$ 上的限制为完备测度.

设 $E \in \mathfrak{M}, \mu^*(E) = 0$. $\forall M \subset E$, 由 μ^* 的单调性, $0 \leqslant \mu^*(M) \leqslant \mu^*(E) = 0$, 即 M 为 μ^* 零测度集. 又 $\forall A \subset X$, 由 μ^* 的单调性,

$$\mu^*(A\bigcap M) + \mu^*(A - M) \leqslant \mu^*(M) + \mu^*(A) = \mu^*(A),$$

再由次可列加性, $\mu^*(A) \leqslant \mu^*(A\bigcap M) + \mu^*(A - M)$. 于是

$$\mu^*(A) = \mu^*(A\bigcap M) + \mu^*(A - M),$$

即 M 为 μ^* 可测集, μ^* 在 $\mathfrak{M}$ 上的限制为完备测度. □

定理 3.1.5 设 X 是一个非空的集合, G 是 X 上的一个覆盖集族, $\lambda : G \to \overline{\mathbf{R}^+}$ 为 G 上的一个非负集函数, 满足 $\lambda(\varnothing) = 0$, $\forall A \subset X$, 令

$$\mu^*(A) = \inf\left\{\sum_n \lambda(E_n)\,\bigg|\,\{E_n\} \subset G, \bigcup_n E_n \supset A\right\},$$

则 μ^* 是 X 上的一个外测度, 且 $\forall B \subset G$, 有 $\mu^*(B) = \lambda(B)$.

证明 由 μ^* 的定义, 显然, $\mu^*(\varnothing) = 0$, μ^* 具有单调性, 且 $\forall B \subset G$, 有 $\mu^*(B) = \lambda(B)$.

下面证明 μ^* 满足次可列可加性. $\forall \{A_n\} \subset 2^X$, 若有一个 A_n 使 $\mu^*(A_n) = +\infty$, 则结论显然成立. 若 $\mu^*(A_n) < +\infty$, $n = 1, 2, \cdots$, 则 $\forall \varepsilon > 0$, $\exists \{E_{n,k}\} \subset G$, 使 $A_n \subset \bigcup\limits_k E_{n,k}$,

$$\sum_k \lambda(E_{n,k}) \leqslant \mu^*(A_n) + \frac{\varepsilon}{2^n}, \quad n = 1, 2, \cdots.$$

这样 $\bigcup\limits_n A_n \subset \bigcup\limits_n \bigcup\limits_k E_{n,k}$, 由 μ^* 的定义,

$$\mu^*\left(\bigcup_n A_n\right) \leqslant \sum_n \sum_k \lambda(E_{n,k}) \leqslant \sum_n \left(\mu^*(A_n) + \frac{\varepsilon}{2^n}\right) \leqslant \sum_n \mu^*(A_n) + \varepsilon,$$

由 ε 的任意性, $\mu^*(\bigcup\limits_n A_n) \leqslant \sum\limits_n \mu^*(A_n)$, 即 μ^* 满足次可列可加性, μ^* 是 X 上的一个外测度. $\qquad\qquad\square$

3.1.3 $\mathbf{R}^n$ 上的 Lebesgue 测度

先介绍两个常用的记号, $\forall \boldsymbol{a} = (a_1, a_2, \cdots, a_n)$, $\boldsymbol{b} = (b_1, b_2, \cdots, b_n) \in \mathbf{R}^n$, $\boldsymbol{a} \leqslant \boldsymbol{b}(\boldsymbol{a} < \boldsymbol{b})$ 表示 $a_i \leqslant b_i(a_i < b_i), i = 1, 2, \cdots, n$. 用 $I_{\boldsymbol{ab}} = \{\boldsymbol{x} \in \mathbf{R}^n | \boldsymbol{a} < \boldsymbol{x} < \boldsymbol{b}\}$ 表示 $\mathbf{R}^n$ 中的开矩形, $\omega = \{I_{\boldsymbol{ab}} | \boldsymbol{a}, \boldsymbol{b} \in \mathbf{R}^n, \boldsymbol{a} \leqslant \boldsymbol{b}\}$(当 $\boldsymbol{a}, \boldsymbol{b}$ 中某个分量 $a_i = b_i$ 时理解为 $I_{\boldsymbol{ab}} = \varnothing$), 则 ω 为 $\mathbf{R}^n$ 上的一个覆盖集族. 在 ω 上定义集函数: $\forall I_{\boldsymbol{ab}} \in \omega$, 令 $\lambda(I_{\boldsymbol{ab}}) = \prod\limits_{i=1}^n (b_i - a_i)$, 显然 $\lambda(\varnothing) = 0$.

定义 3.1.4 由 $\mathbf{R}^n$ 上的覆盖集族 ω 上的集函数 λ 按定理 3.1.5 的方式产生一个 $2^{\mathbf{R}^n}$ 上的外测度 μ^*, 称 μ^* 可测集为 Lebesgue可测集, 记 Lebesgue 可测集全体构成的 σ 代数为 L. 当 μ^* 限制在 L 上时称为 Lebesgue测度, 记为 μ, 即 $\mu = \mu^*|_L$, 称 $(\mathbf{R}^n, L, \mu)$ 为 Lebesgue测度空间. 用 $B(\omega)$ 表示由覆盖集族 ω 生成的 σ 代数, 称 $B(\omega)$ 中的元素为 Borel可测集, 称 $(\mathbf{R}^n, B)$ 为 Borel 可测空间.

习惯上, $\mathbf{R}^n$ 上 Lebesgue 可测集全体记为 $L(\mathbf{R}^n)$, Borel 可测集的全体记为 $B(\mathbf{R}^n)$.

定理 3.1.6 $B(\mathbf{R}^n) \subset L(\mathbf{R}^n)$. $\mathbf{R}^n$ 中的有限集、可列集, 在欧氏空间意义下的开集、闭集都是 Borel 可测集, 但 $\mathbf{R}^n$ 中存在着有界 Lebesgue 不可测集.

证明略.

由定理 3.1.6 可知, 对于 $\mathbf{R}$ 而言, $\mathbf{R}$ 中的有限集、可列集, 开区间、闭区间、半开半闭区间都是 Borel 可测集, 当然也是 Lebesgue 可测集. 有限集、可列集的

Lebesgue 测度都是零, 各类区间的 Lebesgue 测度就是区间长度.

3.2 可测函数与可测函数的积分

3.2.1 可测函数的概念

定义 3.2.1 设 $(X_1, \mathcal{J}_1), (X_2, \mathcal{J}_2)$ 为可测空间, $f: X_1 \to X_2$. 若 $\forall A \in \mathcal{J}_2$, 都有 $f^{-1}(A) \in \mathcal{J}_1$, 则称 f 为关于 $\mathcal{J}_1$ 和 $\mathcal{J}_2$ 的可测映射. 当 $(X_2, \mathcal{J}_2)$ 为 Borel 可测空间 $(\mathbf{R}, B(\mathbf{R}))$ 时, 称 f 为 $(X_1, \mathcal{J}_1)$ 上的可测函数, 称 Lebesgue 可测空间上的可测函数为 Lebesgue 可测函数.

定理 3.2.1 设 $(X, \mathcal{J})$ 为可测空间, f 为 $(X, \mathcal{J})$ 上的可测函数的充要条件是: $\forall c \in \mathbf{R}$, $f^{-1}((c, +\infty)) = \{x | f(x) > c\} \in \mathcal{J}$.

证明 必要性 显然成立.

充分性 因为 $B(\mathbf{R})$ 是由 $\mathbf{R}$ 中的所有开区间生成的 σ 代数, 由

$$f^{-1}([c, +\infty)) = \bigcap_{n=1}^{\infty} \left\{ x \in \mathbf{R}^n | f(x) > c - \frac{1}{n} \right\} \in \mathcal{J}$$

得 $f^{-1}((a, b)) = f^{-1}((a, +\infty)) - f^{-1}([b, +\infty)) \in \mathcal{J}$, 而 $\forall A \in B(\mathbf{R})$, $A = \bigcup_i I_i$, 其中 I_i 为 $\mathbf{R}$ 中的开区间, 有 $f^{-1}(A) = f^{-1}\left(\bigcup_i I_i\right) = \bigcup_i f^{-1}(I_i) \in \mathcal{J}$, 所以 f 为 $(X, \mathcal{J})$ 上的可测函数. $\qquad \square$

注意到单点集 $\{x_0\} = \bigcap_{n=1}^{\infty} \left(x_0 - \frac{1}{n}, x_0 + \frac{1}{n} \right) \in B(\mathbf{R})$, 因此 $B(\mathbf{R})$ 也可以看成是所有半开半闭区间生成的 σ 代数; 也可以看成是所有闭区间生成的 σ 代数. 这样定理 3.2.1 中的条件换成 $f^{-1}([c, +\infty)) = \{x | f(x) \geqslant c\} \in \mathcal{J}$, $f^{-1}((-\infty, c)) = \{x | f(x) < c\} \in \mathcal{J}$ 或 $f^{-1}((-\infty, c]) = \{x | f(x) \leqslant c\} \in \mathcal{J}$, 结论仍成立.

例 3.2.1 对于可测空间 $(X, 2^X)$, 在 X 上定义的任一实值函数都是可测函数.

例 3.2.2 设 $(X, \mathcal{J})$ 为可测空间, 则定义在 X 上的常函数 $f(x) = a$ 是可测函数. 因为 $\forall c \in \mathbf{R}$,

$$f^{-1}((c, +\infty)) = \{x | f(x) > c\} = \begin{cases} X, & c < a, \\ \varnothing, & c \geqslant a \end{cases} \in \mathcal{J}.$$

定理 3.2.2 设 $(X, \mathcal{J})$ 为可测空间, f, g 都是 $(X, \mathcal{J})$ 上的可测函数, c 为一常数, 则

(1) $|f|, f + c, cf$ 都是 $(X, \mathcal{J})$ 上的可测函数;

(2) $f \pm g, f \cdot g, \dfrac{f}{g}(g \neq 0)$ 都是 $(X, \mathcal{J})$ 上的可测函数;

(3) $\max\{f(x), g(x)\}, \min\{f(x), g(x)\}$ 都是 $(X, \mathcal{J})$ 上的可测函数;

(4) $f^+(x) = \max\{f(x), 0\}, f^-(x) = \max\{-f(x), 0\}$ 都是 $(X, \mathcal{J})$ 上的可测函数;

(5) $\forall E \subset X, f$ 限制在 E 上是子空间 $(E, \mathcal{J}_E)$ 上的可测函数.

上述结论由定理 3.2.1 可直接推出.

定义 3.2.2   设 P 是与测度空间 $(X, \mathcal{J}, \mu)$ 中元素有关的某个性质、条件、公式或命题. 若 P 只是在 X 的一个测度为零的集合上不成立, 则称 P 在 X 上几乎处处成立, 记作 P a.e. 成立.

例如, 定义测度空间 $(X, \mathcal{J}, \mu)$ 上的两个可测函数 f, g 和可测函数列 f_n. 若 f 与 g 在 X 上除在一个测度为零的集合上不等, 则称 f 与 g 在 X 上几乎处处相等, 记为 $f = g$, a.e. 或者 $f \doteq g$. 类似地, 若可测函数列 f_n 在 X 上除在一个测度为零的集合上不收敛于 f, 则称 f_n 在 X 上几乎处处收敛于 f, 记为 $f_n \to f$, a.e. 或者 $f_n \overset{\cdot}{\longrightarrow} f$. 在测度空间中除几乎处处收敛概念外, 还有下面常用的收敛概念:

定义 3.2.3   设 $(X, \mathcal{J}, \mu)$ 为测度空间, $E \in \mathcal{J}$, $\{f_n(x)\}_{n=1}^{\infty}$ 为 E 上的可测函数列. 若存在 E 上的可测函数 $f(x)$, $\forall \varepsilon > 0$ 都有

$$\lim_{n \to \infty} \mu(\{x \in E || f_n(x) - f(x)| > \varepsilon\}) = 0,$$

则称 $\{f_n(x)\}_{n=1}^{\infty}$ 在 E 上依测度收敛于 $f(x)$, 记为 $\lim_{n \to \infty} f_n(x) \overset{\mu}{=} f(x)$ 或 $f_n(x) \overset{\mu}{\longrightarrow} f(x)$.

一般来说, 依测度收敛的可测函数列未必几乎处处收敛, 反之几乎处处收敛的可测函数列也未必依测度收敛. 关于二者的关系有下面的结论:

定理 3.2.3   (1)(Riesz) 若 $f_n(x) \overset{\mu}{\longrightarrow} f(x)$, 则存在子函数列 $\{f_{n_k}(x)\}_{k=1}^{\infty}$ 几乎处处收敛于 $f(x)$.

(2) 若 $\mu(E) < \infty$, 且 $\{f_n(x)\}_{n=1}^{\infty}$ 在 E 上几乎处处收敛于有限函数 $f(x)$, 则在 E 上 $f_n(x) \overset{\mu}{\longrightarrow} f(x)$.

证明略.

3.2.2   可测函数的积分

可测函数积分的定义形式有多种, 为了便于与 Riemann 积分比较, 类似于 Riemann 积分由闭区间上的定积分到无限区间、无界函数的广义积分的讨论方法, 先讨论测度有限的可测集上有界可测函数的积分, 再讨论测度无限的可测集上无界可测函数的积分.

定义 3.2.4   设 $(X, \mathcal{J}, \mu)$ 为测度空间, $E \in \mathcal{J}$, $\mu(E) < +\infty$, f 为 E 上的有界

可测函数, 即存在实数 l 和 u, 使 $l \leqslant f(x) < u, x \in E$. 任取分点组

$$D : l = l_0 < l_1 < l_2 < \cdots < l_n = u,$$

令 $\lambda(D) = \max\limits_{1 \leqslant k \leqslant n} \{l_k - l_{k-1}\}$, $E_k = \{x \in E | l_{k-1} \leqslant f(x) < l_k\}$, 任取 $\xi_k \in [l_{k-1}, l_k)$ 作

和式 $S(D) = \sum\limits_{k=1}^{n} \xi_k \mu(E_k)$, 若当 $\lambda(D) \to 0$ 时, $S(D)$ 的极限存在, 且其极限值与分

法 D 和 ξ_k 在 $[l_{k-1}, l_k)$ 中的取法无关, 则称 f 在 E 上关于测度 μ 是可积的, 称其

极限值为 f 在 E 上关于测度 μ 的积分, 记为 $\int_E f(x) \mathrm{d}\mu$, 即

$$\int_E f(x) \mathrm{d}\mu = \lim_{\lambda(D) \to 0} \sum_{k=1}^{n} \xi_k \mu(E_k).$$

当 $(X, \mathcal{J}, \mu)$ 为 Lebesgue 测度空间时, 称 $\int_E f(x) \mathrm{d}\mu$ 为 E 上的 Lebesgue 积分, 简记

为 $(L) \int_E f(x) \mathrm{d}x$, 当 $E = [a, b]$ 时, 简写成 $(L) \int_a^b f(x) \mathrm{d}x$. 区间 $[a, b]$ 上的 Riemann

积分记为 $(R) \int_a^b f(x) \mathrm{d}x$, 在不会引起混淆时积分中 (R) 和 (L) 的符号可以不写.

定理 3.2.4 若 $\mu(E) < +\infty$, 则 E 上一切有界可测函数 f 在 E 上关于测度

μ 都是可积的. 若 $f(E) \subset [l, u]$, 则 $l\mu(E) \leqslant \int_E f(x) \mathrm{d}\mu \leqslant u\mu(E)$.

证明略.

由定理 3.2.4 知, 区间 $[a, b]$ 上 Riemann 可积的函数一定 Lebesgue 可积, 且可

以进一步证明两个积分值是相等的; 但反过来, 区间 $[a, b]$ 上 Lebesgue 可积的函数

却不一定 Riemann 可积.

例 3.2.3 Dirichlet 函数

$$D(x) = \begin{cases} 1, & \text{当} x \text{为有理数}, \\ 0, & \text{当} x \text{为无理数} \end{cases}$$

在 $[0, 1]$ 上的 Lebesgue 积分是存在的, 且 $(L) \int_0^1 D(x) \mathrm{d}x = 0$.

证明 显然, $D(x)$ 是有界可测函数, $0 \leqslant D(x) < 2, x \in [0, 1]$, 对 $[0, 2]$ 的任一

分法

$$T : 0 = l_0 < l_1 < l_2 < \cdots < l_n = 2,$$

都存在小区间 $[l_{i_n-1}, l_{i_n})$, 使 $1 \in [l_{i_n-1}, l_{i_n})$. 令 $E_k = \{x \in E | l_{k-1} \leqslant D(x) < l_k\}$, 则

$$\mu(E_1) = \mu\{x | x \text{为} [0,1] \text{上的无理点}\} = 1,$$
$$\mu(E_{i_n}) = \mu\{x | x \text{为} [0,1] \text{上的有理点}\} = 0,$$
$$\mu(E_k) = \mu(\varnothing) = 0, \quad k \neq 1, i_n.$$

任取 $\xi_k \in [l_{k-1}, l_k)$, 有

$$\lim_{\lambda(T)\to 0} \sum_{k=1}^{n} \xi_k \mu(E_k) = \lim_{\lambda(T)\to 0} (\xi_1 \times 1 + \xi_{i_n} \times 0). \tag{3.2.1}$$

由于 $\xi_1 \in [0, l_1)$, 当 $\lambda(T) \left(= \max_k \{l_k - l_{k-1}\} \right) \to 0$ 时 $l_1 \to 0$, 所以 $\xi_1 \to 0$. 由 (3.2.1) 有 $(L) \int_0^1 D(x)\mathrm{d}x = 0$. $\square$

众所周知, $D(x)$ 在 $[0,1]$ 上的 Riemann 积分是不存在的, 因此 Lebesgue 积分与 Riemann 积分相比扩大了可积函数类.

对于可测集 E 上的无界函数 $f(x)$, 令 $[f]_n(x) = \max\{\min\{f(x), n\}, -n\}$, 其中 n 为正整数, 即

$$[f]_n(x) = \begin{cases} f(x), & \text{当} |f(x)| \leqslant n, \\ n, & \text{当} f(x) > n, \\ -n, & \text{当} f(x) < -n, \end{cases}$$

则 $\forall x \in E$ 有 $|[f]_n(x)| \leqslant n$.

对测度无限的可测集 E, 若存在一列测度有限的可测集列 $\{E_n\}$, 使 $E \subset \bigcup_n E_n$, 则称可测集 E 是测度 σ 有限集. 若令 $B_n = \bigcup_{k=1}^{n} (E_k \bigcap E)$, $n = 1, 2, \cdots$, 则 $B_1 \subset B_2 \subset \cdots \subset B_n \subset \cdots$, $\mu(B_n) < +\infty$, 且 $E = \bigcup_{n=1}^{\infty} B_n$, 称满足上述条件的可测集列 $\{B_n\}_{n=1}^{\infty}$ 为 E 的一列单调测度有限覆盖.

定义 3.2.5 (1) 设 E 是测度 σ 有限集, f 是 E 上非负可测函数, $\{E_n\}_{n=1}^{\infty}$ 是 E 的一列单调测度有限覆盖. 若 $\lim\limits_{n\to\infty} \int_{E_n} [f]_n \mathrm{d}\mu < \infty$, 则称 f 在 E 上关于 μ 可积, 称其极限值为 f 在 E 上关于 μ 的积分, 记为 $\int_E f(x)\mathrm{d}\mu$, 即

$$\int_E f(x)\mathrm{d}\mu = \lim_{n\to\infty} \int_{E_n} [f]_n \mathrm{d}\mu < \infty.$$

(2) 设 E 是测度 σ 有限集,f 是 E 上可测函数. 若 $f^+(x) = \max\{f(x), 0\}$, $f^-(x) = \max\{-f(x), 0\}$ 都在 E 上关于 μ 可积, 则称 f 在 E 上关于 μ 可积, 称 $\int_E f^+(x)\mathrm{d}\mu - \int_E f^-(x)\mathrm{d}\mu$ 为 f 在 E 上关于$\boldsymbol{\mu}$的积分, 记为 $\int_E f(x)\mathrm{d}\mu$, 即

$$\int_E f(x)\mathrm{d}\mu = \int_E f^+(x)\mathrm{d}\mu - \int_E f^-(x)\mathrm{d}\mu.$$

可以证明, 若 $\{E_n\}_{n=1}^{\infty}$ 是 E 的一列单调测度有限覆盖, $\lim\limits_{n\to\infty} \int_{E_n} [f]_n \mathrm{d}\mu < \infty$, 而 $\{F_n\}_{n=1}^{\infty}$ 是 E 的另一列单调测度有限覆盖, 则 $\lim\limits_{n\to\infty} \int_{E_n} [f]_n \mathrm{d}\mu = \lim\limits_{n\to\infty} \int_{F_n} [f]_n \mathrm{d}\mu$, 即积分 $\int_E f(x)\mathrm{d}\mu$ 与单调测度有限覆盖列的选择无关. 上述定义与测度有限集上有界可测函数的积分是一致的, 当 $\mu(E) < +\infty$ 时, 取 $E_n = E, n = 1, 2, \cdots$, 当 n 充分大时 $[f]_n = f$, 则 $\int_{E_n} [f]_n \mathrm{d}\mu = \int_E f \mathrm{d}\mu$.

例 3.2.4 讨论测度 σ 有限集 $(0, \infty)$ 上无界函数

$$f(x) = \begin{cases} \dfrac{1}{\sqrt{x}}, & x \in (0, 1], \\ \dfrac{1}{x^2}, & x \in (1, \infty) \end{cases}$$

的可积性.

解 对任意的正整数 n,

$$[f]_n(x) = \begin{cases} n, & x \in \left(0, \dfrac{1}{n^2}\right], \\ \dfrac{1}{\sqrt{x}}, & x \in \left(\dfrac{1}{n^2}, 1\right], \\ \dfrac{1}{x^2}, & x \in (1, \infty). \end{cases}$$

取 $\left\{E_n = \left(\dfrac{1}{n^2}, n\right)\right\}_{n=1}^{\infty}$ 为 $(0, \infty)$ 的单调测度有限覆盖, 则

$$\lim_{n\to\infty} \int_{E_n} [f]_n(x)\mathrm{d}x = \lim_{n\to\infty} \int_{\frac{1}{n^2}}^{n} [f]_n(x)\mathrm{d}x$$

$$= \lim_{n\to\infty} \left(\int_{\frac{1}{n^2}}^{1} \frac{1}{\sqrt{x}}\mathrm{d}x + \int_1^n \frac{1}{x^2}\mathrm{d}x \right)$$

$$= \lim_{n \to \infty} \left(2\sqrt{x} \Big|_{\frac{1}{n^2}}^{1} - \frac{1}{x} \Big|_{1}^{n} \right)$$

$$= \lim_{n \to \infty} \left(3 - \frac{3}{n} \right) = 3,$$

即 $(L) \displaystyle\int_0^\infty f(x)\mathrm{d}x = 3$.

Lebesgue 积分具有下面的性质:

定理 3.2.5　设 f 与 g 均为 E 上的 L 可积函数, 则

(1) **线性性**　对于任意实数 α, β, $\alpha f(x) + \beta g(x)$ 也在 E 上 L 可积, 且

$$\int_E (\alpha f(x) + \beta g(x))\mathrm{d}x = \alpha \int_E f(x)\mathrm{d}x + \beta \int_E g(x)\mathrm{d}x;$$

(2) **单调性**　若在 E 上 $f(x) \leqslant g(x)$, 则 $\displaystyle\int_E f(x)\mathrm{d}x \leqslant \int_E g(x)\mathrm{d}x$;

(3) **有限可加性**　若 $E = \bigcup\limits_{k=1}^{n} E_k$, E_k 均为可测集, $E_i \bigcap E_j = \varnothing$, $i \neq j$, $i, j = 1, 2, \cdots, n$, 则 $\displaystyle\int_E f(x)\mathrm{d}x = \sum_{k=1}^{n} \int_{E_k} f(x)\mathrm{d}x$;

(4) 若在 E 上 $f \doteq g$, 则 $\displaystyle\int_E f(x)\mathrm{d}x = \int_E g(x)\mathrm{d}x$;

(5) 若 $f(x) \geqslant 0$, $\displaystyle\int_E f(x)\mathrm{d}x = 0$, 则 $f(x) \doteq 0$.

证明略.

定理 3.2.6(绝对可积性)　$f(x)$ 在 E 上 L 可积的充要条件是 $|f|$ 在 E 上 L 可积. 且 $\left| \displaystyle\int_E f(x)\mathrm{d}x \right| \leqslant \displaystyle\int_E |f(x)|\,\mathrm{d}x$.

证明略.

例 3.2.5　设 $E \subset \mathbf{R}^n$ 为 Lebesgue 可测集, 则集合

$$L^p(E) = \left\{ f(x) \Big| (L) \int_E |f(x)|^p \mathrm{d}x < +\infty \right\}$$

按普通函数的加法和数乘构成一线性空间. 当 $p \geqslant 1$ 时, 由后面的 Minkowski 不等式, $L^p(E)$ 按范数

$$\|f\|_p = \left(\int_E |f(x)|^p \mathrm{d}x \right)^{\frac{1}{p}},$$

构成一个 Banach 空间. 该范数导出的距离为

$$d(f,g) = \left(\int_E |f(x) - g(x)|^p \mathrm{d}x \right)^{\frac{1}{p}}, \quad f,g \in L^p(E).$$

由定理 3.2.5 知, $L^p(E)$ 中两个函数的相等是在几乎处处的意义下.

当 $p = 2$ 时, $L^2(E)$ 按内积

$$\langle f,g \rangle = \int_E f(x)g(x)\mathrm{d}x$$

构成一个完备的内积空间. 该内积导出范数为 $||f||_2 = \left(\int_E |f(x)|^2 \mathrm{d}x \right)^{\frac{1}{2}}$. 此范数导

出的距离为 $d(f,g) = \left(\int_E |f(x) - g(x)|^2 \mathrm{d}x \right)^{\frac{1}{2}}$.

定理 3.2.7 (1)(Hölder 不等式) 设 $1 \leqslant p,q \leqslant \infty$, $\frac{1}{p} + \frac{1}{q} = 1$, 则 $\forall f \in L^p(E)$,

$\forall g \in L^q(E)$, 有

$$\int_E |f(x)g(x)|\mathrm{d}x \leqslant \left(\int_E |f(x)|^p \mathrm{d}x \right)^{\frac{1}{p}} \left(\int_E |g(x)|^q \mathrm{d}x \right)^{\frac{1}{q}}.$$

(2) (Minkowski 不等式) 设 $1 \leqslant p \leqslant \infty$, 则 $\forall f,g \in L^p(E)$, 有

$$\left(\int_E |f(x) + g(x)|^p \mathrm{d}x \right)^{\frac{1}{p}} \leqslant \left(\int_E |f(x)|^p \mathrm{d}x \right)^{\frac{1}{p}} + \left(\int_E |g(x)|^p \mathrm{d}x \right)^{\frac{1}{p}}.$$

定理的证明参见 (夏道行等, 1979).

在定理 3.2.7 中, 当 $p = \infty$ 时, $L^\infty(E)$ 为 E 上几乎处处有界可测函数的全体,

即

$$L^\infty(E) = \{f(x)|f在E上可测, 且\exists M > 0, 使 |f(x)| \leqslant M, \mathrm{a.e.}x \in E\},$$

其上的范数 $||f||_p = \left(\int_E |f(x)|^p \mathrm{d}x \right)^{\frac{1}{p}}$ 换为

$$||f||_\infty = \underset{x \in E}{\mathrm{ess\,sup}} |f(x)| = \inf\{M||f(x)| \leqslant M, \mathrm{a.e.}x \in E\},$$

其中 $\underset{x \in E}{\mathrm{ess\,sup}} |f(x)|$ 称为函数 f 在 E 上的本性上确界.

3.2.3 积分号下的极限运算

对于 Riemann 积分来说, 积分与极限交换顺序通常要满足一致收敛等较强的
条件, 而 Lebesgue 积分与极限交换顺序的条件相对要弱许多. 下面不加证明地罗
列两个 Lebesgue 积分的极限定理:

定理 3.2.8　(1) (控制收敛定理) 设 $\{f_n(x)\}_{n=1}^{\infty}$ 为可测集 E 上的可测函数列, 存在 E 上的非负可积函数 $F(x)$(称为控制函数), 使

$$|f_n(x)| \leqslant F(x), \text{a.e.,} \quad n = 1, 2, \cdots.$$

若在 E 上 $\{f_n(x)\}_{n=1}^{\infty}$ 依测度收敛于 $f(x)$, 则 $f(x)$ 在 E 上可积, 且

$$\lim_{n\to\infty} \int_E f_n(x)\mathrm{d}x = \int_E \lim_{n\to\infty} f_n(x)\mathrm{d}x = \int_E f(x)\mathrm{d}x.$$

(2) (Levi 引理) 设 $\{f_n(x)\}_{n=1}^{\infty}$ 为可测集 E 上的单调增可积函数列, 其积分序列有上界, 则 $\{f_n(x)\}_{n=1}^{\infty}$ 必几乎处处收敛于一个可积函数 $f(x)$, 且

$$\lim_{n\to\infty} \int_E f_n(x)\mathrm{d}x = \int_E f(x)\mathrm{d}x.$$

例 3.2.6　计算 $\lim\limits_{n\to\infty} \int_0^1 \left(\dfrac{1}{1+x^2}\right)^n \mathrm{d}x.$

解　显然 $\left\{\left(\dfrac{1}{1+x^2}\right)^n\right\}_{n=1}^{\infty}$ 为 $[0,1]$ 上的可测函数列. 对于任意的正整数 n 都有 $\left|\left(\dfrac{1}{1+x^2}\right)^n\right| \leqslant 1$, 且 $\lim\limits_{n\to\infty} \left(\dfrac{1}{1+x^2}\right)^n = f(x) = \begin{cases} 1, & x = 0, \\ 0, & x \in (0,1]. \end{cases}$　由定理 3.2.3(2) 及控制收敛定理, 得

$$\lim_{n\to\infty} \int_0^1 \left(\frac{1}{1+x^2}\right)^n \mathrm{d}x = \int_0^1 f(x)\mathrm{d}x = 0.$$

例 3.2.6 中的函数列 $\left\{\left(\dfrac{1}{1+x^2}\right)^n\right\}_{n=1}^{\infty}$ 在 $[0,1]$ 上非一致收敛, 因此关于 R 积分与极限交换顺序的定理失效, 但 L 积分与极限交换顺序的控制定理有效, 尽管两个积分值都是一样的, 即

$$(L)\int_0^1 \left(\frac{1}{1+x^2}\right)^n \mathrm{d}x = (R)\int_0^1 \left(\frac{1}{1+x^2}\right)^n \mathrm{d}x, \quad (L)\int_0^1 f(x)\mathrm{d}x = (R)\int_0^1 f(x)\mathrm{d}x.$$

因此 Lebesgue 积分与 Riemann 积分相比, 不仅扩大了可积函数类, 而且减弱了积分与极限交换顺序的条件. 由于 R 可积一定 L 可积, 这样在积分运算中把 R 积分的计算方法和 L 积分的理论结合起来灵活运用, 将会给问题的解决带来方便.

习　题　3

1. 设 $(X, \mathscr{J})$ 为可测空间, $A \subset X$, f 是定义在 A 上的实值函数. 若对任意的实数 a, $\{x \in A | f(x) \geqslant a\} \in \mathscr{J}$, 证明 $A \in \mathscr{J}$.

2. 设 $X = \{x_1, x_2\}$, 2^X 为 X 的幂集, $\mu^* : 2^X \to \overline{\mathbf{R}^+}$ 定义如下:

$$\mu^*(\varnothing) = 0, \mu^*(\{x_1\}) = 1, \mu^*(\{x_2\}) = 5, \mu^*(X) = a \in \overline{\mathbf{R}^+}.$$

(1) 当 a 为何值时, μ^* 为 2^X 上的外测度?

(2) 当 a 为何值时, μ^* 为 2^X 上的测度?

3. 试举出三个测度空间的实例.

4. 设 $(X, \mathcal{J})$ 为可测空间, $A \subset X$, 证明 A 上的特征函数 χ_A 为可测函数的充要条件是 A 为可测集.

5. 设 f 与 g 都是可测空间 $(X, \mathcal{J})$ 上的可测函数, $A \in \mathcal{J}$, $\forall x \in X$, 令

$$h(x) = \begin{cases} f(x), & x \in A, \\ g(x), & x \notin A, \end{cases}$$

证明 h 也是 $(X, \mathcal{J})$ 上的可测函数.

6. 设 $F(x)$ 与 $f_n(x)(n = 1, 2, \cdots)$ 均为区间 $[a, b]$ 上的 Riemann 可积函数,

$$|f_n(x)| \leqslant F(x), \quad x \in [a, b], \quad n = 1, 2, \cdots,$$

且 $\lim\limits_{n \to \infty} f_n(x) = f(x), x \in [a, b]$.

(1) $f(x)$ 在 $[a, b]$ 上是否一定 Riemann 可积?

(2) 在 $f(x)$Riemann 可积的条件下, 是否一定有

$$\lim_{n \to \infty} (R) \int_a^b f_n(x) \mathrm{d}x = (R) \int_a^b f(x) \mathrm{d}x?$$

第4章 泛函分析

4.1 算子与泛函

4.1.1 算子与泛函的概念

定义 4.1.1 设 X 与 Y 为同一数域 K 上的线性空间, $D \subset X$ 为 X 的子线性空间, 称映射 $T : D \to Y$ 为算子. 当 Y 为数域 K 时, 称映射 T 为泛函. 若 $\forall x, y \in D, \forall a, b \in K$, 有

$$T(ax + by) = aT(x) + bT(y),$$

则称映射 T 为线性算子 (线性泛函), 称 D 为 T 的定义域, 称 $T(D) = \{T(x)|x \in D\}$ 为 T 的值域, 记为 $\mathcal{R}(T)$. 称 $\mathcal{N}(T) = \{x \in D|T(x) = 0\}$ 为 T 的零空间 (核).

例 4.1.1 (1) 设 $T_1 : C[a,b] \to C[a,b]$, $\forall f(x) \in C[a,b]$, $T_1(f) = \int_a^x f(t)\mathrm{d}t$, $x \in [a,b]$, 则积分算子 T_1 为线性算子.

(2) 设 $T_2 : C[a,b] \to \mathbf{R}$, $\forall f(x) \in C[a,b]$, $T_2(f) = \int_a^b f(t)\mathrm{d}t$, 则泛函 T_2 为线性泛函.

(3) 设 $T_3 : C^1[a,b] \to C[a,b]$, $\forall f(x) \in C[a,b]$, $T_3(f) = f'(x)$, $x \in [a,b]$, 则微分算子 T_3 为线性算子.

例 4.1.2 设 X 与 Y 分别为同一数域 K 上的 n 维和 m 维线性空间, $e_1, \cdots, e_n \in X$ 为 X 的一组基, $f_1, \cdots, f_m \in Y$ 为 Y 的一组基, $T : X \to Y$ 为线性算子. 若

$$Te_j = a_{1j}f_1 + \cdots + a_{mj}f_m = \sum_{i=1}^m a_{ij}f_i = (f_1, \cdots, f_m)\begin{pmatrix} a_{1j} \\ \vdots \\ a_{mj} \end{pmatrix}, j = 1, \cdots, n,$$

其中 $a_{ij} \in K$, 则 $\forall x \in X$, $x = x_1 e_1 + \cdots + x_n e_n$, 由 T 的线性性, 有

$$T(x) = x_1 T(e_1) + \cdots + x_n T(e_n)$$

$$= x_1(f_1, \cdots, f_m)\begin{pmatrix} a_{11} \\ \vdots \\ a_{m1} \end{pmatrix} + \cdots + x_n(f_1, \cdots, f_m)\begin{pmatrix} a_{1n} \\ \vdots \\ a_{mn} \end{pmatrix}$$

$$= (f_1, \cdots, f_m) \begin{pmatrix} a_{11} & \cdots & a_{1n} \\ \vdots & & \vdots \\ a_{m1} & \cdots & a_{mn} \end{pmatrix} \begin{pmatrix} x_1 \\ \vdots \\ x_n \end{pmatrix}, \tag{4.1.1}$$

其中 $(a_{ij})_{m \times n}$ 为数域 K 上的一个 $m \times n$ 矩阵.

式 (4.1.1) 表明每一个有限维空间之间的线性算子 T, 当两个空间的基确定之后, 都对应唯一一个 $m \times n$ 矩阵 $(a_{ij})_{m \times n}$, 使算子用这个矩阵表示. 反之, 给定数域 K 上的一个 $m \times n$ 矩阵 $(a_{ij})_{m \times n}$, 按 (4.1.1) 方式确定的算子 $T : X \to Y$ 是一个线性算子, 即对两个有限维空间确定的基而言, 线性算子与 $m \times n$ 矩阵是一一对应的.

算子 (泛函) 是微积分中函数概念到一般线性空间的推广. 有界性、连续性是函数的重要性质, 对于赋范空间上的算子也有类似的性质.

定义 4.1.2 设 X 与 Y 为同一数域 K 上的赋范空间, $D \subset X$ 为 X 的子赋范空间, $T : D \to Y(K)$, 若算子 T 将 D 中的任一有界集映成 $Y(K)$ 中的有界集, 则称 T 为有界算子 (有界泛函). 不是有界的算子就称为无界算子 (无界泛函). $x_0 \in D$, 若 $\forall \varepsilon > 0, \exists \delta > 0$, 使 D 中满足 $d(x, x_0) = ||x - x_0|| < \delta$ 的所有 x 都有

$$d(T(x), T(x_0)) = ||T(x) - T(x_0)|| < \varepsilon,$$

即 $\lim\limits_{x \to x_0} T(x) = T(x_0)$, 则称算子 (泛函)$T$在$x_0$连续. 若 T 在 D 上每一点都连续, 则称 T在 D 上连续.

赋范空间中算子的连续概念与其导出的距离空间中映射的连续概念一致.

4.1.2 线性算子与线性泛函

由例 4.1.1 可以看出, 线性算子是一类常见的算子. 关于线性算子的有界性有下面的结论:

定理 4.1.1 设 T 为赋范空间 X 到赋范空间 Y 的线性算子, 则 T 是有界算子的充要条件是存在常数 $M > 0, \forall x \in X$, 有 $||T(x)|| \leqslant M||x||$.

证明 **必要性** 若 T 是有界算子, 则 T 将 X 中的有界集 $S = \{x \in X| \ ||x|| \leqslant 1\}$ 映射成 Y 中的有界集, 即存在常数 $M > 0, \forall y \in S$, 有 $||T(y)|| \leqslant M$. 这样 $\forall x \in X$, 当 $x \neq 0$ 时, 令 $y = \dfrac{1}{||x||}x$, 则 $y \in S$, $||T(y)|| = \left\|T\left(\dfrac{1}{||x||}x\right)\right\| = \dfrac{1}{||x||}||T(x)|| \leqslant M$ 即 $||T(x)|| \leqslant M||x||$. 当 $x = 0$ 时, 显然不等式也成立.

充分性 若存在常数 $M > 0, \forall x \in X$, 有 $||T(x)|| \leqslant M||x||$. 设 $U \subset X$ 是一有界集, 则存在常数 $N > 0, \forall x \in U$ 有 $||x|| \leqslant N$. 因此 $\forall x \in U$, 有 $||T(x)|| \leqslant M||x|| \leqslant MN$, 即 T 是有界算子. $\square$

定义 4.1.3 设 T 为赋范空间 X 上的有界线性算子 (泛函), 称

$$||T|| = \sup_{x \neq 0} \frac{||T(x)||}{||x||} = \sup_{||y||=1} ||T(y)||$$

为算子 (泛函)T 的范数.

例 4.1.3 (1) 已知赋范空间 $C[a,b]$, $\forall f(x) \in C[a,b]$, $||f|| = \max\limits_{x \in [a,b]} |f(x)|$, 积分算子 $T_1 : C[a,b] \to C[a,b]$, $T_1(f) = \int_a^x f(t)\mathrm{d}t, x \in [a,b]$. 显然, T_1 为线性算子. 又因为

$$||T_1(f)|| = \left\|\int_a^x f(t)\mathrm{d}t\right\| = \max_{x \in [a,b]}\left|\int_a^x f(t)\mathrm{d}t\right|$$
$$\leqslant \max_{x \in [a,b]}\int_a^x |f(t)|\mathrm{d}t$$
$$\leqslant \max_{x \in [a,b]}\int_a^x ||f||\mathrm{d}t = ||f||(b-a),$$

所以 T_1 为线性有界算子, 且

$$||T_1|| = \sup_{||f||=1} ||T_1(f)|| \leqslant b - a. \tag{4.1.2}$$

另一方面, 取 $f_0(x) \equiv 1 \in C[a,b]$, 由 $||T_1(f_0)|| = \left\|\int_a^x \mathrm{d}x\right\| = \max\limits_{x \in [a,b]}\left|\int_a^x \mathrm{d}x\right| = b-a$, 得

$$||T_1|| = \sup_{||f||=1} ||T_1(f)|| \geqslant ||T_1(f_0)|| = b - a. \tag{4.1.3}$$

由 (4.1.2) 及 (4.1.3) 得 $||T_1|| = b - a$.

(2) 赋范空间 $C^1[0,1]$ 作为 $C[0,1]$ 的子赋范空间 (其范数同上), 微分算子 $T_2 : C^1[0,1] \to C[0,1]$, $T_2(f) = f'(x)$ 为线性算子, 但是无界算子. 因为对任意的正整数 n, $x^n \in C^1[0,1]$, $||x^n|| = 1$, 而 $||T_2(x^n)|| = ||nx^{n-1}|| = n$, 它是无界的.

定理 4.1.2 设 X 与 Y 为同一数域 K 上的赋范空间, $D \subset X$ 为 X 的子赋范空间, $T : D \to Y$ 为线性算子, 则

(1) T 连续的充要条件是 T 有界;

(2) 若 T 在一点连续, 则 T 在 D 上连续;

(3) 有限维空间上的线性算子都是连续的 (有界的).

证明 (1) 必要性 若 T 在 D 上连续, 则 T 在 $x_0 = 0 \in D$ 处连续. 取 $\varepsilon = 1$, $\exists \delta_0 > 0$, 使 D 中满足 $||x - 0|| = ||x|| < \delta_0$ 的所有 x 都有

$$||T(x)|| = ||T(x) - T(0)|| \leqslant 1.$$

于是, $\forall x \in D$, 令 $y = \delta_0 \dfrac{x}{2||x||}$, 则 $||y|| = \left\|\delta_0 \dfrac{x}{2||x||}\right\| < \delta_0$, 从而

$$||T(y)|| = \left\|\delta_0 \frac{T(x)}{2||x||}\right\| = \frac{\delta_0}{2||x||}||T(x)|| \leqslant 1,$$

即 $||T(x)|| \leqslant \dfrac{2}{\delta_0}||x||$, T 是有界的.

充分性 若 T 在 D 上有界, 则 $\exists c > 0, \forall x \in D$, 有 $||T(x)|| \leqslant c||x||$. 于是 $\forall x_0, x \in D$, 有 $||T(x) - T(x_0)|| = ||T(x - x_0)|| \leqslant c||x - x_0||$, 即 $\lim\limits_{x \to x_0} T(x) = T(x_0)$, T 在 D 上连续.

(2) 若存在 $x_0 \in D$, T 在 x_0 处连续, 即 $\lim\limits_{x \to x_0} T(x) = T(x_0)$. $\forall y_0 \in D$, 令 $x = y - y_0 + x_0$, 当 $y \to y_0$ 时, $x \to x_0$, $T(x) = T(y - y_0 + x_0) = T(y) - T(y_0) + T(x_0)$, $T(y) - T(y_0) = T(x) - T(x_0)$, 则

$$\lim\limits_{y \to y_0} ||T(y) - T(y_0)|| = \lim\limits_{x \to x_0} ||T(x) - T(x_0)|| = 0,$$

由 y_0 的任意性, T 在 D 上连续.

(3) 的证明见文献 (夏道行等, 1979). □

定理 4.1.3 设 X 与 Y 为同一数域 K 上的赋范空间, $B(X,Y)$ 表示所有 $X \to Y$ 的有界线性算子构成的集合, 则 $B(X,Y)$ 按代数运算

$$\forall T_1, T_2 \in B(X,Y), \quad (T_1 + T_2)(x) = T_1(x) + T_2(x), \quad x \in X,$$

$$\forall a \in K, \quad \forall T \in B(X,Y), \quad (aT)(x) = aT(x), \quad x \in X$$

构成一个数域 K 上的线性空间. 按算子范数 $||T|| = \sup\limits_{x \neq 0} \dfrac{||T(x)||}{||x||}$ 构成一个赋范空间, 称此空间为有界线性算子空间. 若 Y 是完备的赋范空间, 则 $B(X,Y)$ 也是完备的. 当 $Y = K$ 时, 称 $B(X,Y)$ 为 X 的共轭空间, 记为 X^*.

证明 显然, $B(X,Y)$ 按照所定义的运算构成线性空间. 下面证明算子范数为该空间的范数.

首先, $||T|| = \sup\limits_{x \neq 0} \dfrac{||T(x)||}{||x||} = 0 \Leftrightarrow \forall x \in X, ||T(x)|| = 0$, 即 T 为零算子; 又 $\forall a \in K, \forall T \in B(X,Y)$,

$$||aT|| = \sup\limits_{x \neq 0} \frac{||(aT)(x)||}{||x||} = \sup\limits_{x \neq 0} \frac{||aT(x)||}{||x||} = |a| \sup\limits_{x \neq 0} \frac{||T(x)||}{||x||} = |a|\,||T||;$$

$\forall T_1, T_2 \in B(X,Y)$,

$$||T_1 + T_2|| = \sup\limits_{x \neq 0} \frac{||(T_1 + T_2)(x)||}{||x||}$$

$$= \sup_{x \neq 0} \frac{||T_1(x) + T_2(x)||}{||x||}$$

$$\leqslant \sup_{x \neq 0} \frac{||T_1(x)|| + ||T_2(x)||}{||x||}$$

$$\leqslant \sup_{x \neq 0} \frac{||T_1(x)||}{||x||} + \sup_{x \neq 0} \frac{||T_2(x)||}{||x||}$$

$$= ||T_1|| + ||T_2||,$$

所以 $B(X,Y)$ 按照所定义的运算构成赋范空间.

当 Y 是完备的赋范空间时, 若 $\{T_n\}_{n=1}^{\infty} \subset B(X,Y)$ 为 Cauchy 列, 即 $\forall \varepsilon > 0$, $\exists N > 0, \forall m, n > N$, 有

$$||T_m - T_n|| < \varepsilon,$$

则 $\forall x \in X, x \neq 0, \forall \delta > 0$, 取 $\varepsilon = \dfrac{\delta}{||x||}$, 有

$$||T_m(x) - T_n(x)|| = ||(T_m - T_n)(x)|| \leqslant ||T_m - T_n|| ||x|| \leqslant \varepsilon ||x|| = \frac{\delta}{||x||} ||x|| = \delta, \quad (4.1.4)$$

即 $\{T_n(x)\}_{n=1}^{\infty}$ 为 Y 中的 Cauchy 列, 由 Y 的完备性可知 $\exists y \in Y$, 使 $\lim_{n \to \infty} T_n(x) = y$. 于是定义了一个新的算子 $T : X \to Y, \forall x \in X, T(x) = \lim_{n \to \infty} T_n(x) = y$. 由 $T_n(x)$ 的线性性知

$$T(ax_1 + bx_2) = \lim_{n \to \infty} T_n(ax_1 + bx_2)$$
$$= \lim_{n \to \infty} (aT_n(x_1) + bT_n(x_2))$$
$$= aT(x_1) + bT(x_2),$$

即 T 是线性的. 另一方面, $\forall x \in X$, 取 $m > N$ 在 (4.1.4) 中取极限 $n \to \infty$ 得

$$||T_m(x) - T(x)|| \leqslant ||T_m - T|| ||x|| \leqslant \varepsilon ||x||.$$

此时

$$||T(x)|| = ||T(x) - T_m(x) + T_m(x)||$$
$$\leqslant ||(T - T_m)(x)|| + ||T_m(x)||$$
$$\leqslant \varepsilon ||x|| + ||T_m|| \, ||x|| = (\varepsilon + ||T_m||) \, ||x||,$$

即 T 是有界的. 这样 $\{T_n\}_{n=1}^{\infty}$ 在 $B(X,Y)$ 中收敛, $B(X,Y)$ 是完备的. $\qquad \square$

例 4.1.4 设 $1 < p < \infty, \dfrac{1}{p} + \dfrac{1}{q} = 1$. 则在同构的意义下, $(l^p)^* = l^q$, $(L^p[a,b])^* = L^q[a,b]$; $(l^1)^* = l^\infty$, $(\mathbf{R}^n)^* = \mathbf{R}^n$.

证明 只证 $(\mathbf{R}^n)^* = \mathbf{R}^n$, 其他证明类似. $\forall f \in (\mathbf{R}^n)^*(f$ 为 $\mathbf{R}^n$ 上的有界线性泛函), 设

$$f(\boldsymbol{e}_i) = a_i \in \mathbf{R}, \quad \boldsymbol{e}_i = (0, \cdots, \overset{i}{1}, \cdots, 0) \in \mathbf{R}^n, \quad i = 1, \cdots, n,$$

即存在 $\boldsymbol{a} = (a_1, \cdots, a_n) \in \mathbf{R}^n, \forall \boldsymbol{x} = (x_1, \cdots, x_n) \in \mathbf{R}^n$, 有

$$f(x) = \sum_{i=1}^{n} a_i x_i, \tag{4.1.5}$$

即 $\mathbf{R}^n$ 上的每一个有界线性泛函 f 对应 $\mathbf{R}^n$ 中的一个向量.

另一方面, $\forall \boldsymbol{a} = (a_1, \cdots, a_n) \in \mathbf{R}^n$, 按 (4.1.5) 所确定的泛函是有界线性泛函. 因为

$$|f(\boldsymbol{x})| = \left| \sum_{i=1}^{n} a_i x_i \right| \leqslant \left(\sum_{i=1}^{n} a_i^2 \right)^{\frac{1}{2}} \left(\sum_{i=1}^{n} x_i^2 \right)^{\frac{1}{2}} = \|\boldsymbol{a}\| \cdot \|\boldsymbol{x}\|. \tag{4.1.6}$$

这样在 $(\mathbf{R}^n)^*$ 与 $\mathbf{R}^n$ 之间通过 $f \leftrightarrow \boldsymbol{a}$ 建立了一个线性双射, 且由上式得

$$\|f\| \leqslant \|\boldsymbol{a}\|. \tag{4.1.7}$$

取 $\boldsymbol{x} = \left(\dfrac{a_1}{\|\boldsymbol{a}\|}, \cdots, \dfrac{a_n}{\|\boldsymbol{a}\|} \right) \in \mathbf{R}^n$, 则 $\|\boldsymbol{x}\| = 1$. 于是

$$\|f\| = \sup_{\|\boldsymbol{x}\| \leqslant 1} |f(x)| \geqslant \left| \sum_{i=1}^{n} a_i \frac{a_i}{\|\boldsymbol{a}\|} \right| = \left(\sum_{i=1}^{n} a_i^2 \right)^{\frac{1}{2}} = \|\boldsymbol{a}\|. \tag{4.1.8}$$

由 (4.1.7) 和 (4.1.8), 得 $\|f\| = \|\boldsymbol{a}\|$, 即 $(\mathbf{R}^n)^*$ 与 $\mathbf{R}^n$ 同构. □

4.1.3 几种收敛概念

收敛是数学理论中的重要概念之一. 在高等数学中函数列有处处收敛、一致收敛的概念, 3.2.1 小节中又介绍了可测函数列几乎处处收敛、依测度收敛的概念. 下面再介绍几个在实际应用中常用的收敛概念:

定义 4.1.4 设 $(X, \|\cdot\|)$ 为赋范空间, X^* 为其共轭空间, $\{x_n\} \subset X, x \in X$.

(1) 若 $\lim\limits_{n \to \infty} \|x_n - x\| = 0$, 则称 $\{x_n\}$ 强收敛 (依范数收敛)于 x, 记为 (强) $\lim\limits_{n \to \infty} x_n = x$ 或 $x_n \xrightarrow{s} x(n \to \infty)$;

(2) 若 $\forall f \in X^*$ 都有 $\lim\limits_{n \to \infty} f(x_n) = f(x)$, 则称 $\{x_n\}$ 弱收敛于 x, 记为 (弱) $\lim\limits_{n \to \infty} x_n = x$ 或 $x_n \xrightarrow{w} x(n \to \infty)$.

定理 4.1.4 设 $(X, \|\cdot\|)$ 为赋范空间, X^* 为其共轭空间, $\{x_n\} \subset X, x \in X$.

(1) 若 $\{x_n\}$ 强收敛于 x, 则 $\{x_n\}$ 一定弱收敛于 x;

(2) 若 $\{x_n\}$ 弱收敛, 则其极限唯一.

证明　(1) 若 $\{x_n\}$ 强收敛于 x, 则 $\forall f \in X^*$,

$$|f(x_n) - f(x)| = |f(x_n - x)| \leqslant \|f\|\,\|x_n - x\| \to 0,$$

即 $\{x_n\}$ 弱收敛于 x.

(2) 证明略.

关于有界线性算子序列的收敛有下面的概念:

定义 4.1.5　设 $(X_1, \|\cdot\|_1), (X_2, \|\cdot\|_2)$ 为两个赋范空间, $B(X_1, X_2)$ 为 $X_1 \to X_2$ 的有界线性算子按算子范数构成的赋范空间, $\{T_n\} \subset B(X_1, X_2)$, $T \in B(X_1, X_2)$.

(1) 若 $\lim\limits_{n \to \infty} \|T_n - T\| = 0$, 则称 $\{T_n\}$ 一致收敛 (按算子范数收敛)于 T, 记为 $\lim\limits_{n \to \infty} T_n = T$ 或 $T_n \to T(n \to \infty)$;

(2) 若 $\forall x \in X_1$ 都有 $\lim\limits_{n \to \infty} \|T_n(x) - T(x)\|_2 = 0$, 则称 $\{T_n\}$ 强收敛于 T, 记为 (强)$\lim\limits_{n \to \infty} T_n = T$ 或 $T_n \xrightarrow{s} T(n \to \infty)$;

(3) 若 $\forall x \in X_1$, $\forall f \in X_2^*$ 都有 $\lim\limits_{n \to \infty} f(T_n(x)) = f(T(x))$, 则称 $\{T_n\}$ 弱收敛于 T, 记为 (弱)$\lim\limits_{n \to \infty} T_n = T$ 或 $T_n \xrightarrow{w} T(n \to \infty)$.

有界线性泛函序列的收敛概念与有界线性算子序列的收敛概念有所不同.

定义 4.1.6　设 $\{f_n\} \subset X^*$, $f \in X^*$.

(1) 若 $\lim\limits_{n \to \infty} \|f_n - f\| = 0$, 则称 $\{f_n\}$ 强收敛于 f, 记为 (强)$\lim\limits_{n \to \infty} f_n = f$ 或 $f_n \xrightarrow{s} f(n \to \infty)$;

(2) 若 $\forall x \in X$ 都有 $\lim\limits_{n \to \infty} f_n(x) = f(x)$, 则称 $\{f_n\}$ 弱 * 收敛于 f, 记为 (弱 *)$\lim\limits_{n \to \infty} f_n = f$ 或 $f_n \xrightarrow{w*} f(n \to \infty)$.

显然, 若将共轭空间看成是特殊的算子空间, 则有界线性泛函序列的强收敛相当于算子序列的一致收敛 (依范数收敛), 弱 * 收敛相当于算子序列的强收敛.

定理 4.1.5　设 $(X_1, \|\cdot\|_1), (X_2, \|\cdot\|_2)$ 为两个赋范空间, $B(X_1, X_2)$ 为 $X_1 \to X_2$ 的有界线性算子按算子范数构成的赋范空间, $\{T_n\} \subset B(X_1, X_2)$, $T \in B(X_1, X_2)$, 则

(1) $T_n \to T \Rightarrow T_n \xrightarrow{s} T \Rightarrow T_n \xrightarrow{w} T$, 反之不一定成立;

(2) $\{T_n\}$ 弱收敛, 则其极限唯一.

证明略.

例 4.1.5　设 $\{A_n\} \subset B(l^2, l^2)$, $\forall \boldsymbol{x} = (x_1, x_2, \cdots) \in l^2$, $A_n(\boldsymbol{x}) = (x_{n+1}, x_{n+2}, \cdots)$ (称 A_n 为左移算子). 讨论算子序列 $\{A_n\}$ 的收敛性.

解 因为 $\forall \boldsymbol{x} = (x_1, x_2, \cdots) \in l^2, \lim\limits_{n \to \infty} \sum\limits_{k=n}^{\infty} x_k^2 = 0$, 所以

$$\lim_{n \to \infty} ||A_n \boldsymbol{x}|| = \lim_{n \to \infty} \left(\sum_{k=n+1}^{\infty} x_k^2 \right)^{\frac{1}{2}} = 0,$$

即 $\{A_n\}$ 强收敛于零算子. 由定理 4.1.5 知 $\{A_n\}$ 也弱收敛于零算子. 但因为 $||A_n|| = 1, n = 1, 2, \cdots$, 所以 $\{A_n\}$ 不一致收敛于零算子. 事实上对任意 $\boldsymbol{x} \in l^2, ||A_n \boldsymbol{x}|| = \left(\sum\limits_{k=n+1}^{\infty} x_k^2 \right)^{\frac{1}{2}} \leqslant ||\boldsymbol{x}||, ||A|| \leqslant 1$; 另一方面, 取 $\boldsymbol{e}_k = (0, \cdots, 0, \overset{k}{1}, 0, \cdots)$, 则 $||\boldsymbol{e}_k|| = 1$, $||A_n|| = \sup\limits_{||\boldsymbol{x}||=1} ||A_n \boldsymbol{x}|| \geqslant ||A_n \boldsymbol{e}_{n+1}|| = ||\boldsymbol{e}_1|| = 1$, 即 $||A_n|| = 1$.

4.1.4 算子的微分

1. Fréchet 微分

定义 4.1.7 设 X 与 Y 均为实赋范空间, $\Omega \subset X$ 为开子集, $T : \Omega \to Y$, $x_0 \in \Omega$. 若 $\exists A \in B(X, Y)$, 使当 $h \in X, x_0 + h \in \Omega$, 有

$$T(x_0 + h) - T(x_0) = A(h) + o\left(||h||\right),$$

即

$$\lim_{h \to 0} \frac{||T(x_0 + h) - T(x_0) - A(h)||}{||h||} = 0,$$

则称算子 T 在 x_0 处 Fréchet可微 (F 可微), 称 $A(h)$ 为 T 在 x_0 处的 F微分, 记为 $\mathrm{d}T(x_0, h)$. 称 A 为 T 在 x_0 处的 F导数, 记为 $T'(x_0)$, 即 $T'(x_0) = A$. 若 T 在 Ω 内每一点都 F 可微, 则称 T 在 Ω 内 F 可微, 此时 $T' : \Omega \to B(X, Y)$ 是一个新的算子, 称为 T 的 F导算子.

由定义易证导算子满足下列性质:

(1) 常算子的导算子是零算子;

(2) 有界线性算子的导算子就是其自身;

(3) 若 T 在 x_0 处 F 可微, 则 T 在 x_0 处连续;

(4) 线性性 $(aT_1 + bT_2)' = aT_1' + bT_2'$.

定理 4.1.6(链锁规则) 设 X, Y, Z 均为实 Banach 空间, $\Omega \subset X, E \subset Y$ 均为开集, 算子 $T : \Omega \to Y, H : E \to Z$, 且 $T(\Omega) \subset E$. 若 T 在 x_0 处 F 可微, H 在 $y_0 = T(x_0)$ 处 F 可微, 则复合算子 $H \circ T(H \circ T(x) = H(T(x)))$ 在 x_0 处 F 可微, 且

$$(H \circ T)'(x_0) = H'(T(x_0)) \circ T'(x_0) = H'(y_0) \circ T'(x_0).$$

证明   若 T 在 x_0 处 F 可微, H 在 $y_0 = T(x_0)$ 处 F 可微, 则

$$T(x_0 + h) - T(x_0) = T'(x_0)(h) + o\left(||h||\right),$$

$$H(y_0 + k) - H(y_0) = H'(y_0)(k) + o\left(||k||\right),$$

令 $k = T(x_0 + h) - T(x_0)$, 则 $T(x_0 + h) = T(x_0) + k$,

$$
\begin{aligned}
& H \circ T(x_0 + h) - H \circ T(x_0) \\
=& H(T(x_0 + h)) - H(T(x_0)) \\
=& H\left(T(x_0) + k\right) - H(T(x_0)) \\
=& H'(T(x_0))(k) + o(||k||) \\
=& H'(T(x_0))(T(x_0 + h) - T(x_0)) + o(||k||) \\
=& H'(T(x_0))\left(T'(x_0)(h) + o(||h||)\right) + o(||k||) \\
=& H'(T(x_0))\left(T'(x_0)(h)\right) + H'(T(x_0))\left(o(||h||)\right) + o(||k||).
\end{aligned}
\tag{4.1.9}
$$

下证 $H'(T(x_0))\left(o(||h||)\right) + o(||k||) = o(||h||)$. 因为

$$\frac{||H'(T(x_0))(o(||h||))||}{||h||} \leqslant ||H'(T(x_0))|| \frac{||o(||h||)||}{||h||} \to 0,$$

所以 $H'(T(x_0))\left(o(||h||)\right) = o(||h||)$. 又因为

$$
\begin{aligned}
\frac{||o(||k||)||}{||h||} &= \frac{||o(||T(x_0 + h) - T(x_0)||)||}{||h||} \\
&= \frac{||o(||T(x_0 + h) - T(x_0)||)||}{||T(x_0 + h) - T(x_0)||} \cdot \frac{||T(x_0 + h) - T(x_0)||}{||h||} \\
&= \frac{||o(||T(x_0 + h) - T(x_0)||)||}{||T(x_0 + h) - T(x_0)||} \cdot \frac{||T'(x_0)(h) + o(||h||)||}{||h||} \\
&\leqslant \frac{||o(||T(x_0 + h) - T(x_0)||)||}{||T(x_0 + h) - T(x_0)||} \cdot \left(\frac{||T'(x_0)||\,||h||}{||h||} + \frac{||o(||h||)||}{||h||}\right) \to 0,
\end{aligned}
$$

所以 $o(||k||) = o(||h||)$. 因此, $H'(T(x_0))\left(o(||h||)\right) + o(||k||) = o(||h||)$. 由 (4.1.9) 得 $(H \circ T)'(x_0) = H'(T(x_0)) \circ T'(x_0) = H'(y_0) \circ T'(x_0)$. $\square$

例 4.1.6   在赋范空间 $C[a,b]$ 中, $\forall x(t) \in C[a,b]$, 令 $F(x(t)) = \int_a^b x^2(t)\mathrm{d}t$, 则 F 为 $C[a,b]$ 上的一个泛函. 由

$$F(x(t) + h(t)) - F(x(t)) = \int_a^b (x(t) + h(t))^2 \,\mathrm{d}t - \int_a^b x^2(t)\mathrm{d}t$$

$$= \int_a^b \left(2x(t)h(t) + h^2(t)\right)\mathrm{d}t$$

$$= \int_a^b 2x(t)h(t)\mathrm{d}t + \int_a^b h^2(t)\mathrm{d}t, \qquad (4.1.10)$$

显然, 对前面取定的 $x(t) \in C[a,b]$, $\forall h(t) \in C[a,b]$, 令 $A(h(t)) = \int_a^b 2x(t)h(t)\mathrm{d}t$, 则 $A : C[a,b] \to \mathbf{R}$ 为线性泛函, 且

$$||A(h(t))|| = |A(h(t))| = \left| \int_a^b 2x(t)h(t)\mathrm{d}t \right| \leqslant \left| \int_a^b 2x(t)\mathrm{d}t \right| ||h||,$$

即 A 是有界的, $A \in B(C[a,b], \mathbf{R}) = (C[a,b])^*$. 再由

$$\frac{\left\| \int_a^b h^2(t)\mathrm{d}t \right\|}{||h||} = \frac{\left| \int_a^b h^2(t)\mathrm{d}t \right|}{||h||} \leqslant \frac{||h||^2|b-a|}{||h||} \xrightarrow{||h|| \to 0} 0,$$

由 (4.1.10) 知 $F'(x(t)) = A$.

2. Gâteaux 微分

定义 4.1.8　设 X 与 Y 均为实赋范空间, $\Omega \subset X$ 为开子集, $T : \Omega \to Y$, $x_0 \in \Omega$. 若 $\forall h \in X$,

$$\lim_{t \to 0} \frac{T(x_0 + th) - T(x_0)}{t}$$

存在, 则称算子 T 在 x_0 处 Gâteaux可微 (G 可微). 这个极限为 Y 中的元素, 用 $\mathrm{D}T(x_0, h)$ 表示此极限, 称 $\mathrm{D}T(x_0, h)$ 为算子 T 在 x_0 处沿方向 h 的 Gâteaux微分 (弱微分), 即 $\mathrm{D}T(x_0, h) = \lim\limits_{t \to 0} \dfrac{T(x_0 + th) - T(x_0)}{t}$. 若算子 $\mathrm{D}T(x_0, \cdot) : X \to Y$ 是线性有界的, 即 $\mathrm{D}T(x_0, \cdot) \in B(X, Y)$, 则称 T 在 x_0 处 G可导, 称 $\mathrm{D}T(x_0, \cdot)$ 为 T 在 x_0 处的 G导算子, 记为 $DT(x_0)$. 若 $\forall x \in \Omega$, T 在 x 处都是 G 可导的, 则称 T 在 Ω 上 G 可导.

定理 4.1.7(中值定理)　(1) 设 X 为实赋范空间, $\Omega \subset X$ 为开子集, 泛函 $F : \Omega \to \mathbf{R}$, $x_0 \in \Omega$, $h \in X$, $l = \{x_0 + th | t \in [0,1]\} \subset \Omega$. 若 F 在 Ω 上 G 可导, 则 $\exists \theta \in (0,1)$, 使

$$F(x_0 + h) - F(x_0) = \mathrm{D}F(x_0 + \theta h)(h).$$

(2) 设 X 与 Y 均为实赋范空间, $\Omega \subset X$ 为凸开子集, 算子 $T : \Omega \to Y$, $x_0 \in \Omega$, $h \in X$, $x_0 + h \in \Omega$. 若 T 在 Ω 上 G 可导, 则 $\forall y^* \in Y^*$, $\exists \theta \in (0,1)$, 使

$$y^* \left(T(x_0 + h) - T(x_0)\right) = y^* \left(\mathrm{D}T(x_0 + \theta h)(h)\right).$$

(3) 设 X 与 Y 均为实赋范空间, $\Omega \subset X$ 为凸开子集, 算子 $T : \Omega \to Y$, $x_0 \in \Omega$, $h \in X$, $x_0 + h \in \Omega$. 若 T 在 Ω 上 G 可导, 则 $\exists \theta \in (0,1)$, 使

$$\|T(x_0 + h) - T(x_0)\| \leqslant \|\mathrm{D}T(x_0 + \theta h)(h)\|.$$

证明   (1) 令 $f(t) = F(x_0 + th)$, $t \in [0,1]$, 则 $f(t)$ 为 $[0,1]$ 上的实值函数, 且 $\forall t \in (0,1)$,

$$
\begin{aligned}
\lim_{\Delta t \to 0} \frac{f(t + \Delta t) - f(t)}{\Delta t} &= \lim_{\Delta t \to 0} \frac{F(x_0 + (t + \Delta t)h) - F(x_0 + th)}{\Delta t} \\
&= \lim_{\Delta t \to 0} \frac{F(x_0 + th + \Delta th) - F(x_0 + th)}{\Delta t} \\
&= \mathrm{D}F(x_0 + th)(h) = f'(t),
\end{aligned}
$$

即 $f(t)$ 在 $(0,1)$ 内可导. 显然, $f(t)$ 在 $[0,1]$ 上连续, 由 Lagrange 中值定理, $\exists \theta \in (0,1)$, 使

$$f(1) - f(0) = f'(\theta) = \mathrm{D}F(x_0 + \theta h)(h),$$

即

$$F(x_0 + h) - F(x_0) = \mathrm{D}F(x_0 + \theta h)(h).$$

(2) 因为 Ω 是凸开子集, 所以 $\forall y^* \in Y^*$, $g(t) = y^*(T(x_0 + th))$ 为 $[0,1]$ 上的实值函数, 且 $\forall t \in (0,1)$,

$$
\begin{aligned}
\lim_{\Delta t \to 0} \frac{g(t + \Delta t) - g(t)}{\Delta t} &= \lim_{\Delta t \to 0} \frac{y^*(T(x_0 + (t + \Delta t)h)) - y^*(T(x_0 + th))}{\Delta t} \\
&= \lim_{\Delta t \to 0} \frac{y^*(T(x_0 + (t + \Delta t)h) - T(x_0 + th))}{\Delta t} \\
&= \lim_{\Delta t \to 0} y^* \left(\frac{T(x_0 + (t + \Delta t)h) - T(x_0 + th)}{\Delta t} \right) \\
&= \lim_{\Delta t \to 0} y^* \left(\frac{T(x_0 + th + \Delta th) - T(x_0 + th)}{\Delta t} \right) \\
&= y^*(\mathrm{D}T(x_0 + th)(h)) = g'(t),
\end{aligned}
$$

即 $g(t)$ 在 $(0,1)$ 内可导. 显然, $g(t)$ 在 $[0,1]$ 上连续, 由 Lagrange 中值定理, $\exists \theta \in (0,1)$, 使

$$g(1) - g(0) = g'(\theta) = y^*(\mathrm{D}T(x_0 + \theta h)(h)),$$

即

$$
\begin{aligned}
y^*(T(x_0 + h) - T(x_0)) &= y^*(T(x_0 + h)) - y^*(T(x_0)) \\
&= y^*(\mathrm{D}T(x_0 + \theta h)(h)).
\end{aligned}
$$

(3) 当 $T(x_0+h) - T(x_0) \neq 0$ 时, 由 Hahn-Banach 定理的推论 (夏道行等, 1979), 存在 $y^* \in Y^*$, 使 $y^*(T(x_0+h) - T(x_0)) = ||T(x_0+h) - T(x_0)||$, $||y^*|| = 1$, 由结论 (2) 知,

$$
\begin{aligned}
||y^*(T(x_0+h) - T(x_0))|| &= ||y^*(\mathrm{D}T(x_0+\theta h)(h))|| \\
&\leqslant ||y^*||\,||\mathrm{D}T(x_0+\theta h)(h)|| \\
&= ||\mathrm{D}T(x_0+\theta h)(h)||,
\end{aligned}
$$

即

$$
||T(x_0+h) - T(x_0)|| \leqslant ||\mathrm{D}T(x_0+\theta h)(h)||.
$$

当 $T(x_0+h) - T(x_0) = 0$ 时, 结论显然成立. □

关于 F 可微与 G 可微的关系有下面的结论:

定理 4.1.8 设 X 与 Y 均为实赋范空间, $\Omega \subset X$ 为凸开子集, $T: \Omega \to Y$.

(1) 若 T 在 $x_0 \in \Omega$ 处 F 可微, 则 T 在 x_0 处 G 可导, 且 $\mathrm{D}T(x_0) = T'(x_0)$;

(2) 若 T 在 Ω 上 G 可导, 且 T 在 Ω 上的 G 导算子 $\mathrm{D}T(x)$ 在 Ω 内连续, 则 T 在 Ω 内 F 可微, 且 $\forall x_0 \in \Omega$, 有 $T'(x_0) = \mathrm{D}T(x_0)$.

证明 (1) 若 T 在 $x_0 \in \Omega$ 处 F 可微, 则 $\forall h \in X$, 有

$$
T(x_0+th) - T(x_0) = T'(x_0)(th) + o(||th||).
$$

当 $h \neq 0$ 时,

$$
\begin{aligned}
\lim_{t \to 0} &\left|\left|\frac{T(x_0+th) - T(x_0)}{t} - T'(x_0)(h)\right|\right| \\
&= \lim_{t \to 0} \left|\left|\frac{T(x_0+th) - T(x_0) - T'(x_0)(th)}{t}\right|\right| \\
&= \lim_{t \to 0} \frac{||T(x_0+th) - T(x_0) - T'(x_0)(th)||}{||th||}||h|| = 0,
\end{aligned}
$$

即 $\displaystyle\lim_{t \to 0} \frac{T(x_0+th) - T(x_0)}{t} = T'(x_0)(h)$, 由 h 的任意性知 $\mathrm{D}T(x_0) = T'(x_0)$.

(2) $\forall x_0 \in \Omega$, 因为 $\mathrm{D}T(x)$ 在 x_0 处连续, $\forall \varepsilon > 0$, $\exists \delta > 0$, $\forall h \in X$: $(x_0+h) \in U(x_0, \delta) = \{x \in X \,|\, ||x - x_0|| < \delta\}$, 有 $||\mathrm{D}T(x_0+h) - \mathrm{D}T(x_0)|| < \varepsilon$. 当 $T(x_0+h) - T(x_0) - \mathrm{D}T(x_0)(h) \neq 0$ 时, 由 Hahn-Banach 定理的推论 (夏道行等, 1979), 存在 $y^* \in Y^*$, $||y^*|| = 1$, 使

$$
\begin{aligned}
&y^*(T(x_0+h) - T(x_0) - \mathrm{D}T(x_0)(h)) \\
&= ||T(x_0+h) - T(x_0) - \mathrm{D}T(x_0)(h)||,
\end{aligned}
$$

由定理 4.1.7,

$$
\begin{aligned}
||T(x_0 + h) - T(x_0) - \mathrm{D}T(x_0)(h)|| &= ||y^* \left(T(x_0 + h) - T(x_0) \right) - y^* \left(\mathrm{D}T(x_0)(h) \right)|| \\
&= ||y^* \left(\mathrm{D}T(x_0 + \theta h)(h) \right) - y^* \left(\mathrm{D}T(x_0)(h) \right)|| \\
&= ||y^* \left(\mathrm{D}T(x_0 + \theta h)(h) - \mathrm{D}T(x_0)(h) \right)|| \\
&\leqslant ||y^*|| ||\mathrm{D}T(x_0 + \theta h)(h) - \mathrm{D}T(x_0)(h)|| \\
&= || \left(\mathrm{D}T(x_0 + \theta h) - \mathrm{D}T(x_0) \right)(h)|| \\
&\leqslant ||\mathrm{D}T(x_0 + \theta h) - \mathrm{D}T(x_0)|| ||h|| \\
&\leqslant \varepsilon ||h||,
\end{aligned}
$$

即

$$
T(x_0 + h) - T(x_0) = \mathrm{D}T(x_0)(h) + o(||h||),
$$

故 T 在 x_0 处 F 可微, 且 $T'(x_0) = \mathrm{D}T(x_0)$.   □

4.2   泛函的极值

4.2.1   泛函极值与变分的概念

泛函的极值问题 (变分问题) 是应用中常见的问题. 求泛函极值的方法称为变分法. 先介绍几个对变分法的发展具有推动作用的变分问题.

1. 经典的变分问题

例 4.2.1   最速降线问题.

设 A, B 是位于铅直的平面内, 不在同一高度、不在同一铅直线上的两点, 一个质量为 m 的质点, 在仅受重力的作用下, 由静止从点 A 沿该平面内的光滑曲线下滑到点 B, 试确定一条曲线, 使质点滑行时间最短.

如图 4.2.1, 建立直角坐标系 xOy. 设过点 A 和 B 的光滑曲线为 $y = y(x)$, $x \in [0, a]$, 满足 $y(0) = 0, y(a) = b$.

设 $P(x, y)$ 为曲线上任一点, 质点在 $P(x, y)$ 点的速度为 v, 由能量守恒定律: 动能的增加等于势能的减少, 即

$$
\frac{1}{2} mv^2 = mgy,
$$

其中 g 为重力加速度, 解之得 $v = \sqrt{2gy}$. 用 s 表示弧 $\overset{\frown}{AP}$ 的长度, 则

$$
v = \frac{\mathrm{d}s}{\mathrm{d}t}, \quad \mathrm{d}t = \frac{\mathrm{d}s}{v} = \frac{\sqrt{1 + y'^2}\,\mathrm{d}x}{\sqrt{2gy}}.
$$

两边积分得质点沿曲线 $y = y(x)$ 从 A 下落到 B 所用的时间

$$T = \int_0^a \frac{\sqrt{1 + y'^2}}{\sqrt{2gy}} \mathrm{d}x = \frac{1}{\sqrt{2g}} \int_0^a \sqrt{\frac{1 + y'^2}{y}} \mathrm{d}x. \tag{4.2.1}$$

用 D 表示所有过点 A, B 的光滑曲线的集合, 即

$$D = \left\{ y(x) \in C^1[0, a] \,\middle|\, y(0) = 0, y(a) = b \right\},$$

则 T 就是定义在 D 上的一个泛函. 最速降线问题也叫捷线问题, 可归结为求泛函 T 在 D 上的极小值问题.

例 4.2.2 短程线问题.

在光滑曲面 $\Sigma : \varphi(x, y, z) = 0$ 上给定两点 $P_1(x_1, y_1, z_1)$ 和 $P_2(x_2, y_2, z_2)$, 求曲面上连接 P_1, P_2 的所有光滑曲线弧中最短的一个 (图 4.2.2).

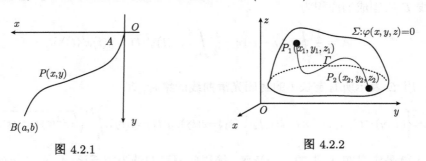

图 4.2.1   图 4.2.2

如图 4.2.2 所示, 设连接 P_1, P_2 的光滑曲线为

$$\Gamma : \begin{cases} x = x, \\ y = y(x), \quad x_1 \leqslant x \leqslant x_2, \\ z = z(x), \end{cases}$$

满足 $y(x_1) = y_1, y(x_2) = y_2, z(x_1) = z_1, z(x_2) = z_2, \varphi(x, y(x), z(x)) = 0, x \in [x_1, x_2]$. 曲线 Γ 的长度为

$$L = \int_{x_1}^{x_2} \sqrt{1 + y'^2(x) + z'^2(x)} \mathrm{d}x.$$

用 M 表示曲面上连接 P_1, P_2 的所有光滑曲线弧, 即

$$M = \left\{ (y, z) \in C^1[x_1, x_2] \times C^1[x_1, x_2] \,\middle|\, \begin{array}{l} y(x_1) = y_1, y(x_2) = y_2, \\ z(x_1) = z_1, z(x_2) = z_2, \\ \varphi(x, y(x), z(x)) = 0, x \in [x_1, x_2], \end{array} \right\},$$

则 L 就是定义在 M 上的一个泛函. 短程线问题可归结为求泛函 L 在 M 上的极小值问题.

例 4.2.3　等周问题.

在平面上所有具有定长 l 的封闭光滑曲线中求一条曲线, 使它所围区域的面积为最大.

设曲线的参数方程为

$$\Gamma : \begin{cases} x = x(t), \\ y = y(t), \end{cases} \quad t_1 \leqslant t \leqslant t_2,$$

由于是封闭曲线, 所以 $x(t_1) = x(t_2), y(t_1) = y(t_2)$, 且满足定长条件

$$\int_{t_1}^{t_2} \sqrt{x'^2(t) + y'^2(t)}\mathrm{d}t = l.$$

曲线 Γ 所围成的面积为

$$A = \frac{1}{2} \oint_{\Gamma} x\mathrm{d}y - y\mathrm{d}x = \frac{1}{2}\int_{t_1}^{t_2}(x(t)y'(t) - y(t)x'(t))\mathrm{d}t.$$

用 E 表示所有定长 l 的封闭光滑曲线的集合, 即

$$E = \left\{ (x, y) \in C^1[t_1, t_2] \times C^1[t_1, t_2] \middle| x(t_1)=x(t_2), y(t_1)=y(t_2), \int_{t_1}^{t_2} \sqrt{x'^2(t)+y'^2(t)}\mathrm{d}t=l \right\},$$

则 A 就是定义在 E 上的一个泛函. 等周问题可归结为求泛函 A 在 E 上的极大值问题.

2. 泛函极值的基本概念

4.2.1 小节列举了三个经典变分问题的例子, 它们最后都归结为求泛函的极值问题. 在现代工程技术中有大量求泛函极值的问题. 下面先给出泛函极值的一般概念:

定义 4.2.1　设 X 为赋范空间, $D \subset X$, 泛函 $J : D \to R$, $x_0 \in D$. 若 $\exists \delta > 0$, $\forall x \in D \bigcap U(x_0, \delta)$, 有 $J(x_0) \leqslant J(x)(J(x) \leqslant J(x_0))$, 则称 x_0 为泛函 J 在 D 上的**局部极小 (大) 值点**, 称 $J(x_0)$ 为**局部极小 (大) 值**. 局部极大值点和极小值点统称为**局部极值点**; 局部极小值和极大值统称为**局部极值**. 求泛函极值的问题称为**变分问题**. 若 X 为函数空间, 称 D 为该变分问题的**容许函数类**, D 中的函数称为泛函 J 的**容许函数**(也叫泛函 J 的**宗量**), 称极值点或可能极值点为**极值曲线**.

当 $D = X$ 时, 称极值问题为无约束极值问题. 但在实际工程技术的变分问题中, 大多数容许函数类都有一定的限制条件, 如例 4.2.1 中容许函数类 D 要求在端

点取定值. 像这样需要在区间的端点或区域的边界满足的条件, 称为**边界条件**, 其他的附加条件称为**约束条件**, 如例 4.2.2 中要求曲线定长、例 4.2.3 中要求曲线在曲面上 (满足曲面的方程). 约束条件与边界条件统称为变分问题的**定解条件**. 泛函与一定的定解条件一起称为**定解问题**. 求解变分问题, 一般要具体问题具体分析.

定义 4.2.2 设 J 是定义在函数类 D 上的泛函.

(1) 若 $y(x), y_1(x) \in D$, 称 $\delta y = \delta y(x) = y_1(x) - y(x)$ 为宗量 $y(x)$ 的变分;

(2) 若 $y(x) + \delta y(x) \in D$, 且

$$\Delta J = J\left(y(x) + \delta y(x)\right) - J\left(y(x)\right)$$
$$= L\left(y(x), \delta y(x)\right) + \beta\left(y(x), \delta y(x)\right) \cdot \max|\delta y(x)|,$$

其中 $L\left(y(x), \delta y(x)\right)$ 为 $\delta y(x)$ 的线性泛函, $\max|\delta y(x)|$ 为 $|\delta y(x)|$ 的最大值, $\beta(y(x), \delta y(x))$ 为 $\max|\delta y(x)|$ 趋于零时的无穷小量, 则称 $L\left(y(x), \delta y(x)\right)$ 为**泛函 J 在 $y(x)$ 上的变分**, 记为 δJ, 即 $\delta J = L\left(y(x), \delta y(x)\right)$.

宗量的变分具有下面性质:

$$\delta y' = \delta y'(x) = y_1'(x) - y'(x) = (\delta y)'. \tag{4.2.2}$$

式 (4.2.2) 还可推广到高阶导数的情形,

$$\delta y'' = (\delta y)'', \cdots, \delta y^{(n)} = (\delta y)^{(n)}.$$

将式 (4.2.2) 写作

$$\delta \frac{\mathrm{d}y}{\mathrm{d}x} = \frac{\mathrm{d}}{\mathrm{d}x}\delta y,$$

此式说明求宗量的变分与求导运算可交换次序.

关于泛函的变分, 取定 $y(x) \in D$, 若 $|t|$ 较小时 $y(x) + t\delta y(x) \in D$, 考虑 t 的函数

$$\varphi(t) = J\left(y(x) + t\delta y(x)\right),$$

则泛函的变分可用下式确定

$$\delta J = \varphi'(0) = \left.\frac{\partial}{\partial t}J\left(y(x) + t\delta y(x)\right)\right|_{t=0}. \tag{4.2.3}$$

事实上, 由泛函变分的定义,

$$\left.\frac{\partial}{\partial t}J\left(y(x) + t\delta y(x)\right)\right|_{t=0}$$
$$= \lim_{t \to 0} \frac{J\left(y(x) + t\delta y(x)\right) - J\left(y(x)\right)}{t}$$
$$= \lim_{t \to 0} \frac{L\left(y(x), t\delta y(x)\right) + \beta\left(y(x), t\delta y(x)\right) \cdot \max|t\delta y(x)|}{t}$$
$$= \lim_{t \to 0} \frac{tL\left(y(x), \delta y(x)\right)}{t} + \lim_{t \to 0} \frac{\beta\left(y(x), t\delta y(x)\right) \cdot |t|\max|\delta y(x)|}{t}$$
$$= L\left(y(x), \delta y(x)\right) = \delta J,$$

故 (4.2.3) 成立.

3. 泛函极值的必要条件

极值理论的基本问题是给出判定局部极值点的必要或充分条件. 类似于普通函数极值点的必要条件, 首先给出无约束极值点的必要条件.

定理 4.2.1　　设 X 为赋范空间, 泛函 $J : X \to \mathbf{R}$ 在 $x_0 \in X$ 处 G 可微, 则 J 在 x_0 处取得局部极值的必要条件是: $\forall h \in X$, 有 $\mathrm{D}J(x_0, h) = 0$.

证明　　若 J 在 x_0 处取得局部极值, 则 $\forall h \in X$, 函数 $\varphi(t) = J(x_0 + th)$ 在 $t = 0$ 处取得极值. 由 J 在 x_0 处 G 可微知 $\varphi(t)$ 在 $t = 0$ 处可导, 且 $\varphi'(0) = 0$, 因此

$$\mathrm{D}J(x_0, h) = \lim_{t \to 0} \frac{J(x_0 + th) - J(x_0)}{t} = \lim_{t \to 0} \frac{\varphi(t) - \varphi(0)}{t} = \varphi'(0) = 0. \qquad \square$$

由式 (4.2.3) 可得下面的推论:

推论 4.2.1　　设 X 为赋范空间, 泛函 $J : X \to \mathbf{R}$ 在 $x_0 \in X$ 处 G 可微, 且在 x_0 处取得极值, 则 J 在 x_0 处的变分 $\delta J = 0$.

称 $\forall h \in X$ 都有 $\mathrm{D}J(x_0, h) = 0$ 的点 x_0 为泛函 J 的驻点 (可能极值点). 驻点是否为局部极值点, 是极大值点还是极小值点, 可以根据问题的实际意义来判定, 也可以通过进一步的数学推证来判定.

4.2.2　Euler 方程

1. 只含一个容许函数的固定边界变分问题

考虑下面形式的泛函: $J : D \to \mathbf{R}$, $\forall y(x) \in D$,

$$J(y(x)) = \int_a^b F(x, y(x), y'(x)) \, \mathrm{d}x,$$

其中容许函数类为

$$D = \left\{ y(x) \in C^2[a, b] \, | \, y(a) = c, y(b) = d \right\}.$$

为给出泛函 J 在宗量 $y(x)$ 处取得局部极值时 $y(x)$ 满足的条件, 先给出下面的变分法引理:

引理 4.2.1　　设 $f(x) \in C[a, b]$. 若 $\forall \varphi(x) \in C^1[a, b]$, $\varphi(a) = 0$, $\varphi(b) = 0$, 都有 $\int_a^b f(x)\varphi(x)\mathrm{d}x = 0$, 则在区间 $[a, b]$ 上 $f(x) \equiv 0$.

证明　　反证法. 假设 $\exists \xi \in [a, b]$, 使 $f(\xi) \neq 0$, 不妨设 $f(\xi) > 0$. 由 $f(x)$ 的连续性知, 存在 ξ 的一个邻域 $U(\xi, \delta)$, 使 $x \in U(\xi, \delta) \bigcap [a, b]$ 时, 有 $f(x) > \dfrac{f(\xi)}{2}$. 设

$U(\xi, \delta) \bigcap [a, b] = \langle a_0, b_0 \rangle (\langle a_0, b_0 \rangle$ 为以 a_0, b_0 为左, 右端点的区间), 则 $\langle a_0, b_0 \rangle \subset [a, b]$, $\forall x \in \langle a_0, b_0 \rangle, f(x) > \dfrac{f(\xi)}{2}$. 取

$$\varphi(x) = \begin{cases} (x - a_0)^2 (x - b_0)^2, & x \in [a_0, b_0], \\ 0, & x \notin [a_0, b_0], \end{cases}$$

则 $\varphi(x) \in C^1[a, b]$, 且 $\varphi(a) = 0, \varphi(b) = 0$, 但

$$\int_a^b f(x)\varphi(x)\mathrm{d}x \geqslant \frac{f(\xi)}{2} \int_{a_0}^{b_0} (x - a_0)^2 (x - b_0)^2 \mathrm{d}x > 0,$$

与假设矛盾. 因此, 在区间 $[a, b]$ 上 $f(x) \equiv 0$. □

定理 4.2.2 设泛函 $J : D \to \mathbf{R}, \forall y(x) \in D$,

$$J(y(x)) = \int_a^b F(x, y(x), y'(x))\, \mathrm{d}x,$$

其中 $D = \{y(x) \in C^2[a, b] | y(a) = c, y(b) = d\}$, F 为已知的具有二阶连续偏导数的三元函数. 若 J 在 $y(x) \in D$ 上取得极值, 则 $y(x)$ 满足方程

$$\frac{\partial}{\partial y} F(x, y(x), y'(x)) - \frac{\mathrm{d}}{\mathrm{d}x}\left[\frac{\partial}{\partial y'} F(x, y(x), y'(x))\right] = 0. \tag{4.2.4}$$

称此方程为泛函 J 的**Euler方程**.

证明 设 $y(x), y_1(x) \in D, \delta y = \delta y(x) = y_1(x) - y(x)$, 若泛函 J 在宗量 $y(x)$ 上取得局部极值, 由推论 4.2.1 知

$$\delta J = \frac{\partial}{\partial t} \left(J(y(x) + t\delta y(x))\right)\Big|_{t=0} = 0.$$

直接计算得

$$\frac{\partial}{\partial t}\left(J(y(x) + t\delta y(x))\right)|_{t=0}$$

$$= \frac{\partial}{\partial t} \int_a^b F(x, y(x) + t\delta y(x), y'(x) + t\delta y'(x))\, \mathrm{d}x\Big|_{t=0}$$

$$= \int_a^b [F_y(x, y(x), y'(x))\, \delta y(x) + F_{y'}(x, y(x), y'(x))\, \delta y'(x)]\, \mathrm{d}x. \tag{4.2.5}$$

由分部积分,

$$\int_a^b F_{y'}\left(x, y(x), y'(x)\right) \delta y'(x)\mathrm{d}x$$

$$= \int_a^b F_{y'}\left(x, y(x), y'(x)\right) \mathrm{d}\delta y(x)$$

$$= \left[F_{y'}\left(x, y(x), y'(x)\right) \delta y(x)\right]\big|_a^b - \int_a^b \frac{\mathrm{d}}{\mathrm{d}x}\left[F_{y'}\left(x, y(x), y'(x)\right)\right] \delta y(x)\mathrm{d}x$$

$$= -\int_a^b \frac{\mathrm{d}}{\mathrm{d}x}\left[F_{y'}\left(x, y(x), y'(x)\right)\right] \delta y(x)\mathrm{d}x.$$

代入到式 (4.2.5) 得

$$\int_a^b \left[F_y\left(x, y(x), y'(x)\right) \delta y(x) + F_{y'}\left(x, y(x), y'(x)\right) \delta y'(x)\right] \mathrm{d}x$$

$$= \int_a^b \left(F_y\left(x, y(x), y'(x)\right) \delta y(x) - \frac{\mathrm{d}}{\mathrm{d}x}\left[F_{y'}\left(x, y(x), y'(x)\right)\right] \delta y(x)\right) \mathrm{d}x$$

$$= \int_a^b \left(F_y\left(x, y(x), y'(x)\right) - \frac{\mathrm{d}}{\mathrm{d}x}\left[F_{y'}\left(x, y(x), y'(x)\right)\right]\right) \delta y(x)\mathrm{d}x.$$

再由式 (4.2.5),

$$\left.\frac{\partial}{\partial t} J\left(y(x) + t\delta y(x)\right)\right|_{t=0}$$

$$= \int_a^b \left(F_y\left(x, y(x), y'(x)\right) - \frac{\mathrm{d}}{\mathrm{d}x}\left[F_{y'}\left(x, y(x), y'(x)\right)\right]\right) \delta y(x)\mathrm{d}x = 0. \quad (4.2.6)$$

由宗量变分 $\delta y(x)$ 的任意性和引理 4.2.1 得

$$\frac{\partial}{\partial y} F\left(x, y(x), y'(x)\right) - \frac{\mathrm{d}}{\mathrm{d}x}\left[\frac{\partial}{\partial y'} F\left(x, y(x), y'(x)\right)\right] = 0. \qquad \square$$

由式 (4.2.3) 和式 (4.2.6), 在定理 4.2.2 的条件下, 泛函

$$J\left(y(x)\right) = \int_a^b F\left(x, y(x), y'(x)\right) \mathrm{d}x$$

的变分可表为

$$\delta J = \int_a^b \left[F_y\left(x, y(x), y'(x)\right) \delta y(x) + F_{y'}\left(x, y(x), y'(x)\right) \delta y'(x)\right] \mathrm{d}x$$

或

$$\delta J = \int_a^b \left(F_y\left(x, y(x), y'(x)\right) - \frac{\mathrm{d}}{\mathrm{d}x}\left[F_{y'}\left(x, y(x), y'(x)\right)\right]\right) \delta y(x)\mathrm{d}x.$$

上面二式可作为公式直接使用.

Euler 方程 (4.2.4) 也可以写成下面的形式:

$$F_y - \frac{\mathrm{d}}{\mathrm{d}x} F_{y'} = F_y - F_{y'x} - F_{y'y}y'(x) - F_{y'y'}y''(x) = 0.$$

当 $F_{y'y'} \neq 0$ 时, Euler 方程是宗量 $y(x)$ 的二阶微分方程, 其通解为 $y(x, c_1, c_2)$, 其中任意常数 c_1 和 c_2 可由 $y(a, c_1, c_2) = c, y(b, c_1, c_2) = d$ 确定. Euler 方程的解 $y(x, c_1, c_2)$ 是可能的极值点, 即泛函的极值曲线, 至于是否取得极值一般是由问题的实际意义来判定.

例 4.2.4 求泛函 $J(y(x)) = \int_{x_1}^{x_2} (yy' + x^2 y'^2)\,\mathrm{d}x$ 的极值曲线.

解 $F = yy' + x^2 y'^2$, $F_y = y'$, $F_{y'} = y + 2x^2 y'$, Euler 方程为

$$F_y - \frac{\mathrm{d}}{\mathrm{d}x} F_{y'} = y' - \frac{\mathrm{d}}{\mathrm{d}x}(y + 2x^2 y') = -4xy' - 2x^2 y'' = 0,$$

即 $2y' + xy'' = 0$. 令 $y' = p$, 则上式变为 $2p + x\dfrac{\mathrm{d}p}{\mathrm{d}x} = 0, \dfrac{2\mathrm{d}x}{x} + \dfrac{\mathrm{d}p}{p} = 0$. 两边积分得 $p = \dfrac{c_1}{x^2}, \dfrac{\mathrm{d}y}{\mathrm{d}x} = \dfrac{c_1}{x^2}$, 再积分得 $y = c_2 - \dfrac{c_1}{x}$, 即极值曲线为 $y = c_2 - \dfrac{c_1}{x}$.

例 4.2.5 求例 4.2.1 最速降线问题中泛函 (4.2.1)

$$T = \frac{1}{\sqrt{2g}} \int_0^a \sqrt{\frac{1 + y'^2}{y}}\,\mathrm{d}x$$

的极值曲线.

解 由 $F = \dfrac{1}{\sqrt{2g}} \sqrt{\dfrac{1 + y'^2}{y}}$, 得 $F_{y'x} = 0$. 注意到

$$\frac{\mathrm{d}}{\mathrm{d}x}(F - y'F_{y'}) = F_y y' + F_{y'} y'' - y'' F_{y'} - y'\frac{\mathrm{d}}{\mathrm{d}x} F_{y'} = y'\left(F_y - \frac{\mathrm{d}}{\mathrm{d}x} F_{y'}\right),$$

Euler 方程 $F_y - \dfrac{\mathrm{d}}{\mathrm{d}x} F_{y'} = 0$ 变为

$$\frac{\mathrm{d}}{\mathrm{d}x}(F - y'F_{y'}) = 0.$$

两边积分得 $F - y'F_{y'} = c$, 即

$$\frac{1}{\sqrt{2g}} \sqrt{\frac{1 + y'^2}{y}} - y' \frac{1}{\sqrt{2g}} \frac{y'}{\sqrt{y(1 + y'^2)}} = c.$$

化简整理得

$$\frac{1}{y(1 + y'^2)} = 2gc^2.$$

令 $c_1 = \dfrac{1}{2gc^2}$ 得 $y\left(1 + y'^2\right) = c_1$. 再令 $y' = \cot\dfrac{t}{2}$, 则 $y = c_1\sin^2\dfrac{t}{2} = \dfrac{c_1}{2}(1 - \cos t)$.
又

$$\mathrm{d}x = \frac{\mathrm{d}y}{y'} = c_1\frac{\sin\dfrac{t}{2}\cos\dfrac{t}{2}}{\cot\dfrac{t}{2}}\mathrm{d}t = c_1\sin^2\frac{t}{2}\mathrm{d}t = \frac{c_1}{2}(1 - \cos t)\mathrm{d}t,$$

两边积分得

$$x = \frac{c_1}{2}(t - \sin t) + c_2,$$

极值曲线为

$$\begin{cases} x = \dfrac{c_1}{2}(t - \sin t) + c_2, \\ y = \dfrac{c_1}{2}(1 - \cos t). \end{cases}$$

由 $y(0) = 0$ 可得最速降线为

$$\begin{cases} x = \dfrac{c_1}{2}(t - \sin t), \\ y = \dfrac{c_1}{2}(1 - \cos t), \end{cases}$$

其中 c_1 由 $y(a) = b$ 确定.

一般来说, Euler 方程可能是一阶的, 也可能是二阶的, 很可能不是线性的. 可能有解, 也可能无解. 在有解的情况下, 求解微分方程也是比较困难的. 为了克服这一困难, 还可以不通过解 Euler 方程, 而是直接从泛函求其近似解. 4.2.3 小节将介绍求解泛函极值的直接法.

2. 含有多个容许函数的固定边界变分问题

为简单起见, 先讨论含有两个容许函数的情形, 更多个容许函数的情形类似.

定理 4.2.3   设容许函数类

$$E = \left\{(y(x), z(x)) \in C^2[a,b] \times C^2[a,b]\,\middle|\,y(a) = c_1, y(b) = d_1; z(a) = c_2, z(b) = d_2\right\},$$

泛函 $J : E \to \mathbf{R}$, $\forall\,(y(x), z(x)) \in E$,

$$J\left(y(x), z(x)\right) = \int_a^b F\left(x, y, y', z, z'\right)\mathrm{d}x,$$

其中 F 为已知的具有二阶连续偏导数的 5 元函数. 若泛函 J 在宗量 $y(x)$, $z(x)$ 上取得局部极值, 则 $y(x), z(x)$ 满足方程组

$$\begin{cases} F_y - \dfrac{\mathrm{d}}{\mathrm{d}x}F_{y'} = 0, \\ F_z - \dfrac{\mathrm{d}}{\mathrm{d}x}F_{z'} = 0. \end{cases}$$

称此方程组为含有两个容许函数泛函 J 的 Euler 方程组.

证明 用 $\delta y, \delta z$ 分别表示宗量 $y(x)$ 和 $z(x)$ 的变分, 则 $\delta y(a) = \delta y(b) = 0$, $\delta z(a) = \delta z(b) = 0$. 因此, $\forall(y,z) \in E, \forall s,t \in \mathbf{R}$, 仍然有 $(y + s\delta y, z + t\delta z) \in E$. 若泛函 J 在宗量 $y(x), z(x)$ 处取得局部极值, 则作为 s 和 t 的二元函数

$$\varphi(s,t) = J\left(y + s\delta y, z + t\delta z\right)$$

在 $(s,t) = (0,0)$ 处取得极值. 由含参变量积分的可导条件知 $\varphi(s,t)$ 在 $(0,0)$ 处存在连续的偏导数, 因此 $\varphi_s(0,0) = 0$, $\varphi_t(0,0) = 0$. 由

$$\varphi(s,t) = J\left(y + s\delta y, z + t\delta z\right) = \int_a^b F\left(x, y + s\delta y, y' + s\delta y', z + t\delta z, z' + t\delta z'\right)\,\mathrm{d}x,$$

直接计算得

$$\begin{cases} \varphi_s(0,0) = \int_a^b \left(F_y\delta y + F_{y'}\delta y'\right)\mathrm{d}x, \\ \varphi_t(0,0) = \int_a^b \left(F_z\delta z + F_{z'}\delta z'\right)\mathrm{d}x, \end{cases}$$

类似于式 (4.2.6) 的推导可得

$$\begin{cases} \int_a^b \left(F_y - \dfrac{\mathrm{d}}{\mathrm{d}x}F_{y'}\right)\delta y(x)\mathrm{d}x = 0, \\ \int_a^b \left(F_z - \dfrac{\mathrm{d}}{\mathrm{d}x}F_{z'}\right)\delta z(x)\mathrm{d}x = 0. \end{cases}$$

由宗量变分 $\delta y, \delta z$ 的任意性和引理 4.2.1 得

$$\begin{cases} F_y - \dfrac{\mathrm{d}}{\mathrm{d}x}F_{y'} = 0, \\ F_z - \dfrac{\mathrm{d}}{\mathrm{d}x}F_{z'} = 0. \end{cases} \qquad \Box$$

类似于上面的证明可得:

推论 4.2.2 设泛函

$$J\left(y_1(x), \cdots, y_n(x)\right) = \int_a^b F\left(x, y_1, \cdots, y_n, y_1', \cdots, y_n'\right)\mathrm{d}x,$$

其中 F 为已知的具有二阶连续偏导数的 $2n+1$ 元函数, 宗量 $y_1(x), \cdots, y_n(x)$ 满足边界条件

$$y_i(a) = c_i, \quad y_i(b) = d_i, \quad i = 1, \cdots, n.$$

若泛函 J 在宗量 $y_1(x), \cdots, y_n(x)$ 上取得局部极值, 则 $y_1(x), \cdots, y_n(x)$ 满足 Euler 方程组

$$F_{y_i} - \frac{\mathrm{d}}{\mathrm{d}x} F_{y_i'} = 0, \quad i = 1, \cdots, n.$$

例 4.2.6　求泛函

$$J\left(y(x), z(x)\right) = \int_0^{\frac{\pi}{2}} (2yz + y'^2 + z'^2)\mathrm{d}x$$

满足边界条件 $y(0) = 0, y\left(\frac{\pi}{2}\right) = 1, z(0) = 0, z\left(\frac{\pi}{2}\right) = -1$ 的极值曲线.

解　$F(x, y, y', z, z') = 2yz + y'^2 + z'^2$, $F_y = 2z, F_{y'} = 2y', F_z = 2y, F_{z'} = 2z'$, Euler 方程组为

$$\begin{cases} F_y - \dfrac{\mathrm{d}}{\mathrm{d}x} F_{y'} = 2z - 2y'' = 0, \\ F_z - \dfrac{\mathrm{d}}{\mathrm{d}x} F_{z'} = 2y - 2z'' = 0. \end{cases} \quad (4.2.7)$$

这是一个二阶线性微分方程组, 对第一个方程两端求二阶导数消去 z 得

$$y^{(4)} - y = 0,$$

其通解为

$$y = c_1 \mathrm{e}^x + c_2 \mathrm{e}^{-x} + c_3 \cos x + c_4 \sin x. \quad (4.2.8)$$

将式 (4.2.8) 代入式 (4.2.7) 得通解

$$y = c_1 \mathrm{e}^x + c_2 \mathrm{e}^{-x} + c_3 \cos x + c_4 \sin x,$$

$$z = c_1 \mathrm{e}^x + c_2 \mathrm{e}^{-x} - c_3 \cos x - c_4 \sin x.$$

由边界条件得 $c_1 = c_2 = c_3 = 0, c_4 = 1$, 极值曲线为

$$y = \sin x, \quad z = -\sin x.$$

3. 容许函数为多元函数的固定边界变分问题

为简单起见, 只讨论含有一个二元容许函数的情形, 需用下面的变分引理进行类似地讨论:

引理 4.2.2　设 Ω 为平面上的一个有界闭区域, 其边界曲线为 $\partial\Omega = \Gamma$, $f(x, y) \in C(\Omega)$, 即 $f(x, y)$ 在 Ω 上连续. 若对任一 Ω 上连续可微函数 $\psi(x, y)$, 且 $\psi(x, y)|_\Gamma = 0$, 都有 $\displaystyle\iint\limits_{\Omega} f(x, y)\psi(x, y)\mathrm{d}x\mathrm{d}y = 0$, 则在闭区域 Ω 上 $f(x, y) \equiv 0$.

证明 反证法. 假设存在一点 $P(\xi,\eta)\in\Omega$, 使 $f(\xi,\eta)\neq 0$, 不妨设 $f(\xi,\eta)>0$. 由 $f(x,y)$ 的连续性, 存在点 P 的一个圆形邻域 $U(P,\delta)$, 使当 $(x,y)\in U(P,\delta)\bigcap\Omega$ 时, $f(x,y)>\dfrac{f(\xi,\eta)}{2}$.

当 $P\notin\Gamma$ 时, 取

$$\rho=\begin{cases}\min\{|PA||A\in U(P,\delta)\bigcap\Gamma\}, & U(P,\delta)\bigcap\Gamma\neq\varnothing,\\ \delta, & U(P,\delta)\bigcap\Gamma=\varnothing,\end{cases}$$

其中 $|PA|$ 为 P,A 两点之间的距离, 则圆域 $U(P,\rho)\subset U(P,\delta)\bigcap\Omega$, $\forall(x,y)\in U(P,\rho)$, 有 $f(x,y)>\dfrac{f(\xi,\eta)}{2}$. 取

$$\psi(x,y)=\begin{cases}\left[(x-\xi)^2+(y-\eta)^2-\rho^2\right]^2, & (x-\xi)^2+(y-\eta)^2\leqslant\rho^2,\\ 0, & (x-\xi)^2+(y-\eta)^2>\rho^2,\end{cases}$$

则 $\psi(x,y)$ 为 Ω 上的连续可微函数, 且 $\psi(x,y)|_\Gamma=0$. 但

$$\iint\limits_{\Omega}f(x,y)\psi(x,y)\mathrm{d}x\mathrm{d}y=\iint\limits_{U(P,\rho)}f(x,y)\psi(x,y)\mathrm{d}x\mathrm{d}y$$
$$\geqslant\frac{f(\xi,\eta)}{2}\iint\limits_{U(P,\rho)}\left((x-\xi)^2+(y-\eta)^2-\rho^2\right)^2\mathrm{d}x\mathrm{d}y>0,$$

这与假设矛盾. 由 f 在 Ω 上的连续性得在闭区域 Ω 上 $f(x,y)\equiv 0$. $\qquad\square$

引理 2.2 的结果可以推广到多个变量的情形. 类似于一元容许函数的讨论可证明下面的结论:

定理 4.2.4 设 Ω 为平面上的区域, $z(x,y)\in C^2(\Omega)$, 且满足边界条件

$$z(x,y)|_{\partial\Omega}=f(t)\quad (t\text{为边界}\partial\Omega\text{上的参数}),$$

泛函

$$J(z(x,y))=\iint\limits_{\Omega}F(x,y,z,z_x,z_y)\mathrm{d}x\mathrm{d}y,$$

其中 F 为已知的具有二阶连续偏导数的 5 元函数. 若泛函 J 在宗量 $z(x,y)$ 上取得极值, 则 $z(x,y)$ 满足方程

$$F_z-\frac{\partial}{\partial x}F_{z_x}-\frac{\partial}{\partial y}F_{z_y}=0.$$

4. 含有高阶导数的固定边界变分问题

定理 4.2.5   设 $E = \{y(x) \in C^{2n}[a,b] | y^{(k)}(a) = c_k, y^{(k)}(b) = d_k, k = 0, 1, \cdots, n-1\}$, 泛函 $J : E \to \mathbf{R}, \forall y(x) \in E$,

$$J(y(x)) = \int_a^b F\left(x, y, y', \cdots, y^{(n)}\right) \mathrm{d}x,$$

其中 F 为已知的具有 $n+1$ 阶连续偏导数的 $n+2$ 元函数. 若 J 在宗量 $y(x) \in E$ 上取得极值, 则 $y(x)$ 满足方程

$$F_y - \frac{\mathrm{d}}{\mathrm{d}x} F_{y'} + \frac{\mathrm{d}^2}{\mathrm{d}x^2} F_{y''} + \cdots + (-1)^n \frac{\mathrm{d}^n}{\mathrm{d}x^n} F_{y^{(n)}} = 0.$$

称此方程为泛函 J 的 Euler-Poisson 方程.

证明与定理 4.2.2 的类似, 略.

例 4.2.7   求泛函

$$J(y(x)) = \int_0^1 (1 + y''^2) \mathrm{d}x$$

满足边界条件 $y(0) = 0, y'(0) = 1, y(1) = 1, y'(1) = 1$ 的极值曲线.

解 $F(x, y, y', y'') = 1 + y''^2, F_y = 0, F_{y'} = 0, F_{y''} = 2y''$, Euler-Possion 方程为

$$F_y - \frac{\mathrm{d}}{\mathrm{d}x} F_{y'} + \frac{\mathrm{d}^2}{\mathrm{d}x^2} F_{y''} = \frac{\mathrm{d}^2}{\mathrm{d}x^2}(2y'') = 0,$$

即 $y^{(4)} = 0$. 其通解为

$$y = a_1 x^3 + a_2 x^2 + a_3 x + a_4,$$

由边界条件可得 $a_1 = a_2 = a_4 = 0, a_3 = 1$, 极值曲线为 $y = x$.

4.2.3   泛函极值问题的近似解法

前面变分问题的求解都是通过把问题转化为微分方程 (Euler 方程) 求解的. 但事实上, 只有极少数的情况能够求出微分方程的有限解, 大多数情况下的微分方程无法求出精确解, 那么能否直接从泛函入手求其近似解呢? 这就是所谓的直接法, 其基本思想都是采用某种近似的手段使问题简化. 下面介绍几类常见的近似解法.

1. Euler 有限差分法

有限差分法的基本思想是通过将光滑的容许函数曲线用折线近似代替后求出其近似解. 为明确起见, 以 4.2.2 小节中的极值问题为例说明有限差分法的基本思想.

求解变分问题 $J : D \to \mathbf{R}, \forall y(x) \in D$

$$J(y(x)) = \int_a^b F(x, y(x), y'(x)) \mathrm{d}x, \tag{4.2.9}$$

其中容许函数类为

$$D = \left\{ y(x) \in C^2[a,b] \mid y(a) = c, y(b) = d \right\}.$$

有限差分法的具体步骤如下:

(1) 将区间 $[a,b]$ 等分为 $n+1$ 个小区间, 分点为 $x_i = a + \dfrac{i}{n+1}(b-a)$,记 $\Delta x_i = x_{i+1} - x_i = \dfrac{b-a}{n+1}, i = 0, 1, \cdots, n+1$.

(2) 取 $y(x) \in D$, 令 $y_i = y(x_i)$. 用图 4.2.3 中的折线近似代替容许函数 $y(x)$. 在小区间 $[x_i, x_{i+1}]$ 上取 $\xi_i = x_i$, 用 $\dfrac{y_{i+1} - y_i}{\Delta x_i}$ 近似代替 $y'(x_i)$, 将式 (4.2.9) 中的积分用相应于上述分割的 Riemann 和代替得近似式

$$
\begin{aligned}
J(y(x)) &\approx \frac{b-a}{n+1} \sum_{i=0}^{n} F\left(x_i, y_i, \frac{y_{i+1} - y_i}{\Delta x_i}\right) \\
&= \frac{b-a}{n+1} \sum_{i=0}^{n} F\left(x_i, y_i, \frac{\Delta y_i}{\Delta x_i}\right) =: P_n(y_1, \cdots, y_n).
\end{aligned}
$$

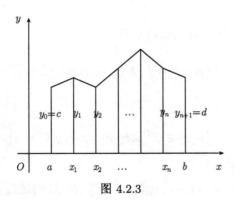

图 4.2.3

这样将原变分问题近似用 $y_1, \cdots, y_n$ 等 n 个待定参数的极值问题来代替, 通过方程

$$\frac{\partial P_n}{\partial y_1} = 0, \cdots, \frac{\partial P_n}{\partial y_n} = 0$$

确定 $y_1, \cdots, y_n$, 用连接平面上点 $(a,c), (x_1, y_1), \cdots, (x_n, y_n), (b,d)$ 的折线作为原变分问题的近似解.

注意到 $\dfrac{\partial P_n}{\partial y_j} = 0$ 等价于

$$
\begin{aligned}
&\frac{\partial}{\partial y_j}\left\{ F\left(x_{j-1}, y_{j-1}, \frac{y_j - y_{j-1}}{\Delta x_{j-1}} \right) + F\left(x_j, y_j, \frac{y_{j+1} - y_j}{\Delta x_j} \right) \right\} \\
&= \frac{1}{\Delta x_{j-1}} F_{y'}\left(x_{j-1}, y_{j-1}, \frac{y_j - y_{j-1}}{\Delta x_{j-1}} \right) + F_y\left(x_j, y_j, \frac{\Delta y_j}{\Delta x_j} \right) - F_{y'}\left(x_j, y_j, \frac{\Delta y_j}{\Delta x_j} \right) \frac{1}{\Delta x_j} \\
&= F_y\left(x_j, y_j, \frac{\Delta y_j}{\Delta x_j} \right) - \frac{1}{\Delta x_j}\left(F_{y'}\left(x_j, y_j, \frac{\Delta y_j}{\Delta x_j} \right) - F_{y'}\left(x_{j-1}, y_{j-1}, \frac{\Delta y_{j-1}}{\Delta x_{j-1}} \right) \right) \\
&= 0, \quad j = 1, \cdots, n.
\end{aligned}
$$

$$(4.2.10)$$

当 $n \to \infty$ 时, 式 (4.2.10) 为

$$
F_y(x, y, y') - \frac{\mathrm{d}}{\mathrm{d}x} F_{y'}(x, y, y') = 0,
$$

即 Euler 方程. 因此, 当函数 F 满足一定条件时, 上面折线的极限就是原变分问题的精确解.

2. Ritz 法

Ritz 法的基本思想是先从寻找容许函数类的一个子类中的极值入手得到原问题的近似解, 再通过扩大子容许函数类的范围提高近似解的精度. 仍以 4.2.2 小节中的极值问题为例.

求解变分问题 $J : D \to \mathbf{R}$, $\forall y(x) \in D$

$$
J\left(y(x) \right) = \int_a^b F\left(x, y(x), y'(x) \right) \mathrm{d}x,
$$

其中容许函数类为

$$
D = \left\{ y(x) \in C^2[a, b] \,\middle|\, y(a) = c, y(b) = d \right\}.
$$

Ritz 法的具体步骤如下:

(1) 选取函数 $y_0(x), y_1(x), \cdots, y_n(x) \in C^2[a, b]$, 且满足边界条件

$$
y_0(a) = c, \quad y_0(b) = d,
$$

$$
y_i(a) = y_i(b) = 0, \quad i = 1, \cdots, n.
$$

(2) 构造函数 (称为试验函数)

$$
Y_n(x) = y_0(x) + a_1 y_1(x) + \cdots + a_n y_n(x) = y_0(x) + \sum_{i=1}^{n} a_i y_i(x),
$$

显然, $Y_n(x) \in D$(如果 D 中的边界条件 $c = d = 0$, 则令 $y_0(x) \equiv 0$ 即可). 将 $Y_n(x)$ 代入泛函得

$$J(Y_n(x)) = \int_a^b F\left(x, y_0(x) + \sum_{i=1}^n a_i y_i(x), y_0'(x) + \sum_{i=1}^n a_i y_i'(x)\right) \mathrm{d}x =: P_n(a_1, \cdots, a_n),$$

此时泛函变为变量 $a_1, \cdots, a_n$ 的函数 $P_n(a_1, \cdots, a_n)$.

(3) 通过方程

$$\frac{\partial P_n}{\partial a_1} = 0, \cdots, \frac{\partial P_n}{\partial a_n} = 0,$$

确定 $a_1, \cdots, a_n$ 的取值 $\overline{a_1}, \cdots, \overline{a_n}$, 从而确定

$$\overline{Y_n}(x) = y_0(x) + \sum_{i=1}^n \overline{a_i} y_i(x),$$

使 $P_n(a_1, \cdots, a_n)$ 取得极小值 (不妨设原变分问题为求极小值)

$$P_n(\overline{a_1}, \cdots, \overline{a_n}) = J(\overline{Y_n}(x)).$$

(4) 增加函数 $y_{n+1}(x)$, 重复上面的步骤 (1)~(3) 得 $\overline{Y_{n+1}}(x)$ 和极小值 $J(\overline{Y_{n+1}}(x))$, 显然 $J(\overline{Y_{n+1}}(x)) \leqslant J(\overline{Y_n}(x))$, 这样依次重复下去得到一个函数列 $\overline{Y_1}(x), \cdots, \overline{Y_n}(x) \cdots$ 和一个单调减数列 $J(\overline{Y_1}(x)), \cdots, J(\overline{Y_n}(x)), \cdots$.

一般称 $y_1(x), \cdots, y_n(x), \cdots$ 为坐标函数, 称 $\overline{Y_1}(x), \cdots, \overline{Y_n}(x), \cdots$ 为泛函 $J(y(x))$ 的极小化序列. 由于数列 $J(\overline{Y_1}(x)), \cdots, J(\overline{Y_n}(x)), \cdots$ 单调减有下界 (原问题的精确解), 故它一定收敛, 但其极限是否是原变分问题的精确解与定义域 D 的结构和坐标函数的选取有关, 有兴趣的读者可见文献 (叶庆凯等, 1991; 艾利斯哥尔兹, 1983). 事实上满足一定条件的所有试验函数仅仅是定义域 D 中的一部分函数. Ritz 法之所以受到重视是因为在大量计算实践中, 只要合理地选择坐标函数集, 通常只要取很少几项构成试验函数就可以得到足够好的近似解. 下面通过一个简单的例子看一下 Ritz 法近似解的误差.

例 4.2.8 求泛函

$$J(y(x)) = \int_0^1 \left(y'^2 - y^2 + 4xy\right) \mathrm{d}x$$

的极小值, 边界条件为 $y(0) = y(1) = 0$.

解 先用 Euler 方程求其精确解.

上述泛函的 Euler 方程为

$$y'' + y - 2x = 0,$$

由边界条件得原问题的精确解为

$$\overline{y}(x) = 2x - \frac{2\sin x}{\sin 1}.$$

下面用 Ritz 法求其近似解.

考虑到边界条件, 选取坐标函数为 $y_n(x) = x^n(1-x), n = 1, 2, \cdots$, 试验函数为 $Y_1(x) = a_1 y_1(x) = a_1 x(1-x)$. 将 $Y_1(x)$ 代入泛函得

$$J(Y_1(x)) = \int_0^1 (a_1^2(1-2x)^2 - a_1^2 x^2(1-x)^2 + 4a_1 x^2(1-x))\mathrm{d}x$$
$$=: P_1(a_1),$$

由

$$\frac{\partial P_1}{\partial a_1} = \int_0^1 \left\{ 2a_1(1-2x)^2 - 2a_1 x^2(1-x)^2 + 4x^2(1-x) \right\}\mathrm{d}x = 0,$$

得 $a_1 = -\dfrac{5}{9}$, 即一次近似解为 $\overline{Y_1}(x) = -\dfrac{5}{9}x(1-x)$.

再取试验函数 $Y_2(x) = a_1 x(1-x) + a_2 x^2(1-x) = x(1-x)(a_1 + a_2 x)$, 将 $Y_2(x)$ 代入泛函得

$$J(Y_2(x)) = \int_0^1 \left\{ ((1-2x)(a_1 + a_2 x) + a_2 x(1-x))^2 - x^2(1-x)^2(a_1 + a_2 x)^2 \right.$$
$$\left. + 4x^2(1-x)(a_1 + a_2 x) \right\}\mathrm{d}x$$
$$=: P_2(a_1, a_2),$$

由 $\dfrac{\partial P_2}{\partial a_1} = 0$ 和 $\dfrac{\partial P_2}{\partial a_2} = 0$ 得方程组

$$\begin{cases} \dfrac{3}{10}a_1 + \dfrac{3}{20} = -\dfrac{1}{6}, \\ \dfrac{3}{20}a_1 + \dfrac{13}{105}a_2 = -\dfrac{1}{10}, \end{cases}$$

解之得 $a_1 = -\dfrac{142}{369}, a_2 = -\dfrac{14}{41}$, 二次近似解为

$$\overline{Y_2}(x) = -2x(1-x)\left(\frac{71}{369} + \frac{7}{41}x \right).$$

在 $x = 0.2, 0.4, 0.6, 0.8$ 四个点处比较精确解和近似解, 如表 4.2.1 所示.

表 4.2.1

x	$\overline{y}(x)$	$\overline{Y_1}(x)$	$\overline{Y_2}(x)$
0.2	-0.0722	-0.0888	-0.0724
0.4	-0.1256	-0.1333	-0.1251
0.6	-0.1420	-0.1333	-0.1415
0.8	-0.1050	-0.0888	-0.1053

由表 4.2.1 可以看出二次近似解 $\overline{Y_2}(x)$ 比一次近似解 $\overline{Y_1}(x)$ 更接近于精确解. 类似地还可以进一步利用坐标函数构造高次的试验函数, 以提高近似解的精度.

4.3 广 义 函 数

4.3.1 广义函数的产生

随着物理学和工程技术科学研究的不断深入, 古典函数的概念已显得不够用. 例如, 量子力学中用到的 δ 函数, 也叫 Dirac(狄拉克) 函数, 其定义是:

$$\delta(x) = \begin{cases} 0, & x \neq 0, \\ \infty, & x = 0, \end{cases} \quad \text{但} \int_{-\infty}^{+\infty} \delta(x)\mathrm{d}x = 1.$$

按古典函数的观点分析, $\delta(x) \doteq 0$, 应该是

$$\int_{-\infty}^{+\infty} \delta(x)\mathrm{d}x = 0,$$

这与实用上的积分性质矛盾. 因此 δ 函数的上述定义一直不能被数学家们所接受. 但 δ 函数确实反映了物理上的许多现象, 如点电荷、瞬时力、脉冲等, 并能够有效地描述一些不连续物理量的变化规律. 这种事实促使数学家们努力为 δ 函数寻找和建立严格的数学理论基础, 广义函数理论就是由此产生和发展的, 它已成为现代数学理论和应用的一个重要工具.

为寻找 δ 函数的数学理论基础, 先来分析下面的泛函序列.

众所周知, 区间 $[-1,1]$ 上的连续函数全体按普通函数的加法及数与函数的乘法构成一个线性空间, 按范数 $\|f\| = \max\limits_{x \in [-1,1]} |f(x)|$ 构成一个完备的赋范空间 $C[-1,1]$. 其上的线性连续泛函全体构成的共轭空间 $(C[-1,1])^*$ 是完备的. 注意到 $\forall f(x) \in C[-1,1]$, 都对应 $(C[-1,1])^*$ 中的一个线性连续泛函 $F : C[-1,1] \to \mathbf{R}$, $\forall g(x) \in C[-1,1]$,

$$F(g(x)) = \int_{-1}^{1} f(x)g(x)\mathrm{d}x. \tag{4.3.1}$$

显然, F 是线性的. 其有界性证明如下:

$$|F(g(x))| = \left| \int_{-1}^{1} f(x)g(x)\mathrm{d}x \right| \leqslant \int_{-1}^{1} |f(x)g(x)|\mathrm{d}x$$

$$\leqslant \|g(x)\| \int_{-1}^{1} |f(x)|\mathrm{d}x = M\|g(x)\|,$$

于是 $F \in (C[-1,1])^*$. 令

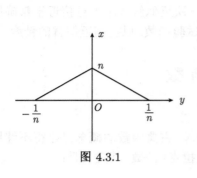

图 4.3.1

$$f_n(x) = \begin{cases} n - |x|n^2, & |x| \leqslant \dfrac{1}{n}, \\ 0, & |x| > \dfrac{1}{n}, \end{cases}$$

(图 4.3.1). 易见 $f_n(x) \in C[-1,1]$, 当 $x \neq 0$ 时, $\lim\limits_{n\to\infty} f_n(x) = 0$, $\lim\limits_{n\to\infty} f_n(0) = \lim\limits_{n\to\infty} n = \infty$, 且对每一个正整数 n, 有

$$\int_{-1}^{1} f_n(x)\mathrm{d}x = 1.$$

若用 $f(x)$ 表示序列 $\{f_n(x)\}_{n=1}^{\infty}$ 的 "极限"(暂时用这个名字, 实际上 $x = 0$ 时 $\{f_n(0)\}_{n=1}^{\infty} = \{n\}_{n=1}^{\infty}$ 发散), 则

$$f(x) = \begin{cases} 0, & x \neq 0, \\ \infty, & x = 0, \end{cases}$$

这恰是 δ 函数的定义. 当然, 这并不是一个古典意义下的函数, 而且序列 $\left\{\int_{-1}^{1} f_n(x)\mathrm{d}x\right\}_{n=1}^{\infty}$ 也不能在积分号内取极限. 换一个角度, 由 (4.3.1), $C[-1,1]$ 中的序列 $\{f_n(x)\}_{n=1}^{\infty}$ 对应共轭空间 $(C[-1,1])^*$ 中的一个序列 $\{F_n\}_{n=1}^{\infty}$, $\forall g(x) \in C[-1,1]$,

$$F_n(g) = \int_{-1}^{1} f_n(x)g(x)\mathrm{d}x = \int_{-\frac{1}{n}}^{\frac{1}{n}} (n - |x|n^2)g(x)\mathrm{d}x$$

$$= g(\xi_n) \int_{-\frac{1}{n}}^{\frac{1}{n}} (n - |x|n^2)\mathrm{d}x = g(\xi_n),$$

其中 $\xi_n \in \left[-\dfrac{1}{n}, \dfrac{1}{n}\right]$. 由 $g(x)$ 的连续性知 $\lim\limits_{n\to\infty} F_n(g) = g(0)$, 序列 $\{F_n\}_{n=1}^{\infty}$ 的 (弱 *) 极限恰是线性连续泛函 $\bar{\delta} : C[-1,1] \to \mathbf{R}$,

$$\forall g(x) \in C[-1,1], \quad \bar{\delta}(g) = g(0).$$

这与实际应用中 δ 函数的性质: 对定义在全实轴上的任意连续函数 $g(x)$,

$$\int_{-\infty}^{+\infty} \delta(x)g(x)\mathrm{d}x = g(0)$$

是一致的. 于是 $\bar{\delta} \in (C[-1,1])^*$, 这便是 δ 函数的数学理论基础.

综上所述, 可以构造一个函数空间, 使其上的线性连续泛函包含所有的古典意义下的 "常义" 函数, 也包含像 δ 函数这样的非 "常义" 函数, 这就是广义函数的框架.

4.3.2 基本函数空间与广义函数

先介绍几个常用的记号.

用 $\mathbf{Z}_+$ 表示所有非负整数的集合. $\forall \boldsymbol{\alpha} = (\alpha_1, \alpha_2, \cdots, \alpha_n) \in \mathbf{Z}_+^n, \forall \boldsymbol{x} = (x_1, x_2, \cdots, x_n) \in \mathbf{R}^n$, 记 $|\boldsymbol{\alpha}| = \alpha_1 + \alpha_2 + \cdots + \alpha_n = \sum_{i=1}^n \alpha_i$, $\boldsymbol{x}^{\boldsymbol{\alpha}} = x_1^{\alpha_1} \cdots x_n^{\alpha_n}$, $\boldsymbol{\alpha}! = (\alpha_1!)(\alpha_2!) \cdots (\alpha_n!)$, 规定 $0! = 1$. 设 $\Omega \subset \mathbf{R}^n$ 为开集, f 为定义在 Ω 上的 n 元函数, $\forall \boldsymbol{\alpha} = (\alpha_1, \alpha_2, \cdots, \alpha_n) \in \mathbf{Z}_+^n$, 记 $\partial_\alpha f = \dfrac{\partial^{|\boldsymbol{\alpha}|} f}{\partial x_1^{\alpha_1} \partial x_2^{\alpha_2} \cdots \partial x_n^{\alpha_n}} =: \partial_{x_1}^{\alpha_1} \partial_{x_2}^{\alpha_2} \cdots \partial_{x_n}^{\partial_n} f$, 或 $\partial_{\boldsymbol{\alpha}} = \partial_{x_1}^{\alpha_1} \partial_{x_2}^{\alpha_2} \cdots \partial_{x_n}^{\alpha_n} = \dfrac{\partial^{|\boldsymbol{\alpha}|}}{\partial x_1^{\alpha_1} \partial x_2^{\alpha_2} \cdots \partial x_n^{\alpha_n}}$, 规定 $\partial_0 f = f, \mathrm{d}\boldsymbol{x} = \mathrm{d}x_1 \cdots \mathrm{d}x_n$. 称 $\{\boldsymbol{x} \in \Omega | f(\boldsymbol{x}) \neq 0\}$ 的闭包为函数 f 的支集, 记为 $\mathrm{supp} f$, 即 $\mathrm{supp} f = \overline{\{\boldsymbol{x} \in \Omega \,|\, f(\boldsymbol{x}) \neq 0\}}$.

定义 4.3.1 设 $\Omega \subset \mathbf{R}^n$ 为开区域, 用 $C_c^\infty(\Omega)$ 表示定义在 Ω 上满足下列条件的所有 n 元函数 f 的集合:

(1) 在 Ω 中的某个有界开区域之外 f 为零, 即 $\mathrm{supp} f$ 为 Ω 上的有界闭集;

(2) f 在 Ω 上有任意阶连续偏导数, 即 $f \in C^\infty(\Omega)$,

称 $C_c^\infty(\Omega)$ 为基本函数空间, 称 $C_c^\infty(\Omega)$ 中的函数为基本函数 (测试函数).

下例说明基本函数空间 $C_c^\infty(\Omega)$ 是非空的.

例 4.3.1 支集在 $\mathbf{R}^n$ 中的单位球上的函数

$$\varphi(x) = \begin{cases} \mathrm{e}^{\frac{1}{\|\boldsymbol{x}\|^2 - 1}}, & \|\boldsymbol{x}\| < 1, \\ 0, & \|\boldsymbol{x}\| \geqslant 1, \end{cases}$$

其中 $\|\boldsymbol{x}\|^2 = x_1^2 + x_2^2 + \cdots + x_n^2$. 容易验证函数 $\varphi(\boldsymbol{x})$ 在 $\mathbf{R}^n$ 上有任意阶连续偏导数.

对 $\mathbf{R}^n$ 中的任何一个非空开区域 Ω, 利用 $\varphi(\boldsymbol{x})$ 经过适当的平移和伸缩总可构造出 Ω 上有任意阶连续偏导数的函数

$$\varphi\left(\frac{1}{r}(\boldsymbol{x} - \boldsymbol{x}_0)\right).$$

易见, $\forall \boldsymbol{x}_0 \in \mathbf{R}^n$, 函数 $\varphi\left(\dfrac{1}{r}(\boldsymbol{x} - \boldsymbol{x}_0)\right)$ 的支集是以 x_0 为中心以 r 为半径的球, 且有任意阶连续偏导数. 另外还可通过与此类函数的卷积构造出更多的有任意阶连续偏导数的函数.

定义 4.3.2($C_c^\infty(\Omega)$ 中的极限) 设 $\{\varphi_n\}_{n=1}^\infty \subset C_c^\infty(\Omega), \varphi \in C_c^\infty(\Omega)$. 若

(1) 存在一个有界开区域 $E \subset \Omega$, 使 $\mathrm{supp}\varphi \subset E, \mathrm{supp}\varphi_n \subset E, n = 1, 2, \cdots$;

(2) $\forall \alpha \in Z_+^n$, 在 E 内 $\partial_\alpha \varphi_n$ 一致收敛于 $\partial_\alpha \varphi$, 则称序列 $\{\varphi_n\}_{n=1}^\infty$ 在 $C_c^\infty(\Omega)$ 中收敛于函数 φ, 记为 $\lim_{n \to \infty} \varphi_n = \varphi$ 或 $\varphi_n \to \varphi, n \to \infty$.

显然, $C_c^\infty(\Omega)$ 按普通函数的加法和数与函数的乘法构成一个线性空间. 设 f 是定义在此空间上的线性泛函, 若 $\forall \{\varphi_n\}_{n=1}^\infty \subset C_c^\infty(\Omega)$, $\lim\limits_{n \to \infty} \varphi_n = \varphi$, 都有 $\lim\limits_{n \to \infty} f(\varphi_n) = f(\varphi)$, 则称 f 连续.

定义 4.3.3   称基本函数空间 $C_c^\infty(\Omega)$ 上的线性连续泛函 f 为 Ω 上的*广义函数*. Ω 上的所有广义函数的全体记为 $D'(\Omega)$. $D'(\Omega)$ 按照普通泛函的加法和数与泛函的乘法构成一个线性空间, 称为 Ω 上的*广义函数空间*. 对 $\forall \{\psi_n\}_{n=1}^\infty \subset D'(\Omega)$, 若 $\exists \psi \in D'(\Omega)$, 使 $\forall \varphi \in C_c^\infty(\Omega)$, 有 $\lim\limits_{n \to \infty} \psi_n(\varphi) = \psi(\varphi)$, 则称 ψ_n 在 $D'(\Omega)$ 中收敛于 ψ, 记为 $\lim\limits_{n \to \infty} \psi_n = \psi$.

值得注意的是上面的 $C_c^\infty(\Omega)$ 与 $D'(\Omega)$ 都不是赋范空间, 应将 $D'(\Omega)$ 与 4.1.2 中的共轭空间相区别.

例 4.3.2   (1) 设 $f(x)$ 为 Ω 上的局部可积函数(在 Ω 的任何一个有界区域上 $f(x)$ 都 Riemann 可积), $\forall \varphi \in C_c^\infty(\Omega)$, 令 $f(\varphi) = \int_\Omega f(x)\varphi(x)\mathrm{d}x$, 则 $f(\varphi) \in D'(\Omega)$. 这样每一个 Ω 上的局部可积函数 $f(x)$ 都对应一个 Ω 上的广义函数 $f(\varphi)$, 称 $f(\varphi)$ 为与 "常义" 函数 $f(x)$ 等价的广义函数. 在应用中经常把广义函数也写成 $f(x)$ 的形式.

(2) Dirac 函数   取 $x_0 \in \Omega$, $\forall \varphi \in C_c^\infty(\Omega)$, $\delta_{x_0}(\varphi) = \varphi(x_0)$. 显然 $\delta_{x_0} \in D'(\Omega)$, 当 $x_0 = 0$ 时, δ_{x_0} 为普通的 δ 函数.

习惯上, $\forall F \in D'(\Omega)$, 不论 F 是否有等价的 "常义" 函数, $\forall \varphi \in C_c^\infty(\Omega)$, 都用下面的记号:

$$\int_\Omega F(x)\varphi(x)\mathrm{d}x$$

表示泛函值 $F(\varphi)$, 记为 $\langle F, \varphi \rangle$, 即 $\langle F, \varphi \rangle = F(\varphi) = \int_\Omega F(x)\varphi(x)\mathrm{d}x$. 例如, Dirac 函数 δ_{x_0} 的泛函值也表示为

$$\delta_{x_0}(\varphi) = \langle \delta_{x_0}, \varphi \rangle = \int_\Omega \delta_{x_0}(x)\varphi(x)\mathrm{d}x = \varphi(x_0). \tag{4.3.2}$$

因为当 $x_0 = 0$ 时 $\langle \delta_0, \varphi \rangle = \langle \delta, \varphi \rangle = \varphi(0)$, 所以式 (4.3.2) 中的积分也可以表示为

$$\int_\Omega \delta_{x_0}(x)\varphi(x)\mathrm{d}x = \int_\Omega \delta(x - x_0)\varphi(x)\mathrm{d}x = \varphi(x_0).$$

4.3.3   广义函数的支集与广义函数的导数

由广义函数的定义, Ω 上的广义函数是一个泛函, 其 "变量" 是 $C_c^\infty(\Omega)$ 中的函数, 与 Ω 中的元素是没有直接联系的. 但为了进一步探讨 "常义" 函数 $f(x)$ 与跟

它等价的广义函数 $f(\varphi)$、广义函数与广义函数之间的关系, 引入广义函数支集的概念.

定义 4.3.4 设 $V \subset \Omega$ 为开子集, $F \in D'(\Omega)$. 若 $\forall \varphi \in C_c^\infty(V)$, 都有 $F(\varphi) = 0$, 则称 F 在 V 上为零. 称广义函数 F 在 Ω 上最大为零的开集的余集为 F 的**支集**, 记为 $\mathrm{supp}F$. 若 F_1 与 F_2 为 Ω 上的两个广义函数, 并且 $F_1 - F_2$ 在 Ω 上为零, 则称 F_1 与 F_2 **相等**, 记为 $F_1 = F_2$.

在定义 4.3.4 中, 把 $\varphi \in C_c^\infty(V)$ 理解为 $\forall x \in \Omega - V$ 都有 $\varphi(x) = 0$, 则 $C_c^\infty(V) \subset C_c^\infty(\Omega)$, 这样对 $F \in D'(\Omega)$, $F(\varphi)$ 就有意义. 若 $\{V_i\}_{i \in I}$ 为 F 在 Ω 上的所有为零集合的全体, 则 F 在 $V = \bigcup_{i \in I} V_i$ 上也为零, 于是 V 是 F 在 Ω 上的最大为零的开集, 即 $\mathrm{supp}F = \Omega - V$. 对于 δ 函数, $\mathrm{supp}\delta = \{0\}$, $\mathrm{supp}\delta_{x_0} = \{x_0\}$. 若 $f(x)$ 是定义在 Ω 上的局部可积函数, 在 Ω 内的某个开子集 V 内取值为零, 则与其等价的广义函数 $f(\varphi)$ 也在 V 上为零.

例 4.3.3 Heaviside 函数

$$H(x) = \begin{cases} 1, & x \geqslant 0, \\ 0, & x < 0. \end{cases}$$

显然, $H(x)$ 为 $\mathbf{R}$ 上的局部可积函数, 因此 $H \in D'(\mathbf{R})$. 因为 $\forall \varphi \in C_c^\infty(-\infty, 0)$, 有

$$H(\varphi) = \langle H, \varphi \rangle = \int_{-\infty}^{0} H(x)\varphi(x)\mathrm{d}x = 0,$$

所以与 $H(x)$ 等价的广义函数 H 在 $(-\infty, 0)$ 为零, 并且 $(-\infty, 0)$ 是 H 为零的最大的开集. 广义函数 H 的支集为 $\mathrm{supp}H = [0, +\infty)$, 与作为 "常义" 函数的 $H(x)$ 的支集相同.

前面给出了广义函数的运算、广义函数的极限. 规定 Ω 上广义函数 F 与 Ω 上 "常义" 的有任意阶连续偏导数的函数 $g(x)$ 的乘积 gF 还是一个广义函数, $\forall \varphi \in C_c^\infty(\Omega)$, 规定

$$gF(\varphi) = \langle gF, \varphi \rangle = \langle F, g\varphi \rangle.$$

下面给出广义函数的导数概念.

定义 4.3.5 设 $F \in D'(\Omega)$, $\forall \boldsymbol{\alpha} = (\alpha_1, \alpha_2, \cdots, \alpha_n) \in \mathbf{Z}_+^n$, 令 $\partial_{\boldsymbol{\alpha}} F$ 为如下的广义函数:

$\forall \varphi \in C_c^\infty(\Omega)$,

$$\partial_{\boldsymbol{\alpha}} F(\varphi) = \langle \partial_{\boldsymbol{\alpha}} F, \varphi \rangle = (-1)^{|\boldsymbol{\alpha}|} \langle F, \partial_{\boldsymbol{\alpha}} \varphi \rangle,$$

称 $\partial_{\boldsymbol{\alpha}} F$ 为广义函数 F 的 $\boldsymbol{\alpha}$ 阶广义导数, 简称 $\boldsymbol{\alpha}$ 阶导数.

由此可见, 广义函数有任意阶导数. 设 $f(x)$ 为 Ω 上的局部可积函数, 若 $f \in C^k(\Omega)(f(x)$ 在 Ω 上具有 k 阶的连续偏导数), 那么 $f(x)$ 的各阶偏导数同与 $f(x)$ 等价的广义函数的相应各阶广义导数有什么关系呢?

定理 4.3.1 设 $f \in D'(\Omega)$ 是与 "常义" 函数 $f(x)$ 等价的广义函数, $f(x) \in C^k(\Omega)$, 则当 $|\alpha| \leqslant k$ 时, 与 $f(x)$ 等价的广义函数 f 的 α 阶广义导数 $\partial_\alpha f$ 与 "常义" 导数 $\partial_\alpha f$ 等价.

证明 不妨用 $\partial_\alpha f(\varphi)$ 和 $\partial_\alpha f(x)$ 来区分广义导数和常义导数. 只需证 $\forall \varphi \in C_c^\infty(\Omega)$, 有 $\langle \partial_\alpha f(x), \varphi \rangle = \langle \partial_\alpha f(\varphi), \varphi \rangle = (-1)^{|\alpha|} \langle f, \partial_\alpha \varphi \rangle$ 即可. 注意到 $\mathrm{supp}\varphi$ 为 Ω 上的有界集, 由分部积分得

$$\langle \partial_\alpha f(x), \varphi \rangle = \int_\Omega \partial_\alpha f(x) \varphi(x) \mathrm{d}x = (-1)^{|\alpha|} \int_\Omega f(x) \partial_\alpha \varphi(x) \mathrm{d}x$$
$$= (-1)^{|\alpha|} \langle f, \partial_\alpha \varphi \rangle. \qquad \square$$

例 4.3.4 求 Heaviside 函数

$$H(x) = \begin{cases} 1, & x \geqslant 0, \\ 0, & x < 0 \end{cases}$$

的三阶广义导数.

解 $\forall \varphi \in C_c^\infty(\mathbf{R})$,

$$H^{(3)}(\varphi) = \langle H^{(3)}, \varphi \rangle = (-1)^3 \langle H, \varphi^{(3)} \rangle = (-1)^3 \int_{-\infty}^{+\infty} H(x) \varphi^{(3)}(x) \mathrm{d}x$$

$$= -\int_0^{+\infty} \varphi^{(3)}(x) \mathrm{d}x = -\varphi^{(2)}(x) \Big|_0^{+\infty},$$

因为 $\varphi \in C_c^\infty(\mathbf{R})$, 所以 $\lim_{x \to +\infty} \varphi^{(2)}(x) = 0$, 即 $\forall \varphi \in C_c^\infty(\mathbf{R})$, $H^{(3)}(\varphi) = \varphi^{(2)}(0)$.

例 4.3.5 求 δ 函数的一阶广义导数.

解 $\forall \varphi \in C_c^\infty(\mathbf{R})$, $\delta'(\varphi) = \langle \delta', \varphi \rangle = -\langle \delta, \varphi' \rangle = -\int_{-\infty}^{+\infty} \delta(x) \varphi'(x) \mathrm{d}x = -\varphi'(0)$, 即 $\forall \varphi \in C_c^\infty(\mathbf{R}), \delta'(\varphi) = -\varphi'(0)$.

4.3.4 速降函数与缓增广义函数

以一元函数为例. $\mathbf{R}$ 上的常义函数 $f(x)$ 的 Fourier 变换 $\hat{f}$ 作为一个广义函数, $\forall \varphi \in C_c^\infty(\mathbf{R})$ 应有

$$\langle \hat{f}, \varphi \rangle = \int_{\mathbf{R}} \hat{f}(\omega) \varphi(\omega) \mathrm{d}\omega = \int_{\mathbf{R}} \left(\int_{\mathbf{R}} f(x) \mathrm{e}^{-\mathrm{i}\omega x} \mathrm{d}x \right) \varphi(\omega) \mathrm{d}\omega$$

$$= \int_{\mathbf{R}} \left(\int_{\mathbf{R}} \varphi(\omega) \mathrm{e}^{-\mathrm{i}\omega x} \mathrm{d}\omega \right) f(x) \mathrm{d}x = \langle f, \hat{\varphi} \rangle.$$

但一般说来 $\hat{\varphi}$ 不一定属于 $C_c^\infty(\mathbf{R})$, 因此, 要定义广义函数的 Fourier 变换, 首先要扩大基本函数空间.

定义 4.3.6 设 $\phi(x) \in C^\infty(\mathbf{R}^n)$. 若 $\forall \boldsymbol{\alpha}, \boldsymbol{\beta} \in \mathbf{Z}_+^n$, 都有

$$\lim_{|x| \to \infty} |x^{\boldsymbol{\alpha}} \partial_{\boldsymbol{\beta}} \phi| = 0,$$

则称 $\phi(x)$ **在无穷远处急速下降**. 用 $S(\mathbf{R}^n)$ 表示 $\mathbf{R}^n$ 上所有在无穷远处急速下降函数的全体构成的线性空间, 称 $S(\mathbf{R}^n)$ 为**速降函数空间**(Schwarz函数类).

因为 $C_c^\infty(\mathbf{R}^n)$ 中函数的支集是 $\mathbf{R}^n$ 中的有界集, 所以 $C_c^\infty(\mathbf{R}^n)$ 中的函数都在无穷远处急速下降, 即 $C_c^\infty(\mathbf{R}^n) \subset S(\mathbf{R}^n) \subset C^\infty(\mathbf{R}^n)$. 可以证明 $C_c^\infty(\mathbf{R}^n)$ 是 $S(\mathbf{R}^n)$ 的一个稠密子集, $S(\mathbf{R}^n)$ 是 $C^\infty(\mathbf{R}^n)$ 的一个稠密子集.

定义 4.3.7($S(\mathbf{R}^n)$ 中的极限) 设 $\{\varphi_n\}_{n=1}^\infty \subset S(\mathbf{R}^n), \varphi \in S(\mathbf{R}^n)$. 若 $\forall \alpha, \beta \in \mathbf{Z}_+^n$, 都有

$$\lim_{n \to \infty} |x^{\boldsymbol{\alpha}} \partial_{\boldsymbol{\beta}} \varphi_n - x^{\boldsymbol{\alpha}} \partial_{\boldsymbol{\beta}} \varphi| = 0$$

在 $\mathbf{R}^n$ 上一致地成立, 则称序列 $\{\varphi_n\}_{n=1}^\infty$ 在 $S(\mathbf{R}^n)$ 中收敛于函数 φ, 记为 $\lim_{n \to \infty} \varphi_n = \varphi$, 或 $\varphi_n \to \varphi, n \to \infty$.

对于 $C_c^\infty(\mathbf{R}^n)$ 中的函数列 $\{\varphi_n\}_{n=1}^\infty$, 若 $\{\varphi_n\}_{n=1}^\infty$ 在 $C_c^\infty(\mathbf{R}^n)$ 中收敛于函数 φ, 则 $\{\varphi_n\}_{n=1}^\infty$ 在 $S(\mathbf{R}^n)$ 中也收敛于函数 φ.

定义 4.3.8 称速降函数空间 $S(\mathbf{R}^n)$ 上的线性连续泛函为**缓增广义函数**. 所有缓增广义函数的全体记为 $S'(\mathbf{R}^n)$, $S'(\mathbf{R}^n)$ 按照普通泛函的加法和数与泛函的乘法构成一个线性空间, 称为**缓增广义函数空间**.

由于 $C_c^\infty(\mathbf{R}^n) \subset S(\mathbf{R}^n)$, $C_c^\infty(\mathbf{R}^n)$ 中的收敛序列一定在 $S(\mathbf{R}^n)$ 中收敛, 所以 $S'(\mathbf{R}^n)$ 中的缓增广义函数一定是 $D'(\mathbf{R}^n)$ 中的广义函数. 关于 $S'(\mathbf{R}^n)$ 中缓增广义函数与 $C^\infty(\mathbf{R}^n)$ 中函数的乘积、缓增广义函数的广义导数类似于 $D'(\mathbf{R}^n)$ 中广义函数的相应定义.

例 4.3.6 (1) 每一个 $f(x) \in L^p(\mathbf{R}^n)(1 \leqslant p \leqslant \infty)$, 都确定一个缓增广义函数 $f \in S'(\mathbf{R}^n)$: $\forall \varphi(\boldsymbol{x}) \in S(\mathbf{R}^n), f(\varphi) = \langle f, \varphi \rangle = \int_{\mathbf{R}^n} f(\boldsymbol{x}) \varphi(\boldsymbol{x}) \mathrm{d}\boldsymbol{x}$.

因为 $\left| \int_{\mathbf{R}^n} f(\boldsymbol{x}) \varphi(\boldsymbol{x}) \mathrm{d}\boldsymbol{x} \right| \leqslant \int_{\mathbf{R}^n} |f(\boldsymbol{x}) \varphi(\boldsymbol{x})| \mathrm{d}\boldsymbol{x} \leqslant \|f\|_p \|\varphi\|_q$, 其中 $\frac{1}{p} + \frac{1}{q} = 1$, 且在 $S(\mathbf{R}^n)$ 中收敛于零的序列在 $L^p(\mathbf{R}^n)$ 中也收敛于零, 所以 $L^p(\mathbf{R}^n)$ 可视为 $S'(\mathbf{R}^n)$ 的一个子空间.

(2) $\mathbf{R}^n$ 上每一个常系数多项式 $P(x)$ 都确定一个缓增广义函数 $P \in S'(\mathbf{R}^n)$: $\forall \varphi(\boldsymbol{x}) \in S(\mathbf{R}^n), P(\varphi) = \langle P, \varphi \rangle = \int_{\mathbf{R}^n} P(\boldsymbol{x}) \varphi(\boldsymbol{x}) \mathrm{d}\boldsymbol{x}$. 因为 $P(\boldsymbol{x}) \varphi(\boldsymbol{x}) \in S(\mathbf{R}^n)$, 所以 $P \in S'(\mathbf{R}^n)$.

(3) 设 $f(\boldsymbol{x})$ 为 $\mathbf{R}^n$ 上的连续函数. 若存在整数 $m \geqslant 0$, 使 $(1+|\boldsymbol{x}|^2)^{-m}f(\boldsymbol{x})$ 在 $\mathbf{R}^n$ 上有界, 则称函数 $f(x)$在无穷远处是缓增的. 每一个在无穷远处缓增的函数 $f(\boldsymbol{x})$ 都确定一个缓增的广义函数 $f \in S'(\mathbf{R}^n)$: $\forall \varphi(\boldsymbol{x}) \in S(\mathbf{R}^n)$, $f(\varphi) = \langle f, \varphi \rangle = \int_{\mathbf{R}^n} f(\boldsymbol{x})\varphi(\boldsymbol{x})\mathrm{d}\boldsymbol{x}$. 因为

$$\left| \int_{\mathbf{R}^n} f(\boldsymbol{x})\varphi(\boldsymbol{x})\mathrm{d}\boldsymbol{x} \right| \leqslant \int_{\mathbf{R}^n} |f(\boldsymbol{x})\varphi(\boldsymbol{x})|\mathrm{d}\boldsymbol{x}$$
$$= \int_{\mathbf{R}^n} |(1+|\boldsymbol{x}|^2)^{-m}f(\boldsymbol{x})| \cdot |(1+|\boldsymbol{x}|^2)^m\varphi(\boldsymbol{x})|\mathrm{d}\boldsymbol{x}$$
$$\leqslant C \int_{\mathbf{R}^n} |(1+|\boldsymbol{x}|^2)^m\varphi(\boldsymbol{x})|\mathrm{d}\boldsymbol{x},$$

$(1+|\boldsymbol{x}|^2)^m\varphi(\boldsymbol{x}) \in S(\mathbf{R}^n)$, 所以 $f \in S'(\mathbf{R}^n)$.

4.3.5 缓增广义函数的 Fourier 变换

定义 4.3.9 设 $\varphi(\boldsymbol{x}) \in S(\mathbf{R}^n)$, $\varphi(\boldsymbol{x})$ 的 Fourier 变换为

$$F[\varphi] = \hat{\varphi}(\boldsymbol{\omega}) = (2\pi)^{-\frac{n}{2}} \int_{\mathbf{R}^n} \varphi(\boldsymbol{x})\mathrm{e}^{-\mathrm{i}\langle \boldsymbol{x}, \boldsymbol{\omega} \rangle}\mathrm{d}\boldsymbol{x},$$

其中 $\langle \boldsymbol{x}, \boldsymbol{\omega} \rangle = x_1\omega_1 + \cdots + x_n\omega_n$. $\varphi(\boldsymbol{x})$ 的 Fourier 逆变换为

$$F^{-1}[\varphi] = \breve{\varphi}(\boldsymbol{\xi}) = (2\pi)^{-\frac{n}{2}} \int_{\mathbf{R}^n} \varphi(x)\mathrm{e}^{\mathrm{i}\langle \boldsymbol{x}, \boldsymbol{\xi} \rangle}\mathrm{d}\boldsymbol{x}.$$

定理 4.3.2 设 $\varphi(\boldsymbol{x}) \in S(\mathbf{R}^n)$, 则 $\varphi(\boldsymbol{x})$ 的 Fourier 变换 $\hat{\varphi}$(或 $F[\varphi]$) 及 Fourier 逆变换 $\breve{\varphi}$(或 $F^{-1}[\varphi]$) 都存在, 并且 $\hat{\varphi}, \breve{\varphi} \in S(\mathbf{R}^n)$, F 与 F^{-1} 都是 $S(\mathbf{R}^n) \to S(\mathbf{R}^n)$ 的连续映射.

证明略, 见文献 (巴罗斯–尼托, 1981).

注 由经典 Fourier 变换理论知, F 可以唯一地延拓到 $L^1(\mathbb{R}^n)$ 上 (见第 7 章 第 1 节).

定义 4.3.10 设 $\psi \in S'(\mathbf{R}^n)$, 则 ψ 的广义Fourier变换$F[\psi]$ 为 $\forall \varphi(\boldsymbol{x}) \in S(\mathbf{R}^n)$,

$$F[\psi](\varphi) = \langle F[\psi], \varphi \rangle = \langle \psi, F[\varphi] \rangle.$$

ψ 的广义Fourier逆变换$F^{-1}[\psi]$ 为 $\forall \varphi(\boldsymbol{x}) \in S(\mathbf{R}^n)$,

$$F^{-1}[\psi](\varphi) = \langle F^{-1}[\psi], \varphi \rangle = \langle \psi, F^{-1}[\varphi] \rangle.$$

$S(\mathbf{R}^n)$ 中的每一个函数 $\varphi(\boldsymbol{x})$ 都对应一个广义函数 φ, 而 $\varphi(\boldsymbol{x})$ 的常义 Fourier 变换 $\hat{\varphi}(\boldsymbol{\omega}) \in S(\mathbf{R}^n)$ 也对应一个广义函数 $\hat{\varphi}$, 那么这个常义的 Fourier 变换对应的

广义函数 $\hat{\varphi}$ 与广义函数 φ 的广义 Fourier 变换 $F[\varphi]$ (暂时用这两个记号来区分) 之间是什么关系呢?

因为 $\forall \phi(\boldsymbol{x}) \in S(\mathbf{R}^n)$,

$$
\begin{aligned}
F[\varphi](\phi) = \langle F[\varphi], \phi \rangle = \langle \varphi, F[\phi] \rangle &= \int_{\mathbf{R}^n} \varphi(\boldsymbol{x}) \left(\int_{\mathbf{R}^n} \phi(t) \mathrm{e}^{-\mathrm{i}\langle t, \boldsymbol{x} \rangle} \mathrm{d}t \right) \mathrm{d}\boldsymbol{x} \\
&= \int_{\mathbf{R}^n} \left(\int_{\mathbf{R}^n} \varphi(x) \mathrm{e}^{-\mathrm{i}\langle t, \boldsymbol{x} \rangle} \mathrm{d}x \right) \phi(t) \mathrm{d}t \\
&= \langle \hat{\varphi}, \phi \rangle = \hat{\varphi}(\phi),
\end{aligned}
$$

所以二者是一致的. 对于 Fourier 逆变换也有类似的结论.

例 4.3.7　求广义函数 δ_a 的 Fourier 变换.

解　$\forall \phi(\boldsymbol{x}) \in S(\mathbf{R}^n)$,

$$
\begin{aligned}
\langle F[\delta_a], \phi \rangle = \langle \delta_a, F[\phi] \rangle &= \int_{\mathbf{R}^n} \delta_a(\boldsymbol{x}) \left(\int_{\mathbf{R}^n} \phi(\boldsymbol{t}) \mathrm{e}^{-\mathrm{i}\langle t, \boldsymbol{x} \rangle} \mathrm{d}t \right) \mathrm{d}\boldsymbol{x} \\
&= \int_{\mathbf{R}^n} \phi(\boldsymbol{t}) \mathrm{e}^{-\mathrm{i}\langle t, \boldsymbol{a} \rangle} \mathrm{d}\boldsymbol{t} \\
&= \langle \mathrm{e}^{-\mathrm{i}\langle t, \boldsymbol{a} \rangle}, \phi \rangle = \hat{\phi}(\boldsymbol{a}),
\end{aligned}
$$

因此 $F[\delta_a] = \mathrm{e}^{-\mathrm{i}\langle t, \boldsymbol{a} \rangle}$. 同理 δ_a 的 Fourier 逆变换为 $F^{-1}[\delta_a] = (2\pi)^{-n} \mathrm{e}^{\mathrm{i}\langle \boldsymbol{x}, \boldsymbol{a} \rangle}$.

习　题　4

1. 定义 $\mathbf{R}^2 \to \mathbf{R}^2$ 的算子如下: $\forall \boldsymbol{x} = (x_1, x_2) \in \mathbf{R}^2$,

$$
T_1 \boldsymbol{x} = (x_2, x_1), \quad T_2 \boldsymbol{x} = \boldsymbol{x} \boldsymbol{A},
$$

其中 $\boldsymbol{A} = \begin{pmatrix} 2 & 1 \\ 1 & 2 \end{pmatrix}$. 证明 T_1 与 T_2 均为线性算子, 并求它们的范数.

2. 设 $T : l^\infty \to l^\infty$, $\forall \boldsymbol{x} = (x_1, x_2, x_3, \cdots) \in l^\infty$, $T\boldsymbol{x} = (x_1, \frac{x_2}{2}, \frac{x_3}{3}, \cdots)$, 证明 T 为线性算子, 并求 $\|T\|$.

3. 判断下列 $C[0,1]$ 上的算子与泛函哪些是线性的? 并求线性算子或泛函的范数.

(1) $f(x(t)) = x(1)$;　　　　　　(2) $f(x(t)) = \int_0^1 x(t) \sin \frac{\pi t}{2} \mathrm{d}t$;

(3) $f(x(t)) = \int_0^1 |x(t)| \mathrm{d}t$;　　　(4) $f(x(t)) = \mathrm{e}^t x(t)$;

(5) $f(x(t)) = x(t^2)$;　　　　　(6) $f(x(t)) = 2$.

4. 举出两个变分问题的实例.

5. 求下列泛函的极值曲线:

(1) $J\left(y(x)\right) = \int_0^1 (y'^2 + 12xy)\mathrm{d}x, y(0) = 0, y(1) = 1;$

(2) $J\left(y(x)\right) = \int_0^{\frac{\pi}{2}} (y'^2 - y^2)\mathrm{d}x, y(0) = 0, y\left(\dfrac{\pi}{2}\right) = 1;$

(3) $J\left(y(x)\right) = \int_a^b y'(1 + x^2y')\mathrm{d}x;$

(4) $J\left(y(x)\right) = \int_a^b (yy' + xy'^2)\mathrm{d}x.$

6. 求泛函

$$J\left(y(x)\right) = \int_0^2 \left(y'^2 + y^2 + 2xy\right)\mathrm{d}x$$

极小值问题的近似解, 边界条件为 $y(0) = y(2) = 0$, 并与其精确解作比较.

7. 设 $f(x) = \begin{cases} x, & x \geqslant 0, \\ 0, & x < 0, \end{cases}$ 求其三阶广义导数 $f^{(3)}.$

第5章 Sobolev 空间

Sobolev 空间的引入使得偏微分方程理论得到了快速的发展. Sobolev 空间包括一系列非常重要的函数赋范空间, 这些空间在力学、电磁学和工程技术的很多领域都有重要的应用. 本章仅介绍整指数的 Sobolev 空间的基本知识并介绍其简单应用.

5.1 Sobolev 空间中的基本概念

定义 5.1.1 设 $\Omega \subseteq \mathbf{R}^n$ 是开集, m 为非负整数, $1 \leqslant p \leqslant +\infty$. 记

$$W^{m,p}(\Omega) = \{u \in L^p(\Omega) | \partial_{\boldsymbol{\alpha}} u \in L^p(\Omega), |\boldsymbol{\alpha}| \leqslant m, \text{其中} \partial_{\boldsymbol{\alpha}} u \text{是在广义导数意义}$$
下的偏导数$\}$

在其上赋予范数

$$\|u\|_{m,p} = \left(\int_\Omega \sum_{|\boldsymbol{\alpha}| \leqslant m} |\partial_{\boldsymbol{\alpha}} u|^p \mathrm{d}x \right)^{\frac{1}{p}}, \quad 1 \leqslant p < \infty, \tag{5.1.1}$$

则 $W^{m,p}(\Omega)$ 成为一个赋范空间, 称这样的空间为整指数的 Sobolev 空间.

注 5.1.1 $p = \infty$ 时, $\|u\|_{m,\infty} = \sum_{|\infty| \leqslant k} \mathrm{esssup}_\Omega |\partial_{\boldsymbol{\alpha}} u|$.

由定义可知, $W^{m,p}(\Omega)$ 是 $L^p(\Omega)$ 的子空间, 当 $m = 0$ 时, 二者相等. 可以证明 $W^{m,p}(\Omega)$ 是 Banach 空间.

由 $C_c^\infty(\Omega)$ 的定义, $C_c^\infty(\Omega) \subset W^{m,p}(\Omega)$. 记 $W_c^{m,p}(\Omega)$ 是 $C_c^\infty(\Omega)$ 在 $W^{m,p}(\Omega)$ 内关于 (5.1.1) 的闭包. 由于 $W^{m,p}(\Omega)$ 是 Banach 空间, 则 $W_c^{m,p}(\Omega)$ 也是一个 Banach 空间. 一般地, $W_c^{m,p}(\Omega)$ 是 $W^{m,p}(\Omega)$ 的真子空间.

设 m 为非负整数, $\frac{1}{p} + \frac{1}{q} = 1 (1 \leqslant p \leqslant +\infty)$, 记 $W^{-m,q}(\Omega)$ 为 Banach 空间 $W_c^{m,p}(\Omega)$ 的共轭空间.

由于 $W_c^{m,p}(\Omega)$ 是以 $C_c^\infty(\Omega)$ 作为子空间的广义函数空间, 所以 $W_c^{m,q}(\Omega)$ 的共轭空间 $W^{-m,q}(\Omega)$ 应是广义函数空间 $D'(\Omega)$ 的子空间. 设 $T = \sum_{|\alpha| \leqslant 1} \partial_\alpha f_\alpha$, 其中 $f_\alpha \in L^q(\Omega)$. 对任意 $\varphi \in C_c^\infty(\Omega)$, $\langle T, \varphi \rangle = \sum_{|\alpha| \leqslant m} \langle f_\alpha, \partial_\alpha \varphi \rangle$, 由 Hölder 不等式, 存在 $C > 0$, 使得 $|\langle T, \varphi \rangle| \leqslant \sum_{|\alpha| \leqslant m} \|f_\alpha\|_{L^q} \cdot \|\partial_\alpha \varphi\|_{L^p} \leqslant C\|\varphi\|_{m,p}$, 所以 T 是 $C_c^\infty(\Omega)$ 上的

有界线性泛函, 由于 $C_c^\infty(\Omega)$ 是 $W_c^{m,p}(\Omega)$ 的稠密子集, 即 T 也是 $W_c^{m,p}(\Omega)$ 上的连续线性泛函, 所以 $T \in W^{-m,q}(\Omega)$. 而且可以证明 $W^{-m,q}(\Omega)$ 中的任意元素都可以写成 T 的这种形式. 因此有如下的结构定理.

定理 5.1.1   设 m 是非负整数, $\dfrac{1}{p} + \dfrac{1}{q} = 1(1 \leqslant p \leqslant +\infty)$, 则 $W^{-m,q}(\Omega)$ 与满足

$$T = \sum_{|\alpha| \leqslant m} \partial_\alpha f_\alpha$$

形式的所有广义函数 T 组成的空间是一致的, 其中 $f_\alpha \in L^q(\Omega)$.

由定义, $W_c^{m,p}(\Omega)$ 是 $C_c^\infty(\Omega)$ 在范数 (5.1.1) 下的完备化. 关于 $C_c^\infty(\Omega)$ 和 $W^{m,p}(\Omega)$ 存在着如下的关系:

定理 5.1.2   当 $1 \leqslant p < +\infty$ 时, $C_c^\infty(\mathbf{R}^n)$ 为 $W^{m,p}(\mathbf{R}^n)$ 的稠密子空间.

当 $p = 2$ 时, 记 $H^m(\Omega) = W^{m,2}(\Omega)$, 并赋予内积

$$\langle u, v \rangle_m = \int_\Omega \sum_{|\alpha| \leqslant m} \partial_\alpha u \partial_\alpha v \mathrm{d}x. \tag{5.1.2}$$

这个内积导出的范数与 (5.1.1) 中当 $p = 2$ 时定义的范数一致, 从而 $H^m(\Omega)$ 是 Hilbert 空间.

同样, $H^0(\Omega) = L^2(\Omega)$. 类似地记 $H_c^m(\Omega) = W_c^{m,2}(\Omega)$, 则 $H_c^m(\Omega)$ 也是 Hilbert 空间, 且 $H_c^m(\Omega)$ 是 $H^m(\Omega)$ 的子空间, 且当 $m \geqslant 1$ 时, $H_c^m(\Omega)$ 是 $H^m(\Omega)$ 的真子空间. 以 $m = 1, n = 1$ 的情形为例说明:

设 $\Omega = (a, b) \subset \mathbf{R}$. 对任一函数列 $u_j(x) \subset C_c^\infty(\Omega)$, 由 $C_c^\infty(\Omega)$ 的定义知 $\lim\limits_{x \to a+0} u_j(x) = 0$, $\lim\limits_{x \to b-0} u_j(x) = 0$,

$$u_j(x) = \int_a^x u_j'(x) \mathrm{d}x.$$

从而, 当 $\{u_j\}$ 按 $H^1(\Omega)$ 的范数构成一 Cauchy 序列时,

$$|u_j(x) - u_k(x)| \leqslant \int_a^x |u_j'(x) - u_k'(x)| \mathrm{d}x$$

$$\leqslant C \left(\int_a^x |u_j'(x) - u_k'(x)|^2 \mathrm{d}x \right)^{\frac{1}{2}}$$

$$\leqslant C \|u_j - u_k\|_{H^1}.$$

因此对 $\forall x \in (a, b)$, $\{u_j(x)\}$ 都收敛, 并且扩充到闭区间 $[a, b]$ 上时, $\{u_j(x)\}$ 在 $[a, b]$ 上一致收敛到某一连续函数 $u(x)$, 且 $u(a) = u(b) = 0$. 换言之, u 是 $C_c^\infty(\Omega)$ 中函数

列的极限, 而 $u \in H_c^1(\Omega)$, 即 $H_c^1(\Omega)$ 中任一元素在改变一个零测度集上的值后, 必能成为一个在 $a+0$ 及 $b-0$ 两端之值为 0 的连续函数.

但是, $H^1(\Omega)$ 的元素 $f \equiv 1$, 就无法改变其零测度集上的值, 使之成为满足上述要求的连续函数, 因而 $f \equiv 1$ 不属于 $H_c^1(\Omega)$, 即 $H_c^1(\Omega)$ 是 $H^1(\Omega)$ 的真子空间.

一般说来, $H_c^m(\Omega)$ 是由 $H^m(\Omega)$ 中这样的函数组成的: 它们及其直到 $m-1$ 阶导数在边界 $\partial\Omega$ 上等于零. 特别地, $H_c^1(\Omega)$ 空间, 当 $\Omega \subset \mathbf{R}^n$ 是有界区域, 则存在与 Ω 有关的常数 $k > 0$, 使得 $\|u\|_2 \leqslant k\|\partial_i u\|_2, \forall u \in H_c^1(\Omega), i = 1, 2, \cdots, n$, 其中 $\|\cdot\|_2$ 为 $L^2(\Omega)$ 中范数.

5.2 嵌 入 定 理

嵌入定理刻画了函数空间之间的关系, 它揭示了 Sobolev 空间的各种形态是描述函数 "光滑" 程度的强有力的工具, 在近代微分方程理论的研究中及在相关领域的应用中起着重要的作用.

定义 5.2.1   设 X, Y 是赋范空间. 如果

(1) X 是 Y 的线性子空间;

(2) 对一切 $x \in X$, 由 $Ix = x$ 定义的 X 到 Y 中恒等算子 I 是连续的, 也即存在常数 C, 使得

$$\|Ix\|_Y \leqslant C\|x\|_X, \quad x \in X,$$

则称 X 嵌入 Y, 记作 $X \mapsto Y$, 称 I 为嵌入算子. 如果嵌入算子 I 是紧①的, 就称 X 紧嵌入到 Y 中.

这里只对嵌入定理作简单介绍, 不予证明.

定理 5.2.1   设 $0 \leqslant k \leqslant m$, 则从 $H^m(\Omega)$ 到 $H^k(\Omega)$ 的嵌入算子是紧的.

定理 5.2.2   设 $m > \dfrac{n}{2}$, 则 $H^m(\Omega)$ 紧嵌入到 $C(\overline{\Omega})$.

定理 5.2.2 说明, 当广义可导的阶数 m 满足 $m > n/2$(n 为空间 $\mathbf{R}^n$ 的维数)时, $H^m(\Omega)$ 中的元素 u 必与 $\overline{\Omega}$ 上的一个连续函数几乎处处相等, 或者说一定可以通过修改 u 在一个零测度上的函数值, 使它成为 $C(\overline{\Omega})$ 中的函数.

定理 5.2.3   设 k 是非负整数, 且当 $m - k > n/2$ 时, $H^m(\Omega)$ 紧嵌入到 $C^k(\overline{\Omega})$ 中.

这个定理说明, 当广义可导的阶数满足关系 $m > k + n/2$ 时, $H^m(\Omega)$ 中的元素可以有直到 $[m - n/2]$ 阶的连续导数, 即 $H^m(\Omega) \subset C^{[m-n/2]}(\overline{\Omega})$. 特别值得注意的

---

① 紧算子: 如果算子 f 映射 D 中的任何有界集 S 成 Y 中的致密集 $f(S)$, 则称 $f: D \to Y$ 是紧的.

致密集: 设 A 是距离空间 R 的子集, 如果 A 中任何点列必有在 R 中收敛的子点列, 则称 A 是 R 的致密集.

是, $H^m(\Omega)$ 中元素的光滑性的阶 $[m - n/2]$ 不仅依赖于 m, 而且还与区域 Ω 所属空间的维数 n 有关.

在一维情形, $\Omega = (a,b)$, 由嵌入定理, $H^1(a,b) \subset C[a,b]$, 即属于 $H^1(a,b)$ 的函数必连续. 当然, 像阶梯函数之类的间断函数只属于 H^0(即 L^2) 而不属于 H^1.

对二维以上的区域 Ω, $H^1(\Omega) \not\subset C(\overline{\Omega})$, 即存在这样的函数, 它可以具有平方可积的一阶广义导数, 但是它自己却不连续. 例如, $u = \ln\ln\dfrac{1}{z}$ 在区域 Ω: $z^2 = x^2 + y^2 < 1/4$, 显然它不属于 $C(\overline{\Omega})$, 但易见 $u \in H^1(\Omega)$.

实际上, 注意到在原点 $z = 0$ 的某个邻域中, 有 $\ln\ln\dfrac{1}{z} \leqslant \left(\dfrac{1}{z}\right)^{\frac{1}{2}}$, 知 $u \in L^2(\Omega)$. 又

$$\int_\Omega \left(u_x^2 + u_y^2\right)\mathrm{d}x\mathrm{d}y = \int_\Omega \frac{1}{\left(\ln\dfrac{1}{z}\right)^2} \cdot \frac{1}{z^2}\mathrm{d}x\mathrm{d}y$$

$$= \int_0^{2\pi}\mathrm{d}\phi \int_0^{\frac{1}{2}} \frac{1}{\left(\ln\dfrac{1}{z}\right)^2} \cdot \frac{1}{z}\mathrm{d}z = \frac{2\pi}{\ln 2},$$

从而 $u \in H^1(\Omega)$.

对于平面或空间区域 $(n = 2, 3)$, 有 $H^2(\Omega) \subset C(\overline{\Omega})$.

5.3　Sobolev 空间与广义解

早在 20 世纪 30 年代时, 苏联数学家 Sobolev 在研究偏微分方程解的存在性和唯一性时就发现, 按古典意义来理解导数, 会造成许多不必要的限制, 他提出了广义导数和广义解的概念. 本节先简单介绍偏微分方程的广义解、弱解、古典解等概念, 然后介绍 Sobolev 空间在讨论二阶椭圆型方程 Dirichlet 问题解的存在性问题中的应用.

一般以 u 为未知函数, x 为自变量的偏微分方程的基本形式为

$$F\left(x, u, \frac{\partial u}{\partial x_1}, \cdots, \frac{\partial u}{\partial x_n}, \cdots, \partial_{\boldsymbol\alpha} u\right) = 0. \tag{5.3.1}$$

看如下形式的线性偏微分方程:

$$\sum_{|\boldsymbol\alpha| \leqslant m} a_{\boldsymbol\alpha}(x)\partial_{\boldsymbol\alpha} u(x) = f(x), \quad \boldsymbol{x} \in \Omega \subset \mathbf{R}^n, \tag{5.3.2}$$

其中 $a_{\boldsymbol\alpha}(x)$ 为系数函数, $f(x)$ 为自由项, 它们都具有一定的光滑性, 为了方便, 令

$$T = \sum_{|\boldsymbol\alpha| \leqslant m} a_{\boldsymbol\alpha}(x)\partial_{\boldsymbol\alpha},$$

称为 m 阶线性偏微分算子. 因而方程 (5.3.2) 写为

$$Tu = f. \tag{5.3.3}$$

定义 5.3.1 设 $\Omega \subset \mathbf{R}^n$, $u \in C^{|\alpha|}(\Omega)$, 若 u 使 (5.3.3) 在 Ω 上恒成立, 称 u 是 (5.3.3) 在 Ω 中的一个**古典解**.

古典解要求较高的光滑性. 下边将解的概念加以推广:

当 $u \in C^m(\Omega)$ 时, $Tu = f \in C(\Omega)$, 从而可以建立 $C_c^\infty(\Omega)$ 上的线性泛函

$$\langle Tu, \phi \rangle = \int_\Omega Tu \cdot \phi \mathrm{d}x, \quad \forall \phi \in C_c^\infty(\Omega).$$

又设 $a_\alpha(x) \in C^m(\Omega)$, 重复使用分部积分可得到

$$\int_\Omega Tu \cdot \phi \mathrm{d}x = \int_\Omega u \cdot T^*\phi \mathrm{d}x, \tag{5.3.4}$$

其中 $T^*\phi = \sum_{|\alpha| \leqslant m} (-1)^{|\alpha|} \partial_\alpha (a_\alpha \phi)$, $\forall \phi \in C_c^\infty(\Omega)$. 经计算, T^* 具有形式

$$T^* = \sum_{|\alpha| \leqslant m} b_\alpha(x) \partial_\alpha, \tag{5.3.5}$$

其中 $b_\alpha(x)$ 仅依赖于 $a_\alpha(x)$. T^* 也是一个 m 阶线性偏微分算子, 且称为 T 的形式**伴随算子**.

式 (5.3.4) 表示为

$$\langle Tu, \phi \rangle = \langle u, T^*\phi \rangle, \quad \forall \phi \in C_c^\infty(\Omega), \quad u \in C^m(\Omega).$$

易见, 当 u 是方程 (5.3.3) 的古典解, 则对于 $f \in C(\Omega)$ 下式成立:

$$\langle u, T^*\phi \rangle = \langle f, \phi \rangle, \quad \forall \phi \in C_c^\infty(\Omega). \tag{5.3.6}$$

问题是如果 $u \notin C^m(\Omega)$ 或 $f \notin C(\Omega)$, 则方程 $Tu = f$ 在古典意义下一定满足不了, 因而不可能存在古典解, 但 (5.3.6) 却在某种意义下仍能得到满足, 这需要打破古典解的限制, 推广解的含义.

定义 5.3.2 设 $f \in L^2(\Omega)$, 如果存在 $u \in L^2(\Omega)$, 满足关系

$$\langle u, T^*\phi \rangle = \langle f, \phi \rangle, \quad \forall \phi \in C_c^\infty(\Omega), \tag{5.3.7}$$

其中 T^* 是 T 的形式伴随算子, 则称 u 是方程 $Tu = f$ 的**弱解**.

由此, $Tu = f$ 的古典解显然是弱解. 反之, 不一定成立. 说明弱解扩大了方程解的范围.

现用广义函数的观点对方程的解进行讨论. 当 $u \in L^2(\Omega) \subset L_{\mathrm{loc}}(\Omega)$ $(L_{\mathrm{loc}}(\Omega)$ 表示 Ω 中局部可积函数空间), $f \in C(\Omega) \subset L_{\mathrm{loc}}(\Omega)$ 时, 二者均可看作广义函数. 所以当 $\alpha_{\boldsymbol{a}}(x) \in C^\infty(\Omega)$ 时, 按照广义函数的运算,

$$
\begin{aligned}
\langle u, T^*\varphi \rangle &= \left\langle u, \sum_{|\boldsymbol{\alpha}| \leqslant m} (-1)^{|\boldsymbol{\alpha}|} \partial_{\boldsymbol{\alpha}}(a_a \varphi) \right\rangle = \sum_{|\boldsymbol{\alpha}| \leqslant m} (-1)^{|\boldsymbol{\alpha}|} \langle u, \partial_{\boldsymbol{\alpha}}(a_{\boldsymbol{\alpha}} \varphi) \rangle \\
&= \sum_{|\boldsymbol{\alpha}| \leqslant m} (-1)^{|\boldsymbol{\alpha}|} \cdot (-1)^{|\boldsymbol{\alpha}|} \langle \partial_{\boldsymbol{\alpha}} u, a_{\boldsymbol{\alpha}} \varphi \rangle \\
&= \sum_{|\boldsymbol{\alpha}| \leqslant m} \langle a_{\boldsymbol{\alpha}} \partial_{\boldsymbol{\alpha}} u, \varphi \rangle = \langle Tu, \varphi \rangle,
\end{aligned}
$$

$\forall \phi \in C_{\mathrm{c}}^\infty(\Omega)$. 由式 (5.3.7), 得到

$$
\langle Tu, \phi \rangle = \langle f, \phi \rangle, \quad \forall \phi \in C_{\mathrm{c}}^\infty(\Omega), \tag{5.3.8}
$$

即说明在 $D'(\Omega)$ 中方程 $Tu = f$ 满足. 显然, 这种解比弱解又扩大了范围.

定义 5.3.3　设 $f \in D'(\Omega)$, 若存在 $u \in D'(\Omega)$ 在广义导数意义下满足方程

$$
Tu = f, \tag{5.3.9}
$$

则称广义函数 u 为 (5.3.9) 的**广义解**.

弱解一定是广义解, 反之不然.

线性偏微分方程的弱解在一定条件下存在, 即弱解存在性问题, 除了这个问题外, 自然会问: 什么情况下, 弱解是古典解? 这些归结为弱解和广义解的正则性问题, 一般在有关偏微分方程理论的著作中进行讨论.

作为 Sobolev 空间的一个简单应用, 讨论二阶椭圆型方程 Dirichlet 问题解的存在性. 考虑一种散度型二阶线性偏微分算子

$$
L(\boldsymbol{x}, \partial) = - \sum_{i,j=1}^n \partial_j (a_{ij}(\boldsymbol{x}) \partial_i) + b(\boldsymbol{x}), \quad \boldsymbol{x} \in \Omega \subset \mathbf{R}^n.
$$

其中 $a_{ij}(\boldsymbol{x}) = a_{ji}(\boldsymbol{x}) \in C^1(\Omega)$, $b(\boldsymbol{x}) \in C(\overline{\Omega})$. 若对任意 $\boldsymbol{x} \in \Omega$, $\boldsymbol{\eta} \in \mathbf{R}^n$, 存在常数 $C > 0$, 使得

$$
\sum_{i,j=1}^n a_{ij} \eta_i \eta_j \geqslant C \|\boldsymbol{\eta}\|^2 \tag{5.3.10}
$$

其中 $\boldsymbol{\eta} = (\eta_1, \cdots, \eta_n)$, 则称 $L(\boldsymbol{x}, \partial)$ 是 Ω 上的一致椭圆型算子.

考虑如下 Dirichlet 问题的解:

$$
\begin{cases}
L(x, \partial)u = f(x), & \boldsymbol{x} \in \Omega, \\
u|_{\partial\Omega} = 0.
\end{cases} \tag{5.3.11}
$$

其中 $\partial\Omega$ 为 Ω 的边界.

该问题的古典解是在函数集合

$$M = \left\{ u \in C^2(\Omega) \bigcap C(\overline{\Omega}), u|_{\partial\Omega} = 0 \right\}$$

中, 所以如果 $f(x)$ 不连续, 则古典解不存在. 但此时, 可以求得该问题的广义解.

这里要用到 Lax–Milgram 定理: 设 H 是 Hilbert 空间, $B(u,v)$ 是 $H \times H \to \mathbf{R}$ 的双线性连续映射, 且存在常数 $C > 0$, $A > 0$, 使得

$$|B(u,v)| \leqslant C \|u\| \cdot \|v\|, \quad \forall u, v \in H$$

和

$$B(u,v) \geqslant A \|u\|, \quad \forall u \in H,$$

则对 H 上的任一连续线性泛函 $F(v) : H \to \mathbf{R}$, 必存在唯一 $u_0 \in H$, 使得

$$B(u_0, v) = F(v), \quad \forall v \in H. \tag{5.3.12}$$

定理 5.3.1 设 $\Omega \subset \mathbf{R}^n$ 是有界区域, $a_{ij}(x) = a_{ji}(x) \in C^1(\overline{\Omega})$, $b(x) \in C(\overline{\Omega})$, 且 $b(x) \geqslant 0$, $L(x, \partial)$ 为一致椭圆型算子, 则对任意 $f \in L^2(\Omega)$, Dirichlet 问题 (5.3.3) 存在唯一的弱解 $u \in H_c^1(\Omega)$.

简证 可以证明 (5.3.11) 中的边界条件在 $H_c^1(\Omega)$ 中自然满足, 从而只需找出 $H_c^1(\Omega)$ 中满足要求的元素 u. 作双线性型

$$B(u,v) = \int_\Omega \left(\sum_{i,j=1}^n a_{ij}\partial_i u \cdot \partial_j v + buv \right) \mathrm{d}x, \quad \forall u, v \in H_c^1(\Omega).$$

由 $a_{ij}(x)$, $b(x)$ 的有界性, 利用 Schwarz 不等式可证得 $B(u,v)$ 是有界的.

由式 (5.3.10) 及 $H_c^1(\Omega)$ 中任意元素 u 的有界性, 可以证明

$$B(u,0) \geqslant A \|u\|^2, \quad \forall u \in H_c^1(\Omega),$$

其中 A 为某一常数. 又因为 $f \in L^2(\Omega)$, 可作 $H_c^1(\Omega)$ 上的连续线性泛函

$$F(v) = \int_\Omega fv\mathrm{d}x, \quad \forall v \in H_c^1(\Omega).$$

应用 Lax–Milgram 定理, 存在唯一 $u \in H_c^1(\Omega)$, 使得

$$B(u,v) = F(v), \quad \forall v \in H_c^1(\Omega).$$

由此得到

$$\int_\Omega \left(\sum_{i,j=1}^n a_{ij}\partial_i u \cdot \partial_j v + buv \right)\mathrm{d}\boldsymbol{x} = \int_\Omega fv\mathrm{d}\boldsymbol{x}. \tag{5.3.13}$$

注意到 $C_c^\infty(\Omega)$ 在 $H_c^1(\Omega)$ 中稠密, 式 (5.3.13) 对任意的 $v \in C_c^\infty(\Omega)$ 也成立. 由分部积分从式 (5.3.13) 得到

$$-\int_\Omega \sum_{i,j=1}^n u[\partial_i(a_{ij}\partial_j v + bv)]\mathrm{d}\boldsymbol{x} = \int_\Omega fv\mathrm{d}\boldsymbol{x},$$

从而 u 在广义导数意义下满足 (5.3.11), 即 u 为所求的弱解. □

　　Sobolev 空间在方程理论中的应用非常广泛、内容非常丰富, 可参见相关著作.

习　题　5

1. 证明在 $W^{m,p}(\Omega)$ 中范数 $\left(\int_\Omega \sum_{|\boldsymbol{\alpha}| \leqslant m} |\partial_{\boldsymbol{\alpha}} u|^p \mathrm{d}\boldsymbol{x} \right)^{1/p}$ 与 $\sum_{|\boldsymbol{\alpha}| \leqslant m} \|\partial_{\boldsymbol{\alpha}} u\|^p$ 等价.

2. 假设 $a \in C_c^\infty(\mathbf{R}^n)$, $u \in W^{m,p}(\mathbf{R}^n)$. 证明 $a \cdot u \in W^{m,p}(\mathbf{R}^n)$, 并且有常数 c(与 a 有关), 使得 $\|a \cdot u\|_{W^{m,p}} \leqslant c\|u\|_{W^{m,p}}$.

第6章 微 分 流 形

微分流形理论是现代数学的重要研究领域, 它融分析、拓扑、几何、代数等多
个分支于一体, 成为近代物理学、力学、工程技术、近代社会经济科学的重要的数
学基础. 现代科学技术的发展越来越显出微分流形的重要性.

6.1 多元映射的连续性与可微性

设映射 $\boldsymbol{f}: U \subset \mathbf{R}^n \to \mathbf{R}^m, \boldsymbol{x} \to \boldsymbol{F}(\boldsymbol{x}) = (f_1(\boldsymbol{x}), \cdots, f_m(\boldsymbol{x}))$, 其中 U 是开
集, $f_i: \mathbf{R}^n \to \mathbf{R}, \quad i = 1, \cdots, m$ 是 m 个 n 元函数.

注 6.1.1 当 $m = 1$ 时, $f: U \subset \mathbf{R}^n \to \mathbf{R}$ 就是 n 元函数; 当 $n = 1$ 时,
$f: U \subset \mathbf{R} \to \mathbf{R}^m$ 就是 $\mathbf{R}^m$ 中的曲线.

定义 6.1.1 设映射 $\boldsymbol{f}: U \subset \mathbf{R}^n \to \mathbf{R}^m, \boldsymbol{f}(\boldsymbol{x}) = (f_1(\boldsymbol{x}), \cdots, f_m(\boldsymbol{x})), \boldsymbol{a} \in U$. 如
果对任意 $\varepsilon > 0$, 存在 $\delta > 0$, 当 $d(\boldsymbol{x}, \boldsymbol{a}) = \|\boldsymbol{x} - \boldsymbol{a}\| = \left(\sum_{i=1}^{n} (x_i - a_i)^2 \right)^{1/2} < \delta$ 时, 有

$$d(\boldsymbol{f}(\boldsymbol{x}), \boldsymbol{f}(\boldsymbol{a})) = \|\boldsymbol{f}(\boldsymbol{x}) - \boldsymbol{f}(\boldsymbol{a})\| = \left(\sum_{i=1}^{m} (f_i(x) - f_i(a))^2 \right)^{1/2} < \varepsilon,$$

则称 $\boldsymbol{f}$ 在 $\boldsymbol{a} = (a_1, \cdots, a_n)$ 点连续.

定理 6.1.1 映射 $\boldsymbol{f}: \mathbf{R}^n \to \mathbf{R}^m, \boldsymbol{F}(\boldsymbol{x}) = (f_1(\boldsymbol{x}), \cdots, f_m(\boldsymbol{x}))$ 在 $\boldsymbol{a}$ 点连续的充
要条件是 m 个 n 元分量函数 $f_i: \mathbf{R}^n \to \mathbf{R}$ 在 $\boldsymbol{a}$ 点连续.

定义 6.1.2 设映射 $\boldsymbol{f}: U \subset \mathbf{R}^n \to \mathbf{R}^m, \boldsymbol{f}(\boldsymbol{x}) = (f_1(\boldsymbol{x}), \cdots, f_m(\boldsymbol{x})), \boldsymbol{a} \in U$. 如
果存在线性映射 $\mathrm{D}\boldsymbol{f}(\boldsymbol{a}) \in L(\mathbf{R}^n, \mathbf{R}^m), (L^2(\mathbf{R}^n, \mathbf{R}^m)$ 表示从 $\mathbf{R}^n$ 到 $\mathbf{R}^m$ 的所有线性
映射集合) 使 $\boldsymbol{f}(x) = \boldsymbol{f}(\boldsymbol{a}) + \mathrm{D}\boldsymbol{f}(\boldsymbol{a})(\boldsymbol{x} - \boldsymbol{a}) + \|\boldsymbol{x} - \boldsymbol{a}\| \cdot R(\boldsymbol{x}, \boldsymbol{a})$, 其中 $\lim_{\boldsymbol{x} \to \boldsymbol{a}} R(\boldsymbol{x}, \boldsymbol{a}) = 0 \in \mathbf{R}^m$, 则称 $\boldsymbol{f}$ 在 $\boldsymbol{a}$ 点可微.

这个定义的等价叙述为: 存在线性映射 $\mathrm{D}\boldsymbol{f}(\boldsymbol{a}) \in L(\mathbf{R}^n; \mathbf{R}^m)$, 使

$$\boldsymbol{f}(\boldsymbol{a} + \boldsymbol{h}) = \boldsymbol{f}(\boldsymbol{a}) + \mathrm{D}\boldsymbol{f}(\boldsymbol{a})(\boldsymbol{h}) + \|\boldsymbol{h}\| \cdot R(\boldsymbol{h}, \boldsymbol{a})$$

或

$$\lim_{\boldsymbol{h} \to 0} \frac{\|\boldsymbol{f}(\boldsymbol{a} + \boldsymbol{h}) - \boldsymbol{f}(\boldsymbol{a}) - \mathrm{D}\boldsymbol{f}(\boldsymbol{a})(\boldsymbol{h})\|}{\|\boldsymbol{h}\|} = 0, \tag{6.1.1}$$

其中 $h = (h_1, \cdots, h_n) \in \mathbf{R}^n$.

注 6.1.2 若映射 $\boldsymbol{f} : U \subset \mathbf{R}^n \to \mathbf{R}^m$ 在 $\boldsymbol{a}$ 点可微, 则有在唯一的线性映射 (可以证明这个映射是存在唯一的)$\mathrm{D}\boldsymbol{f}(\boldsymbol{a})$ 满足 (6.1.1), 称 $\mathrm{D}\boldsymbol{f}(\boldsymbol{a})$ 为 $\boldsymbol{f}$ 在 $\boldsymbol{a}$ 点的导数. 上述定义实际上就是映射 f 的 Fréchet 可微定义.

定理 6.1.2 映射 $\boldsymbol{f} : U \subset \mathbf{R}^n \to \mathbf{R}^m, \boldsymbol{f}(\boldsymbol{x}) = (f_1(\boldsymbol{x}), \cdots, f_m(\boldsymbol{x})), \boldsymbol{a} \in U$ 在 $\boldsymbol{a}$ 点可微的充要条件是 m 个 n 元分量函数 $f_i : U \subset \mathbf{R}^n \to \mathbf{R}$ 在 $\boldsymbol{a}$ 点可微, $i = 1, \cdots, m$.

定理 6.1.3 映射 $\boldsymbol{f} : U \subset \mathbf{R}^n \to \mathbf{R}^m, \boldsymbol{f}(\boldsymbol{x}) = (f_1(\boldsymbol{x}), \cdots, f_m(\boldsymbol{x}))$ 在 $\boldsymbol{a}$ 点可微的充要条件是存在 $m \times n$ 阶矩阵 $J(\boldsymbol{f})_{\boldsymbol{a}}$, 使

$$\boldsymbol{f}(\boldsymbol{x}) = \boldsymbol{f}(\boldsymbol{a}) + (\boldsymbol{x} - \boldsymbol{a})J(\boldsymbol{f})_{\boldsymbol{a}}^{\mathrm{T}} + \|\boldsymbol{x} - \boldsymbol{a}\| \cdot \boldsymbol{R}(\boldsymbol{x}, \boldsymbol{a}).$$

其中 $J(\boldsymbol{f})_{\boldsymbol{a}}^{\mathrm{T}}$ 是 $J(\boldsymbol{f})_{\boldsymbol{a}}$ 的转置, $\lim\limits_{\boldsymbol{x} \to \boldsymbol{a}} \boldsymbol{R}(\boldsymbol{x}, \boldsymbol{a}) = 0$, 矩阵

$$J(\boldsymbol{f})_{\boldsymbol{a}} = \begin{pmatrix} \dfrac{\partial f_1}{\partial x_1}(\boldsymbol{a}) & \cdots & \dfrac{\partial f_1}{\partial x_n}(\boldsymbol{a}) \\ \vdots & & \vdots \\ \dfrac{\partial f_m}{\partial x_1}(\boldsymbol{a}) & \cdots & \dfrac{\partial f_m}{\partial x_n}(\boldsymbol{a}) \end{pmatrix} = \left. \dfrac{\partial(f_1, \cdots f_m)}{\partial(x_1, \cdots, x_n)} \right|_{\boldsymbol{a}}$$

称为 f 在 $\boldsymbol{a}$ 点的**Jacobi矩阵**.

证明 由定理 6.1.2 知, $\boldsymbol{f} : U \subset \mathbf{R}^n \to \mathbf{R}^m$ 在 $\boldsymbol{a}$ 点可微的充要条件是 m 个 n 元分量函数 $f_i : U \subset \mathbf{R}^n \to \mathbf{R}$ 在 $\boldsymbol{a}$ 点可微, $i = 1, \cdots, m$. 这等价于

$$f_i(\boldsymbol{x}) = f_i(\boldsymbol{a}) + \sum_{j=1}^{n} \frac{\partial f_i}{\partial x_j}(\boldsymbol{a})(x_j - a_j) + \|\boldsymbol{x} - \boldsymbol{a}\| \cdot r_i(\boldsymbol{x}, \boldsymbol{a}),$$

其中 $\lim\limits_{\boldsymbol{x} \to \boldsymbol{a}} r_i(\boldsymbol{x}, \boldsymbol{a}) = 0, i = 1, 2, \cdots, m$, 从而得到

$$\boldsymbol{f}(\boldsymbol{x}) = (f_1(\boldsymbol{x}), \cdots, f_m(\boldsymbol{x}))$$

$$= \left(\sum_{j=1}^{n} \frac{\partial f_1}{\partial x_j}(\boldsymbol{a})(x_j - a_j), \cdots, \sum_{j=1}^{n} \frac{\partial f_m}{\partial x_j}(\boldsymbol{a})(x_j - a_j) \right)$$

$$+ (f_1(\boldsymbol{a}), \cdots, f_m(\boldsymbol{a})) + \|\boldsymbol{x} - \boldsymbol{a}\|(r_1(\boldsymbol{x}, \boldsymbol{a}), \cdots, r_m(\boldsymbol{x}, \boldsymbol{a}))$$

$$= (x_1 - a_1, \cdots, x_n - a_n)\begin{pmatrix} \dfrac{\partial f_1}{\partial x_1}(\boldsymbol{a}) & \cdots & \dfrac{\partial f_m}{\partial x_1}(\boldsymbol{a}) \\ \vdots & & \vdots \\ \dfrac{\partial f_1}{\partial x_n}(\boldsymbol{a}) & \cdots & \dfrac{\partial f_m}{\partial x_n}(\boldsymbol{a}) \end{pmatrix} + \boldsymbol{f}(\boldsymbol{a}) + \|\boldsymbol{x} - \boldsymbol{a}\| \cdot \boldsymbol{R}(\boldsymbol{x}, \boldsymbol{a})$$

$$= \boldsymbol{f}(\boldsymbol{a}) + (\boldsymbol{x} - \boldsymbol{a})J(f)_{\boldsymbol{a}}^{\mathrm{T}} + \|\boldsymbol{x} - \boldsymbol{a}\| \cdot R(\boldsymbol{x}, \boldsymbol{a}),$$

其中 $\lim\limits_{x \to a} R(\boldsymbol{x}, \boldsymbol{a}) = \lim\limits_{x \to a}(r_1(\boldsymbol{x}, \boldsymbol{a}), \cdots, r_m(\boldsymbol{x}, \boldsymbol{a})) = (0, \cdots, 0) = 0.$ □

注 6.1.3 定理 6.1.3 反映了 $\mathrm{D}\boldsymbol{f}(\boldsymbol{a})$ 与 $J(\boldsymbol{f})_{\boldsymbol{a}}$ 的关系以及可微与 $\dfrac{\partial f_i}{\partial x_j}(\boldsymbol{a})$ 的关系, 并且有 $\mathrm{D}\boldsymbol{f}(\boldsymbol{a})(\boldsymbol{x}) = \left(\sum\limits_{i=1}^{n} \dfrac{\partial f_1}{\partial x_i}(\boldsymbol{a})x_i, \cdots, \sum\limits_{i=1}^{n} \dfrac{\partial f_m}{\partial x_i}(\boldsymbol{a})x_i \right).$

设 $\boldsymbol{f}$ 是从开集 $U \subset \mathbf{R}^n$ 到 $\mathbf{R}^m$ 的可微映射, 在每点 $\boldsymbol{x} \in U$ 均有 Fréchet 微分 $\mathrm{D}\boldsymbol{f}(\boldsymbol{x})$. 这样微分 $\mathrm{D}\boldsymbol{f}(\boldsymbol{x})$ 又可以看成 U 上的线性映射. 如果 $\mathrm{D}\boldsymbol{f} : U \to L(\mathbf{R}^n, \mathbf{R}^m)$ 仍在 $\boldsymbol{x}$ 处可微, 则说 F 在 $\boldsymbol{x}$ 处二阶 Fréchet 可微, 并记其微分为

$$\mathrm{D}^2 \boldsymbol{f}(\boldsymbol{x}) = \mathrm{D}(\mathrm{D}\boldsymbol{f}(\boldsymbol{x})) \in L(U, L(\mathbf{R}^n, \mathbf{R}^m)),$$

一般地, F 在 $\boldsymbol{x}$ 处的 k 阶微分为

$$\mathrm{D}^k \boldsymbol{f}(\boldsymbol{x}) = \mathrm{D}(\mathrm{D}^{k-1}\boldsymbol{f})(\boldsymbol{x}),$$

它是 $L(U, \underbrace{L(\mathbf{R}^n, \cdots, L(\mathbf{R}^n, \mathbf{R}^m))}_{k-1 \text{重}})$ 的元素.

设 $E_1, \cdots, E_k$ 和 E 是线性空间及映射 $A : E_1 \times E_2 \times \cdots \times E_k \to E$. 如果 $A(x_1, \cdots, x_k), x_i \in E_i(i = 1, \cdots, k)$, 当任意固定其中 $k - 1$ 个变量时, 作为剩下的一个变元的映射是线性的, 即

$$A(x_1, \cdots, \lambda x_i + \mu \tilde{x}_i, \cdots, x_k) = \lambda A(x_1, \cdots, x_i, \cdots, x_k) + \mu A(x_1, \cdots, \tilde{x}_i, \cdots, x_k),$$

则称映射 $A : E_1 \times E_2 \times \cdots \times E_k \to E$ 为 k 重线性映射. 记所有从 $E_1 \times E_2 \times \cdots \times E_k$ 到 E 的连续 k 重线性映射为 $L(E_1 \times \cdots \times E_k, E)$, 它是一个赋范线性空间. 当 $E_1 = E_2 = \cdots = E_k$ 时, 记为 $L^k(E_1, E)$. 可以证明, $L(E_1, L(E_2, \cdots, L(E_k, E)))$ 等距同构于 $L(E_1 \times \cdots \times E_k, E)$. 特别地, 当 $E_1 = E_2 = \cdots = E_k = \mathbf{R}^n$ 时, $L(\mathbf{R}^n, L(\mathbf{R}^n, \cdots, L(\mathbf{R}^n, \mathbf{R}^m)))$ 与 $L^k(\mathbf{R}^n, \mathbf{R}^m) = L(\mathbf{R}^n \times \cdots \times \mathbf{R}^n, \mathbf{R}^m)$ 等距同构.

定义 6.1.3 设映射 $\boldsymbol{f} : U \subset \mathbf{R}^n \to \mathbf{R}^m$ 是 $k - 1$ 阶 Fréchet 可微的 (简称 $k - 1$ 阶 F 可微) 即 $\mathrm{D}^{k-1}\boldsymbol{f}(\boldsymbol{x})$ 在 U 上有定义. 若 $\mathrm{D}^{k-1}\boldsymbol{f} : U \to L^{k-1}(\mathbf{R}^n, \mathbf{R}^m)$ 在 $\boldsymbol{x} \in U$ 仍然 Fréchet 可微, 则称 $\boldsymbol{f}$ 在 $\boldsymbol{x}$ 处 k 阶 F 可微, 记 $\mathrm{D}^{k-1}\boldsymbol{f}$ 在 $\boldsymbol{x}$ 处的 F 微分为 $\mathrm{D}^k\boldsymbol{f}(\boldsymbol{x}) \in L^k(\mathbf{R}^n, \mathbf{R}^m)$, 称它为 $\boldsymbol{f}$ 在 x 处 k 阶 F 微分. 若 $\mathrm{D}^k\boldsymbol{f}(\boldsymbol{x})$ 在 U 上还是连续的, 则称 $\boldsymbol{f}$ 在 U 上 k 阶连续 F 可微, 或称 $\boldsymbol{f}$ 是 C^k 的, 记为 $\boldsymbol{f} \in C^k(U, \mathbf{R}^m)$. 如果 $\boldsymbol{f}$ 在 U 上任意阶连续 F 可微, 则称 $\boldsymbol{f}$ 在 U 上无限可微 (光滑), 也称 $\boldsymbol{f}$ 是 C^∞ 的.

定义 6.1.4　设 U, V 是 $\mathbf{R}^n$ 的两个开子集, $0 \leqslant k \leqslant \infty$. 若 C^k 映射 $F: U \to V$ 是双射, 且 F^{-1} 是 C^k 的, 则称 F 是 C^k 类微分同胚. 当 $k = 0$ 时, 简称为同胚.

6.2　微分流形的定义

6.2.1　拓扑流形与微分流形

定义 6.2.1　如果拓扑空间 (M, τ) 满足:

(1) (M, τ) 是一个有可数拓扑基的 Hausdorff 拓扑空间.

(2) (M, τ) 是局部欧氏的, 即对任意 $P \in M$, 存在 P 点的开邻域 V 和映射 φ, 使

$$\varphi: V \to \varphi(V) \subseteq \mathbf{R}^n$$

是同胚映射, 则称 M 为 n 维拓扑流形, 称 φ 为坐标映射, 称 V 为坐标域, 称 (V, φ) 为坐标卡.

例 6.2.1　欧氏空间 $\mathbf{R}^n$ 是一个 n 维拓扑流形, 坐标映射取恒等映射 I.

例 6.2.2　闭区间 $[a, b]$ 不是拓扑流形, 因为其端点的邻域不能同胚于 $\mathbf{R}$ 中任何开子集.

定义 6.2.2　n 维拓扑流形 M 上的 $C^k(0 \leqslant k \leqslant \infty)$ 类微分构造是指 M 上的坐标卡之集

$$\Phi = \{(V_\alpha, \varphi_\alpha) | \alpha \in \Lambda(指标集)\}$$

满足:

(1) **覆盖性**　$M = \bigcup V_\alpha$;

(2) **相容性**　若 $(V_\alpha, \varphi_\alpha), (V_\beta, \varphi_\beta) \in \Phi$, 当 $V_\alpha \bigcap V_\beta \neq \varnothing$ 时, 映射

$$\varphi_\beta \circ \varphi_\alpha^{-1}: \varphi_\alpha(V_\alpha \bigcap V_\beta) \subset \mathbf{R}^n \to \varphi_\beta(V_\alpha \bigcap V_\beta) \subset \mathbf{R}^n$$

与

$$\varphi_\alpha \circ \varphi_\beta^{-1}: \varphi_\beta(V_\alpha \bigcap V_\beta) \subset \mathbf{R}^n \to \varphi_\alpha(V_\alpha \bigcap V_\beta) \subset \mathbf{R}^n$$

都是 C^k 类微分同胚.

(3) **最大性**　若 (V, φ) 与 Φ 中每个坐标卡是 C^k 类相容的, 则 $(V, \varphi) \in \Phi$.

定义 6.2.3　若 n 维拓扑流形 M 带上 C^k 类微分构造 Φ, 则称 (M, Φ) 是 n 维 C^k 微分流形. 当 $k = \infty$ 时, 称作光滑 (微分) 流形.

把线性子空间的概念引入流形中, 可以得到正则子流形的概念.

定义 6.2.4　设 N 是 n 维 C^k 微分流形, M 是 N 的子集. 如果对任何 $\boldsymbol{x} \in M$, 存在 N 的坐标卡 $(V, \varphi), \boldsymbol{x} \in V, \varphi: V \to V' \subset \mathbf{R}^n$, 使得当 $M \bigcap V \neq \varnothing$ 时有

$\varphi(M \bigcap V) = V' \bigcap \mathbf{R}^m (m \leqslant n)$. 这里 $\mathbf{R}^m$ 是 $\mathbf{R}^n$ 的 m 维子空间, 则称 M 为流形 N 的 m 维 C^k 正则子流形. 数 $q = n - m$ 称为子流形 M 的余维数.

不失一般性, 可取 $\mathbf{R}^n$ 的 $m(m < n)$ 维线性子空间为

$$\mathbf{R}^m = \{(x_1, \cdots, x_n) \in \mathbf{R}^n | x_{m+1} = \cdots = x_n = 0\},$$

于是对 $x \in V \bigcap M$, 有局部坐标 $\varphi(x) = (x_1, \cdots, x_m, 0, \cdots, 0)$.

Whitney(惠特尼) 定理指出: 对任何 $C^k(k \geqslant 1)$ 微分流形 M 总可找到与其 C^k 微分构造是 C^k 相容的 C^∞ 微分结构, 从而使 M 成为 C^∞ 微分流形 (光滑流形). 所以下边提到的流形均指 C^∞ 微分流形.

1. 由一个整体坐标域构成的 C^∞ 微分流形

定理 6.2.1 设 M 是一个有可数拓扑基的 Hausdorff 拓扑空间, 若存在同胚映射

$$\varphi : M \to \varphi(M) \subseteq \mathbf{R}^n,$$

则 (M, Φ) 是 n 维 C^∞ 微分流形, 其中 $\Phi = \{(M, \varphi)\}$.

证明 (1) 覆盖性 $M = M$.

(2) 相容性 因为 $\varphi \circ \varphi^{-1} = I$ 是 $\varphi(M)$ 上的恒等映射, 它是 C^∞ 映射, 所以 (M, Φ) 是 n 维 C^∞ 微分流形. $\qquad \square$

注 6.2.1 由一个坐标卡构成的微分流形简单地记作 (M, φ).

例 6.2.3 设 $M = \mathbf{R}^n$, $(\mathbf{R}^n, \tau)$ 是一个有可数基的 Hausdorff 拓扑空间, 恒等映射 $I : \mathbf{R}^n \to \mathbf{R}^n, I(x) = x$ 是同胚映射, 所以 $(\mathbf{R}^n, I)$ 是 n 维 C^∞ 微分流形.

$\mathbf{R}^3$ 中的简单曲线是指如下映射:

$$F : (a, b) \to F[(a, b)] \subseteq \mathbf{R}^3,$$

$$\boldsymbol{F}(t) = (f_1(t), f_2(t), f_3(t)),$$

F 既是单射又是满射, 并且 F 是连续映射. 简单曲线在 $\mathbf{R}^3$ 中的图像是不自交的连续曲线.

由定理 6.2.1 可以得到如下各个定理:

定理 6.2.2 设 $M = F[(a, b)]$, 即

$$M = \{\boldsymbol{x} = (x_1, x_2, x_3) \in \mathbf{R}^3 | x_i = f_i(t), i = 1, 2, 3, a < t < b\}$$

是 $\mathbf{R}^3$ 中的简单曲线, 作映射:

$$\varphi : M \to \varphi(M) = (a, b) \subseteq \mathbf{R}, \quad \varphi(f_1(t), f_2(t), f_3(t)) = t,$$

则 (M, ϕ) 是一维 C^∞ 微分流形.

注 6.2.2　一般地, $\mathbf{R}^n$ 中的简单曲线:

$$M = \{(x_1, \cdots, x_n) | x_i = f_i(t), i = 1, \cdots, n, a < t < b\}$$

是一维 C^∞ 微分流形. $n = 2$ 就是平面 $\mathbf{R}^2$ 中的简单曲线.

这类流形实质上是整体上可以表示为函数图像的集合.

具体例子如下:

例 6.2.4　$\mathbf{R}^3$ 中的圆柱螺线

$$M = \{(x_1, x_2, x_3) | x_1 = a\cos t, x_2 = a\sin t, x_3 = bt\}(-\infty < t < +\infty)$$

是一维 C^∞ 微分流形, 同胚映射为 $\varphi(a\cos t, a\sin t, bt) = t$ 或 $\varphi(x_1, x_2, x_3) = x_3$.

例 6.2.5　$\mathbf{R}^2$ 中的开圆

$$M = \{(x_1, x_2) | x_1 = a\cos t, x_2 = a\sin t, 0 < t < 2\pi\}$$

是一维 C^∞ 微分流形, 同胚映射为 $\varphi(a\cos t, a\sin t) = t$.

定理 6.2.3　由显式方程给出的定义在开区间 (a, b) 上的平面连续曲线

$$M = \{(x_1, x_2) | x_2 = f(x_1), a < x_1 < b, f 连续\},$$

作同胚映射 $M \to \varphi(M) = (a, b) \subseteq \mathbf{R}, \varphi(x_1, x_2) = x_1$. 其逆映射为 $\varphi^{-1}(x_1) = (x_1, f(x_1))$, 则 (M, φ) 是一维 C^∞ 微分流形.

可见, 所有定义在开区间上的初等连续显函数构成的曲线都是一维 C^∞ 微分流形. 具体例子如抛物线 $x_2 = x_1^2$, 正弦曲线 $x_2 = \sin x_1$ 等都是一维 C^∞ 微分流形.

下面给出简单曲面的相关情形.

设 D 是 $\mathbf{R}^2$ 的单连通开集, 空间 $\mathbf{R}^3$ 中的简单曲面是指下边的映射:

$$\boldsymbol{F} : D \to F(D) \subseteq \mathbf{R}^3, \quad \boldsymbol{F}(u, v) = (f_1(u, v), f_2(u, v), f_3(u, v)).$$

$\boldsymbol{F}$ 是一一对应的映射, 并且 $\boldsymbol{F}$ 是连续的. 简单曲面在 $\mathbf{R}^3$ 中的图像是一片不自交的连续曲面.

定理 6.2.4　设 $M = \{(x_1, x_2, x_3) | x_i = f_i(u, v), i = 1, 2, 3, (u, v) \in D \subseteq \mathbf{R}^2\}$ 是 $\mathbf{R}^3$ 中的简单曲面, 作同胚映射

$$\varphi : M \to \varphi(M) = D \subseteq \mathbf{R}^2, \quad \varphi(f_1(u, v), f_2(u, v), f_3(u, v)) = (u, v),$$

其逆映射为 $\varphi^{-1}(u, v) = (f_1(u, v), f_2(u, v), f_3(u, v))$, 则 (M, φ) 是二维 C^∞ 微分流形.

例 6.2.6 $\mathbf{R}^3$ 中的简单开球面

$$M = \{(x_1, x_2, x_3) | x_1 = a \cos u \cos v, x_2 = a \sin u \cos v, x_3 = a \sin v\},$$

其中 $(u, v) \in D = (0, 2\pi) \times \left(-\dfrac{\pi}{2}, \dfrac{\pi}{2}\right)$, 是二维 C^∞ 微分流形.

定理 6.2.5 $\mathbf{R}^3$ 中由显式方程给出的定义在平面中单连通开集 D 上的连续曲面:

$$M = \{(x_1, x_2, x_3) | x_3 = f(x_1, x_2), (x_1, x_2) \in D \subseteq \mathbf{R}^2, f \text{连续}\}$$

作同胚映射 $\varphi : M \to \phi(M) = D \subseteq \mathbf{R}^2, \varphi(x_1, x_2, x_3) = (x_1, x_2)$, 其逆映射为 $\varphi^{-1}(x_1, x_2) = (x_1, x_2, f(x_1, x_2))$, 则 (M, φ) 是二维 C^∞ 微分流形.

注 6.2.3 一般 $\mathbf{R}^{n+1}$ 中的连续超曲面

$$M = \{(x_1, \cdots, x_n, x_{n+1}) | x_{n+1} = f(x_1, \cdots, x_n), f \text{连续}\},$$

其中 $(x_1, \cdots, x_n) \in D \subseteq \mathbf{R}^n$, 是 n 维 C^∞ 微分流形.

可见, $\mathbf{R}^3$ 中所有由显式方程给出的定义在单连通开集上的连续曲面都是二维 C^∞ 微分流形.

例 6.2.7 $\mathbf{R}^3$ 中的双曲面

$$M = \left\{(x_1, x_2, x_3) \Big| x_3 = \dfrac{x_1^2}{a^2} \pm \dfrac{x_2^2}{b^2}, (x_1, x_2) \in \mathbf{R}^2\right\}$$

是二维 C^∞ 微分流形.

例 6.2.8 $\mathbf{R}^3$ 中的平面

$$M = \{(x_1, x_2, x_3) | x_3 = ax_1 + bx_2 + c, (x_1, x_2) \in \mathbf{R}^2\}$$

是二维 C^∞ 微分流形.

定理 6.2.6 设 M 是 $\mathbf{R}^3$ 中母线平行于 x_3 轴的开柱面, 即

$$M = \{(x_1, x_2, x_3) | x_2 = f(x_1), a < x_1 < b, x_3 \in \mathbf{R}, f \text{连续}\}$$

作同胚映射 $\varphi : M \to \varphi(M) = (a, b) \times \mathbf{R} \subseteq \mathbf{R}^2, \varphi(x_1, x_2, x_3) = (x_1, x_3)$. 其逆映射为 $\varphi^{-1}(x_1, x_3) = (x_1, f(x_1), x_3)$. 则 (M, φ) 是二维 C^∞ 微分流形.

可见, 所有定义在开区间上的一元初等函数给出的曲线放在三维空间 $\mathbf{R}^3$ 中就是 $\mathbf{R}^3$ 中母线平行于 x_3 轴的开柱面, 它们都是二维 C^∞ 微分流形.

例 6.2.9 $\mathbf{R}^3$ 中母线平行于 x_3 轴的正弦柱面

$$M = \{(x_1, x_2, x_3) | x_2 = \sin x_1, (x_1, x_3) \in \mathbf{R}^2\}$$

是二维 C^∞ 微分流形.

下面定理说明任何一个 n 维向量空间都可以构成 n 维 C^∞ 微分流形.

定理 6.2.7   设 M 是任意一个 n 维向量空间, 且 $e_1, \cdots, e_n$ 是 M 的一组基, 设 $\boldsymbol{x} = x_1 e_1 + x_2 e_2 + \cdots + x_n e_n \in M$, 定义映射 $\varphi: M \to \mathbf{R}^n$ 为 $\varphi(\boldsymbol{x}) = (x_1, \cdots, x_n)$. 则 (M, φ) 是 n 维 C^∞ 微分流形.

定理 6.2.8   设 (M, φ) 是 n 维 C^∞ 微分流形, 其坐标卡之集是 $\varPhi = \{(V_\alpha, \varphi_\alpha) | \alpha \in \varLambda\}$. 设 V 是 M 的开集, 令

$$\varPhi_1 = \{(V \bigcap V_\alpha, \varphi_\alpha) | V \bigcap V_\alpha \neq \varnothing, \text{任}(V_\alpha, \varphi_\alpha) \in \varPhi\},$$

则 $(V, \varPhi_1)$ 是 n 维 C^∞ 微分流形, 称为 (M, φ) 的开子流形.

例 6.2.10 $(\mathbf{R}, I)$ 是一维 C^∞ 微分流形, 设 $V = (a, b)$ 是 $\mathbf{R}$ 的开区间, 而 $I: (a, b) \to (a, b) \subset \mathbf{R}, I(x) = x$ 是恒等映射, 则 $((a, b), I)$ 是 $(\mathbf{R}, I)$ 的一维开子流形.

例 6.2.11 $(\mathbf{R}^2, I)$ 是二维 C^∞ 微分流形, 设

$$V = \{\boldsymbol{x} = (x_1, x_2) \in \mathbf{R}^2 | x_1^2 + x_2^2 < a^2\}$$

是 $\mathbf{R}^2$ 的开圆盘 (开集). 则 (V, I) 是 $(\mathbf{R}^2, I)$ 的二维开子流形.

2. 由多个坐标域构成的 C^∞ 微分流形

例 6.2.12 $\mathbf{R}^2$ 中的闭圆 $S^1 = \{\boldsymbol{x} = (x_1, x_2) \in \mathbf{R}^2 | x_1^2 + x_2^2 = a^2\}$ 是一维 C^∞ 微分流形. 通常可以取如下两种情形的多个坐标域:

(1) 取 4 个开集 U_1, U_2, U_3, U_4 分别为 $x_1 > 0, x_1 < 0, x_2 > 0, x_2 < 0$ 部分的半圆周, 它们都是 S^1 的开集, 就是 S^1 的坐标域. 相应的坐标映射 $\varphi_i (i = 1, 2, 3, 4)$ 取为 U_i 到区间 $(-a, a) \subset \mathbf{R}$ 的投影, 即

$$\varphi_1(x_1, x_2) = \varphi_2(x_1, x_2) = x_2, \quad \varphi_3(x_1, x_2) = \varphi_4(x_1, x_2) = x_1,$$

则 $\varphi_i (i = 1, 2, 3, 4)$ 均为同胚映射. 4 个坐标卡构成的集合是

$$\varPhi_1 = \{(U_i, \varphi_i) | i = 1, 2, 3, 4\}.$$

容易证明 $\varPhi_1$ 是一个 C^∞ 微分构造, 所以 $(S^1, \varPhi_1)$ 是一维 C^∞ 微分流形.

(2) S^1 上的任一点 $\boldsymbol{x} = (x_1, x_2)$ 都可以写成复数的指数形式

$$\boldsymbol{x} = a(\cos\theta + \mathrm{i}\sin\theta) = a\mathrm{e}^{\theta\mathrm{i}}, \quad 0 \leqslant \theta \leqslant 2\pi.$$

取 $V_1 = S^1 - a\mathrm{e}^{0\mathrm{i}}, V_2 = S^1 - a\mathrm{e}^{\pi\mathrm{i}}$, 则 V_1 和 V_2 是 S^1 的开集, 也就是 S^1 的坐标域.

定义坐标映射如下:

$$\varphi_1 : V_1 \to \phi_1(V_1) = (0, 2\pi) \subset \mathbf{R}, \quad \varphi_1(a\mathrm{e}^{\theta \mathrm{i}}) = \theta,$$

$$\varphi_2 : V_2 \to \phi_2(V_2) = (\pi, 3\pi) \subset \mathbf{R}, \quad \varphi_2(a\mathrm{e}^{\eta \mathrm{i}}) = \eta.$$

则 φ_1, φ_2 是同胚映射, 坐标卡之集为 $\Phi_2 = \{(V_1, \varphi_1), (V_2, \varphi_2)\}$. 易证 Φ_2 是一个 C^∞ 微分构造, 所以 (S^1, Φ_2) 是一维 C^∞ 微分流形.

注 6.2.4 (1) 可以证明 (S^1, Φ_1) 和 (S^1, Φ_2) 是相同的一维 C^∞ 微分流形.

(2) 上述结果可以推广到高维情形. n 维球面

$$S^n = \{(x_1, \cdots, x_{n+1}) \in \mathbf{R}^{n+1} | \sum_{i=1}^{n+1} x_i^2 = 1\}, \quad n = 2, 3, \cdots$$

是一个 n 维 C^∞ 微分流形.

例 6.2.13 实数域 $\mathbf{R}$ 上的全体 $n \times n$ 阶矩阵构成的向量空间 $M_{nn}(\mathbf{R})$ 是 n^2 维 C^∞ 微分流形, 同胚映射为

$$\boldsymbol{\varphi} : M_{nn}(\mathbf{R}) \to \varphi(M_{nn}(\mathbf{R})) = \mathbf{R}^{n^2},$$

$$\boldsymbol{\varphi}(\boldsymbol{A}) = (a_{11}, \cdots, a_{1n}, \cdots, a_{n1}, \cdots, a_{nn}),$$

其中 $\boldsymbol{A} = (a_{ij}) \in M_{nn}(\mathbf{R})$.

定理 6.2.9 设 (M_1, Φ_1) 和 (M_2, Φ_2) 分别是 n 维和 m 维 C^∞ 微分流形, 在积拓扑空间 $M_1 \times M_2$ 上定义微分构造如下:

$$\Phi = \{(V_\alpha \times W_\beta, \varphi_\alpha \times \psi_\beta) | (V_\alpha, \varphi_\alpha) \in \Phi_1, (W_\beta, \psi_\beta) \in \Phi_2\},$$

其中对任 $(v, w) \in V_\alpha \times W_\beta$, 有 $(\varphi_\alpha \times \psi_\beta)(v, w) = (\varphi_\alpha(v), \psi_\beta(w))$, 则 $(M_1 \times M_2, \Phi)$ 是 $n + m$ 维 C^∞ 微分流形, 称为 M_1 和 M_2 的积流形.

例 6.2.14 积流形的例子:

(1) 平面 $\mathbf{R}^2$ 中的开矩形 $M = (a, b) \times (c, d)$ 是二维 C^∞ 积流形;

(2) 空间 $\mathbf{R}^3$ 中的开长方体 $M = (a, b) \times (c, d) \times (e, f)$ 是三维 C^∞ 积流形;

(3) 空间 $\mathbf{R}^3$ 中的圆柱面 $M = S^1 \times \mathbf{R}$ 是二维 C^∞ 积流形;

(4) 空间 $\mathbf{R}^3$ 中的圆环面 $M = S^1 \times S^1$ 是二维 C^∞ 积流形;

(5) n 维数空间 $\mathbf{R}^n = \mathbf{R} \times \cdots \times \mathbf{R}$ 是 n 维 C^∞ 积流形;

(6) 椭圆 $M_1 = \left\{(x_1, x_2) \in \mathbf{R}^2 \left| \dfrac{x_1^2}{a^2} + \dfrac{x_2^2}{b^2} = 1\right.\right\}$ 是一维 C^∞ 微分流形, 椭圆柱面

$$M^2 = \left\{(x_1, x_2, x_3) \in \mathbf{R}^3 \left| \dfrac{x_1^2}{a^2} + \dfrac{x_2^2}{b^2} = 1, x_3 \in \mathbf{R}\right.\right\} = M_1 \times \mathbf{R}$$

是二维 C^∞ 积流形;

(7) 双曲线 $M_2 = \left\{ (x_1, x_2) \in \mathbf{R}^2 \middle| \dfrac{x_1^2}{a^2} - \dfrac{x_2^2}{b^2} = 1 \right\}$ 是一维 C^∞ 微分流形, 双曲柱面

$$M^2 = \left\{ (x_1, x_2, x_3) \in \mathbf{R}^3 \middle| \dfrac{x_1^2}{a^2} - \dfrac{x_2^2}{b^2} = 1, x_3 \in \mathbf{R} \right\} = M_2 \times \mathbf{R}$$

是二维 C^∞ 积流形.

例 6.2.15 平面 $\mathbf{R}^2$ 中的双纽线

$$M = \{ \boldsymbol{x} = (x_1, x_2) \in \mathbf{R}^2 | (x_1^2 + x_2^2)^2 = x_1^2 - x_2^2 \}$$
$$= \{ (\rho, \theta) \in \mathbf{R}^2 | \rho^2 = \cos 2\theta \}$$

作为 $\mathbf{R}^2$ 的子拓扑空间不是一维拓扑流形, 从而不是 C^∞ 微分流形.

事实上假设 M 是一维拓扑流形, 则对于 $\boldsymbol{O} = (0,0) \in M$, 存在 $\boldsymbol{O}$ 点的开邻域 $V = M \bigcap \tilde{V}$ 及同胚映射: $\varphi : V \to \varphi(V) = (a, b) \subset \mathbf{R}$, 其中 $\tilde{V} = B_\varepsilon^2(\boldsymbol{O})$ 是以 $\boldsymbol{O}$ 为中心, 以 ε 为半径的开圆. 因为 $\varphi(\boldsymbol{O}) = c \in (a, b)$, 所以 $\varphi : V - \{\boldsymbol{O}\} \to (a, c) \bigcup (c, b)$ 应该还是同胚, 但 $V - \{\boldsymbol{O}\}$ 有 4 个道路连通分支, 而 $(a, c) \bigcup (c, b)$ 有两个道路连通分支, 这与 φ 是同胚映射矛盾, 故 M 不是一维拓扑流形.

6.2.2 可微函数与可微映射

定义 6.2.5 设 M 是 n 维 C^∞ 微分流形, $f : M \to \mathbf{R}$ 为 M 上的函数. 如果对 M 上任意坐标卡 $(U_\alpha, \varphi_\alpha)$, 函数

$$f_\alpha = f \circ \varphi_\alpha^{-1} : \varphi_\alpha(U_\alpha) \subset \mathbf{R}^n \to \mathbf{R}$$

是 $\mathbf{R}^n$ 上的 C^k 函数, 则称 f 是 M 上的 C^k 函数$(1 \leqslant k \leqslant \infty)$. C^∞ 函数也叫光滑函数. M 上的 C^k 函数的集合记为 $C^k(M, \mathbf{R})$. 设 $x \in M$, 若存在含 x 的邻域 U 使 $f|_U$ 在 U 上可微, 则称 f 在 x 处可微.

流形上函数的可微性定义与坐标卡的选择无关.

定义 6.2.6 设 M 到 N 分别为 m 维和 n 维微分流形, $\boldsymbol{F} : M \to N$. 如果对任意 $f \in C^k(N, \mathbf{R})$ 及 $\boldsymbol{x} \in M$,

$$\phi^* = f \circ \boldsymbol{F} \in C^k(M, \mathbf{R}),$$

则称 $\boldsymbol{F}$ 是从 M 到 N 的 C^k 映射, 其全体记为 $C^k(M, N)(1 \leqslant k \leqslant \infty)$. $C^\infty(M, N)$ 可微映射亦称为光滑映射.

这个可微映射的定义等价于如下的可微映射定义:

定义 6.2.7 设 $\boldsymbol{F}$ 为从 M 到 N 的映射. $(U_\alpha, \varphi_\alpha)$ 和 (V_β, ψ_β) 分别代表 M 到 N 的某一坐标卡. 当 $\boldsymbol{x} \in U_\alpha$ 时, $\boldsymbol{F}(\boldsymbol{x}) \in V_\beta$. 如果映射

$$F_{\beta\alpha} = \psi_\beta \circ F \circ \varphi_\alpha^{-1} : \varphi(U_\alpha) \to \psi_\beta(V_\beta), x_\alpha \to y_\beta$$

在 $x_\alpha = \varphi_\alpha(\boldsymbol{x})$ 处可微, 则称 $\boldsymbol{F}$ 在 $\boldsymbol{x}$ 处可微. 若 $\boldsymbol{F}$ 在 M 上处处可微, 则称 $\boldsymbol{F}$ 是从 M 到 N 的可微映射.

这样定义的可微映射与坐标邻域的选择无关.

在上述定义中的 $F_{\beta\alpha}$ 称为映射 F 的局部表示, 它由函数

$$\begin{cases} y_{\beta_1} = F_{\beta\alpha_1}(x_{\alpha_1}, \cdots, x_{\alpha_m}), \\ \qquad\qquad \vdots \\ y_{\beta_n} = F_{\beta\alpha_n}(x_{\alpha_1}, \cdots, x_{\alpha_m}) \end{cases}$$

给出, 其中 $F_{\beta\alpha_i}(i = 1, \cdots, n)$ 是映射 $F_{\beta\alpha}$ 的第 i 个分量.

设 M 是 m 维微分流形, x 是其上一点. M 上过 x 的一条光滑曲线是指一个光滑映射 $\gamma : J \to M, J \subset \mathbf{R}$ 是包含原点 O 的开区间, 且 $\gamma(O) = x$. 取 M 在 x 处的一个坐标卡 $(U_\alpha, \varphi_\alpha)$, γ 的局部表示为 $\gamma_\alpha : J \to \mathbf{R}^m, t \to \gamma_\alpha(t) = \varphi_\alpha(\gamma(t))$. $\gamma_\alpha(t)$ 是欧氏空间 $\mathbf{R}^m$ 中的过 $x_\alpha = \varphi_\alpha(x)$ 的一条光滑曲线. 利用通常的求导运算, 可得到 $\gamma_\alpha(t)$ 在 x_α 处的切向量 $\xi_\alpha = \dfrac{\mathrm{d}}{\mathrm{d}t}\gamma_\alpha(t)|_{t=0} = \dfrac{\mathrm{d}}{\mathrm{d}t}\varphi_\alpha(\gamma(t))|_{t=0}$.

定义 6.2.8 若流形 M 上的两条光滑曲线 γ_1, γ_2 在 $\boldsymbol{x}$ 处相切 (即 $\gamma_1(0) = \gamma_2(0) = \boldsymbol{x}, \dfrac{\mathrm{d}}{\mathrm{d}t}\varphi_\alpha(\gamma_1(t))|_{t=0} = \dfrac{\mathrm{d}}{\mathrm{d}t}\varphi_\alpha(\gamma_2(t))|_{t=0}$), 则称 γ_1 与 γ_2 **切等价**. 在 M 上 $\boldsymbol{x}$ 处与曲线 γ 切等价的所有曲线组成的等价类称为 M 上曲线的一个切等价类, 记作 $[\gamma]$.

m 维微分流形 M 上过 x 的曲线的一个切等价类 $\boldsymbol{\xi} = [\gamma]$ 称为 M 在 $\boldsymbol{x}$ 处的一个**切向量**.

可以证明在 $\boldsymbol{x}$ 处的全体切向量成为一个 m 维线性空间, 称为 M 在 $\boldsymbol{x}$ 处的切空间, 通常记作 $T_{\boldsymbol{x}}M (\dim T_{\boldsymbol{x}}M = \dim M = m)$.

当 M 是欧氏空间中的曲面, $T_x M$ 就是过 $x \in M$ 的切平面, 在 x 处与曲面 M 相切的向量都是切向量.

定义 6.2.9 设 M, N 分别为 m 维和 n 维微分流形, $\boldsymbol{F} : M \to N$ 是可微映射. M 上过 $\boldsymbol{x}$ 的一条曲线 $\gamma : J \to M$ 被映成 N 上过 $\boldsymbol{y} = F(\boldsymbol{x})$ 的一条曲线 $\bar{\gamma} = F \circ \gamma : J \to N$. 设 $\boldsymbol{\xi} = [\gamma]$ 和 $\boldsymbol{\eta} = [\bar{\gamma}]$ 分别是 M 在 $\boldsymbol{x}$ 处的切向量和 N 在 $\boldsymbol{y}$ 处的切向量, 称映射 $\mathrm{d}F(\boldsymbol{x}) : T_{\boldsymbol{x}}M \to T_{F(\boldsymbol{x})}N, \boldsymbol{\xi} = [\gamma] \to \boldsymbol{\eta} = [\bar{\gamma}]$ 为映射 F 在 $\boldsymbol{x}$ 处的**微分**.

设 $\eta_1, \eta_2 \in T_x M, \lambda_1, \lambda_2 \in \mathbb{R}$, 则映射的微分具有如下性质:

(1) **线性性质**

$$\mathrm{d}F(x)(\lambda_1\eta_1 + \lambda_2\eta_2) = \lambda_1\mathrm{d}F(x)\eta_1 + \lambda_2\mathrm{d}F(x)\eta_2.$$

(2) 可加性

$$d(\lambda_1 F_1(x) + \lambda_2 F_2(x)) = \lambda_1 dF_1(x) + \lambda_2 dF_2(x).$$

(3) 链式法则

$$d\left(G \circ F\right)(x) = dG\left(F(x)\right) \circ dF(x),$$

其中 $F : M \to N, G : N \to P$ 都是可微映射.

(4) 若 $F : M \to N$ 是 C^r 映射, 则 $dF(x) : T_x M \to T_{F(x)} N$ 是 C^{r-1} 映射.

6.3　临界点理论

6.3.1　临界点与 Sard 定理

临界点理论将映射的临界点与其定义流形的拓扑性质联系起来, 形成了分析与几何相结合的一种理论, 在动力系统、优化、控制等方面有着广泛的应用.

定义 6.3.1　设 M, N 是两个微分流形, $F : M \to N$ 为光滑映射.

(1) 对点 $x \in M$, 如果 F 的微分 $dF(x) : T_x M \to T_{F(x)} N$ 是满射, 则称 x 为 F 的正则点; 否则称为 F 的临界点.

(2) 对点 $y \in N$, 记其原象集 $F^{-1}(y) = \{x \in M | F(x) = y\}$(规定当 $y \notin F(M)$ 时, $F^{-1}(y)$ 是空集 $\varnothing$). 如果 $F^{-1}(y)$ 是空集, 或者当 $F^{-1}(y)$ 非空时, 它只含 F 的正则点, 则称 y 为 F 的正则值; 否则称为 F 的临界值, 此时 $F^{-1}(y)$ 至少含 F 的一个临界点.

例 6.3.1　设 $f : \mathbf{R} \to \mathbf{R}$ 为光滑函数, 则 f 的临界点 x 满足 $df(x) = 0$, 即 $f'(x) = 0$; 反之, f 的正则点 x 满足 $df(x) \neq 0$. 由此可见, 若在区间 (a, b) 上的点都是 f 的正则点, 则 f 是 (a, b) 上的严格单调函数.

与临界值相关的重要理论是 Sard 定理, 该定理指出光滑映射的临界值集合是一个零测集.

定理 6.3.1(Sard 定理)　设 M, N 分别为 m 维和 n 维微分流形, $F : M \to N$ 是光滑映射, 则 F 的临界值集合是 N 中的零测度集.

6.3.2　Morse 理论

Morse 首先注意到光滑函数 $f : M \to \mathbf{R}$ 与流形拓扑结构的关系主要集中在临界点上, 他给出的 Morse 引理完全刻画了光滑函数在非退化临界点处的局部性态, 是临界点理论的重要内容, 并成为微分流形几何研究的有力工具.

设 M 是 m 维微分流形, $f: M \to \mathbf{R}$ 是光滑函数. 若 $x \in M$ 是 f 的临界点, 有 $\mathrm{d}f(x) = 0$, 也即若取 $(U_\theta, \varphi_\theta)$ 是 x 处的坐标卡, 则 $f \circ \varphi_\theta^{-1}$ 在 $\varphi_\theta(x)$ 处的所有一阶偏导数都等于 0.

定义 6.3.2 设 $x \in M$ 是光滑函数 $f: M \to \mathbf{R}$ 的临界点, 称 m 阶矩阵

$$H_f(x) = \left. \begin{pmatrix} \dfrac{\partial^2(f \circ \varphi_\alpha^{-1})}{\partial x_{\alpha_1} \partial x_{\alpha_1}} & \cdots & \dfrac{\partial^2(f \circ \varphi_\alpha^{-1})}{\partial x_{\alpha_1} \partial x_{\alpha_m}} \\ \vdots & & \vdots \\ \dfrac{\partial^2(f \circ \varphi_\alpha^{-1})}{\partial x_{\alpha_m} \partial x_{\alpha_1}} & \cdots & \dfrac{\partial^2(f \circ \varphi_\alpha^{-1})}{\partial x_{\alpha_m} \partial x_{\alpha_m}} \end{pmatrix} \right|_{x_\alpha}$$

为 f 在 x 处的Hessian 矩阵. 若 $H_f(x)$ 是非奇异矩阵, 则称 x 为 f 的非退化临界点, 否则称为退化临界点.

注 6.3.1 虽然 Hessian 矩阵依赖于坐标卡的选取, 但它是否奇异与坐标卡的选取无关, 因而临界点的非退化性与坐标卡的选取无关, 即非退化临界点的定义是有意义的. 而且 $H_f(x)$ 是实对称矩阵, 其一切特征值都是实数.

定义 6.3.3 光滑函数 f 在临界点 x 处的 Hessian 矩阵 $H_f(x)$ 的负特征值的个数称为临界点 x 的指标.

下边经典的 Morse 引理给出了在非退化临界点处光滑函数的局部性态的完全描述.

定理 6.3.2(Morse 引理) 设 M 是 m 维光滑流形, $f: M \to \mathbf{R}$ 是光滑函数, $x \in M$ 是 f 的指标为 k 的非退化临界点, 则存在含 x 的一个坐标卡 (U, φ) 使 $\varphi(x) = 0$, 并且

$$f \circ \varphi^{-1}(u) = f(x) - \sum_{i=1}^{k} u_i^2 + \sum_{i=k+1}^{m} u_i^2, \tag{6.3.1}$$

$\forall x \in U$, 其中 $u = \varphi(x) = (u_1, \cdots, u_m) \in \varphi(U) \subset \mathbf{R}^m$. 式 (6.3.1) 称为 f 在 U 中的局部标准形.

推论 6.3.1 光滑函数的非退化临界点是孤立的.

定义 6.3.4 设 $f: M \to \mathbf{R}$ 是微分流形 M 上的光滑函数, 若 f 仅有非退化临界点, 则称 f 是 Morse函数.

推论 6.3.2 紧微分流形 M 上的 Morse 函数仅有有限个临界点.

下边定理表明任何紧流形 M 上总存在 Morse 函数.

定理 6.3.3 设 M 是紧微分流形, 则 M 上全体 Morse 函数所成的集合是 $C^\infty(M, \mathbf{R})$ 中的开稠集.

Morse 引理说明在非退化临界点附近光滑函数 f 的性态可由对角二次型来研究, 这可由指标 k 的 $m+1$ 种可能值来分类. 例如, 当 $m = 1$ 时, 若 $k = 0$, 则 f 的

局部标准形为 u^2, 它在 $u = 0$ 取极小; 若 $k = 1$, 则 f 的局部标准形为 $-u^2$, 它在 $u = 0$ 取极大. 当 $m = 2$ 时, 若 $k = 0$, 则 f 的局部标准形为 $u_1^2 + u_2^2$, 它在 $u = 0$ 取极小; 若 $k = 1$, 则 f 的局部标准形为 $-u_1^2 + u_2^2$, 它以 $u = 0$ 为鞍点; 若 $k = 2$, 则 f 的局部标准形为 $-u_1^2 - u_2^2$, 它在 $u = 0$ 取极大. 对于一般的 m, 有一个极大点, 一个极小点, 有 $m - 1$ 个不同类型的鞍点, 分别对应于 $k = 1, 2, \cdots, m - 1$.

下边是 Morse 理论在优化理论中的一个应用.

定义 6.3.5　给定一个 Morse 函数 $f: M \to \mathbf{R}$, 定义其 Morse 型数 $\mu_k(f), 0 \leqslant k \leqslant \dim(M)$ 为 f 的指标为 k 的临界点的数目.

一般地, 若 $a < b$, 定义

$$\mu_k(f, a, b) = \text{在} f^{-1}(a, b) \text{中指标为} k \text{的临界点数目};$$
$$\mu_k(f, b) = \mu_k(f, -\infty, b).$$

Morse 型数是在 Morse 不等式理论中的一个重要概念, 关于 Morse 不等式部分内容可见文献 (杨万年, 1992).

下边考虑如下约束优化问题:

$$\begin{cases} \min f(\boldsymbol{x}), \\ \boldsymbol{x} \in D \subset \mathbf{R}^n, \end{cases} \tag{6.3.2}$$

其中 D 是嵌入在 $\mathbf{R}^n$ 中的正则子流形, f 是定义在包含 D 在内的某开集上的 C^2 实值函数.

用 C_A 记 f 在 D 中的临界点集, 并称它们为 A 型临界点, 以 C_B 记 f 在 ∂D 中的临界点集, 称它们为 B 型临界点. $C_A \bigcup C_B$ 即为问题 (6.3.2) 的 Kuhn–Tucker 点集.

定理 6.3.4　设 D 与 n 圆盘, n 单形或 n 维锥形同胚, 又 $f|_{\partial D}$ 是 Morse 函数, $C_A \bigcap \partial D = \varnothing$. 则对问题 (6.3.2) 有如下的 Morse 不等式:

$$\begin{cases} \mu_0 - 1 \geqslant 0, \\ \mu_1 - (\mu_0 - 1) \geqslant 0, \\ \mu_2 - \mu_1 + (\mu_0 - 1) \geqslant 0, \\ \quad \vdots \\ \mu_n - \mu_{n-1} + \mu_{n-2} - \cdots + (-1)^n(\mu_0 - 1) = 0. \end{cases} \tag{6.3.3}$$

其中 $\mu_i = m_i + m_i'$, m_i 是 C_A 中指标为 i 的点的个数; m_i' 是 C_B 中指标为 i 的点的个数.

从 (6.3.3) 得到问题 (6.3.2) 的 Kuhn-Tucker 点数等式 $\displaystyle\sum_{i=0}^{n} \mu_i$, 因此有

推论 6.3.3 在定理 6.3.4 的假设下, 有关系式

$$\sum_{i=0}^{n} \mu_i = (-1)^n + 2\sum_{i \in J} \mu_i, \tag{6.3.4}$$

其中 $J = \{i | 0 \leqslant i \leqslant n, n-i\text{ 为奇数}\}$, 即问题 (6.3.2) 的 Kuhn-Tucker 点数为奇数.

推论 6.3.4 在定理 6.3.4 的假设下, 以下条件等价:

(1) $\mu_j = 0, j$ 为奇数;

(2) $\mu_i = 0, i = 2, \cdots, n, \mu_0 = 1$;

(3) $\forall \boldsymbol{x} \in C_A, |H_{\boldsymbol{x}} f| \geqslant 0; \forall \boldsymbol{x} \in C_B, |H_{\boldsymbol{u}} f \circ \varphi| \geqslant 0$,

其中 $\varphi : U \subset \mathbf{R}^{n-1} \to \partial D$ 为 ∂D 上点的参数表示, 设 $\boldsymbol{x} \in \partial D, \boldsymbol{u} \in U$, 则 $\boldsymbol{x} = \varphi(\boldsymbol{u})$.

临界点的指标有明显的几何意义, 它代表在该点的对应切空间中有一个维数等于该指标数的极大线性子空间存在, 在其中 $H_{\boldsymbol{x}} f$ 是负定的, 因此一个临界点是 f 的局部极小点的充要条件是其指标为零, 从而 $\mu_0 = 1$ 便成为 f 在 $D \bigcup \partial D$ 上有全局极小点的充要条件.

定理 6.3.5 在定理 6.3.4 的假设下, 约束最优化问题 (6.3.2) 的下列说法等价:

(1) 问题 (6.3.2) 仅存在唯一的全局极小点;

(2) $\sum_{i=0}^{n} \mu_i = 1$, 即 (6.3.2) 的 Kuhn-Tucker 点存在且唯一;

(3) $\forall x \in C_A, |H_{\boldsymbol{x}} f| \geqslant 0, \forall \boldsymbol{x} \in C_B, |H_{\boldsymbol{u}} f \varphi| \geqslant 0$, 并称此条件为问题 (6.3.2) 在定理 6.3.4 假设下的行列式条件.

显然, 这是在可行域较简单的情形下的一个便于检验的条件.

当考虑 D 为同胚于环面的情形, 由于环面有 $D = \partial D$, 所以 $C_A = C_B$, 故只有考虑临界点集 C_A.

定理 6.3.6 设区域 D 同胚于环面, f 是 D 上的 Morse 函数, 则

(1) $\sum \mu_i \geqslant 4$, 即环面 D 上的约束优化问题的 Kuhn-Tucker 点数不少于 4;

(2) 当 $\sum_{i=0}^{2} \mu_i = 4$ 或 $\mu_1 = 2$ 时, $\mu_0 = 1$, 即当 Kuhn-Tucker 点数恰为 4 或恰有两个指标为 1 的临界点时, 存在唯一的全局极小点.

6.4 微分动力系统

6.4.1 微分方程组与向量场

微分动力系统在经济学、气象预报、数值计算、统计力学等领域, 特别是在系

统控制、流体力学、振动理论、化学反应、生理过程、生态和人口问题等许多领域中有着广泛的应用.

本节作为微分流形的应用, 对微分动力系统的概念作初步介绍.

自然界中常出现一些随时间而演变的体系, 如行星系、流体运动、物种延续等. 这些体系, 若都有数学模型的话, 则它们的一个共同的最基本的数学模型是: 有一个由所有可能发生的各种状态构成的集合 X 并有与时间 t 有关的动态规律 $\varphi(t, \cdot) : X \to X$. 这样, 一个状态 $x \in X$ 随时间 t 变动而成为状态 $\varphi(t, x)$. 如果 X 是欧几里得空间或一般的一个拓扑空间,时间 t 占满区域 $(-\infty, +\infty)$, 动态规律 $\varphi(t, \cdot)$ 还满足其他简单且自然的条件 (见拓扑动力系统), 则得一动力系统. 这时, 过每一点 $x \in X$ 有一条轨线, 即集合 $\{\varphi(t, x) \mid t \in (-\infty, +\infty)\}$. 根据动态规律 φ 的不同, 动力系统分为两大类, 即连续动力系统和离散动力系统. 连续动力系统通常用一个常微分方程组来表示, 离散动力系统一般是从一个连续动力系统中离散化得到, 有时也从自然界中直接建模得到.

设 $X(t, \cdot) : U \subset \mathbf{R}^m \to \mathbf{R}^m (-\infty < t < +\infty)$ 为一可微映射, U 是 $\mathbf{R}^m$ 中的开集. 考虑微分方程组

$$\frac{\mathrm{d}\boldsymbol{x}}{\mathrm{d}t} = X(t, \boldsymbol{x}), \quad \boldsymbol{x} \in U \tag{6.4.1}$$

这里是简化写法, X 是定义在 U 上的一个 m 维的向量函数. 上述微分方程组满足初始条件 $x(O) = x_0$ 的解 $\varphi(t, x_0)$ 总是局部存在的 (在映射 X 满足一定条件下, $\varphi(t, x_0)$ 还在整个 $\mathbf{R}$ 上有定义), 并且 $\varphi(t, \boldsymbol{x})$ 满足

(1) $\varphi(0, \boldsymbol{x}) = \boldsymbol{x}, \quad \forall \boldsymbol{x} \in U$;

(2) $\varphi(s + t, \boldsymbol{x}) = \varphi(s, \varphi(t, \boldsymbol{x})), \quad \forall s, t \in \mathbf{R}, \boldsymbol{x} \in U$.

称满足上述条件 (1) 和条件 (2) 的映射 φ 为 $\mathbf{R}^m$ 中的动力系统或流. 于是一阶常微分方程组产生一个动力系统或流.

定义 6.4.1　设 E 是拓扑空间 (C^r 微分流形), $\varphi : \mathbf{R} \times E \to E$ 是连续映射 (C^r 映射), 如果 φ 满足

(1) $\varphi(0, x) = x, \forall x \in E$;

(2) $\varphi(s + t, x) = \varphi(s, \varphi(t, x)), \forall s, t \in R, x \in E$,

则称 φ 为 E 上的 C^0 *拓扑动力系统*(C^r *微分动力系统*) 或 C^0 流 (C^r 流).

由于流形一般不具有全局坐标系, 所以统一坐标的方程组表示式 (6.4.1) 在流形上一般不成立. 下边以最简单的形式简要说明如何将常微分方程组推广到流形上:

设 U 为 $\mathbf{R}^2$ 的开子集, $f, g : U \to \mathbf{R}$ 为 U 上的 C^1 类函数, 考虑 U 上的常微分方程组

$$
\begin{cases}
\dfrac{\mathrm{d}x}{\mathrm{d}t} = f(x,y), \\[2mm]
\dfrac{\mathrm{d}y}{\mathrm{d}t} = g(x,y).
\end{cases} \tag{6.4.2}
$$

设 $(x_0, y_0) \in U, a > 0, \varphi : (-a, a) \to U$ 是 C^1 类映射, $\varphi(t) = (x(t), y(t)), -a < t < a$. 若 $\varphi(0) = (x_0, y_0)$, 而且 $x(t)$ 与 $y(t)$ 适合式 (6.4.2), 则称 φ 是 (6.4.2) 的满足初始条件 $\varphi(0) = (x_0, y_0)$ 的解.

现在的问题是要把 U 换成微分流形. 一般讲要研究微分流形上的常微分方程组的合理方式有两种, 即下边的方式一和方式二, 也就是研究其上的切向量场或流.

方式一 仍以 (6.4.2) 为例, 在 U 上可定义向量场

$$
v(x,y) = f(x,y)\mathbf{i} + g(x,y)\mathbf{j}. \tag{6.4.3}
$$

因为 (6.4.2) 由 f, g 完全确定, 所以 U 上每个形如 (6.4.2) 的常微分方程组都对应一个 U 上的形如 (6.4.3) 的向量场, 反之也对.

现考虑在上述对应下, (6.4.2) 的解对应着什么. 考虑满足初始条件 $\varphi(0) = (x_0, y_0)$ 的解 $\varphi : (-a, a) \to U, \varphi(t) = (x(t), y(t))$. 对任何 $t \in (-a, a), \varphi$ 在 t 点的切向量为 $\dfrac{\mathrm{d}x}{\mathrm{d}t}\mathbf{i} + \dfrac{\mathrm{d}y}{\mathrm{d}t}\mathbf{j}, x(t), y(t)$ 适合式 (6.4.2), 所以此式所表示的切向量就是 v 在 $\varphi(t)$ 处的值.

综上所述, 也就是用流形上的向量场和 C^1 类曲线这两个概念 (古志明, 2004) 可将常微分方程组的概念推广到微分流形上.

下边看到微分流形上的切向量场的局部表示正是古典的常微分方程组.

设 M 是 n 维 C^∞ 流形, 并把 M 上的 C^1 类切向量场简称 "M 上的向量场", 用大写字母 X, Y, Z 等表示这些向量场. 设 $\varphi : (-\varepsilon, \varepsilon) \to M$ 是 C^1 类参数化曲线, 若对每个 $t \in (-\varepsilon, \varepsilon), \varphi(t)$ 的切向量恰是 $X(\varphi(t))$, 则称 φ 是 X 的一条积分曲线.

常微分方程组的解的存在性和唯一性定理:

设 U 是 $\mathbf{R}^n$ 的开子集, $a_i(\boldsymbol{x}), i = 1, 2, \cdots, n$ 是 U 上的 C^1 类实值函数, 考虑 U 上的常微分方程组

$$
\begin{cases}
\dfrac{\mathrm{d}x_1}{\mathrm{d}t} = a_1(\boldsymbol{x}), \\[2mm]
\dfrac{\mathrm{d}x_2}{\mathrm{d}t} = a_2(\boldsymbol{x}), \\[2mm]
\quad\vdots \\[2mm]
\dfrac{\mathrm{d}x_n}{\mathrm{d}t} = a_n(\boldsymbol{x}).
\end{cases} \tag{6.4.4}
$$

对 U 中任一点 $\boldsymbol{p}$, 存在开区间 $(-\varepsilon, \varepsilon)$ 及 C^1 映射 $\boldsymbol{\phi} : (-\varepsilon, \varepsilon) \to U, \boldsymbol{\phi}(t) = (x_1(t),$

$x_2(t), \cdots, x_n(t))$, 使得 $\varphi(0) = p$, 且 $x_1(t), x_2(t), \cdots, x_n(t)$ 适合式 (6.4.4). 另外, 若又有开区间 $(-\delta, \delta)$ 及 C^1 映射 $\psi : (-\delta, \delta) \to U$, 使得 $\psi(0) = p$ 且 ψ 各个分量函数适合式 (6.4.4), 则在 $(-\varepsilon, \varepsilon) \bigcap (-\delta, \delta)$ 上有 $\varphi = \psi$.

先在流形 M 上看局部情形, 设 $p_0 \in M, (U, \psi)$ 是 p_0 附近一个坐标卡, ψ 的分量函数为 $x_1, x_2, \cdots, x_n$, 则对任何 $p \in U, T_p(M)$ 有基 $\dfrac{\partial(p)}{\partial x_1}, \dfrac{\partial(p)}{\partial x_2}, \cdots, \dfrac{\partial(p)}{\partial x_n}$,

$$X(p) = a_1(p) \frac{\partial(p)}{\partial x_1} + a_2(p) \frac{\partial(p)}{\partial x_2} + \cdots + a_n(p) \frac{\partial(p)}{\partial x_n}.$$

若 $\varphi : (-\varepsilon, \varepsilon) \to M$ 是 X 的一条积分曲线, 使 $\varphi(0) = p_0$, 则在 $p \in U$ 处应有

$$\begin{cases} \dfrac{\mathrm{d}x_1}{\mathrm{d}t} = a_1(p), \\ \dfrac{\mathrm{d}x_2}{\mathrm{d}t} = a_2(p), \\ \qquad \vdots \\ \dfrac{\mathrm{d}x_n}{\mathrm{d}t} = a_n(p). \end{cases} \tag{6.4.5}$$

由微分方程解的存在唯一性定理知, 适合上述条件的 φ 至少在 p_0 的某个邻域内是存在的, 而且由于流形上的向量场与局部坐标的选择是无关的, 所以可以选到一个适当的局部坐标系, 使得 (6.4.5) 更简单, 并有如下定理:

定理 6.4.1 设 X 是 C^∞ 类流形 M 上的 C^1 类切向量场. 若 $X(p_0) \neq 0$, $p_0 \in M$, 则存在 p_0 附近的坐标邻域 U 及坐标映射 $\psi = (x_1, x_2, \cdots, x_n)$, 使得在 U 上有

$$X(p) = \frac{\partial}{\partial x_1}(p), \quad p \in U. \tag{6.4.6}$$

此时 (6.4.6) 的解的形状为

$$\begin{cases} x_1(t) = t + C_1, \\ x_2(t) = C_2, \\ \qquad \vdots \\ x_n(t) = C_n \end{cases} \qquad t \in (-\varepsilon, \varepsilon),$$

其中 $C_1, C_2, \cdots, C_n$ 为常数.

方式二 仍以 (6.4.2) 为例, 对于每个点 $(x_0, y_0) \in U$, 设 $J(x_0, y_0)$ 是适合如下条件的最大开区间: 存在定义在 $J(x_0, y_0)$ 上的式 (6.4.2) 的解 $\varphi(t)$, 而且 $\varphi(0) = (x_0, y_0)$. 又记 $W = \{(t, x_0, y_0) \in \mathbf{R} \times U | t \in J(x_0, y_0)\}$, 且定义 $\Phi : W \to U$, $\Phi(t, x_0, y_0) = \varphi(t), \varphi(0) = (x_0, y_0)$. 根据常微分方程组的解的存在性和唯一性定理,

这个 Φ 的定义是合理的. 可以证明 W 是 $\mathbf{R} \times U$ 的开子集, Φ 是 C^1 类的, 于是对于任何 $(t, x_0, y_0) \in W$, 有 (x_0, y_0) 的邻域 $V \subset U$ 及包含 t 的开区间 $(-\varepsilon, \varepsilon)$, 使得 $(-\varepsilon, \varepsilon) \times V \subset W$. 现在把 Φ 在 $(-\varepsilon, \varepsilon) \times V$ 上的限制仍记作 Φ, 则它有以下性质:

(1) 对固定的 $(x_0, y_0) \in V$, $\Phi(0, x_0, y_0) = (x_0, y_0)$;

(2) 对固定的 $t_0 \in (-\varepsilon, \varepsilon)$, $\Phi(t_0, x, y)$ 是从 V 到其象的微分同胚;

(3) 任意 $s, t \in (-\varepsilon, \varepsilon)$, 若 $s + t \in (-\varepsilon, \varepsilon)$, 有 $\Phi(s + t, x, y) = \Phi(s, \Phi(t, x, y))$.

一般称适合这三个性质的 $\Phi : (-\varepsilon, \varepsilon) \times V \to U$ 为一个相流或流.

若给定一个相流 $\Phi : (-\varepsilon, \varepsilon) \times V \to U$, Φ 可微, 则可在 V 上定义一个向量场 v 如下: 对每个点 $p \in V$, $\Phi(t, p)$ 是过 p 点的 V 上的可微参数化曲线, 把 $v(p)$ 定义为该曲线在 p 点的切向量即可. 也即从一个相流也可以构造出一个常微分方程组.

6.4.2 相流、微分动力系统

定义 6.4.2 设 U 是 C^∞ 类流形 M 的一个开子集, $\varepsilon > 0$, $\Phi : (-\varepsilon, \varepsilon) \times U \to M$ 是一个 C^1 类映射, 并有性质:

(1) 对每个 $t \in (-\varepsilon, \varepsilon)$, $\varphi_t = \Phi(t, -) : U \to M$ 是到其象集上的 C^1 同胚;

(2) 对任意 $x \in U$, 有 $\Phi(0, x) = x$;

(3) $\Phi(t + s, x) = \Phi(t, \Phi(s, x))$ 对所有使两边都有定义的 t, s, x 成立, 则称 Φ 是 M 上的一个局部相流, 对于固定的 $x_0 \in U$, 称曲线 $\Phi(t, x_0)$ 为该局部相流的一条 (经过 x_0 的) 积分曲线或相曲线. 若经过 x_0 的积分曲线是常值映射, 即 $\Phi(t, x_0) = x_0$ 对任何 t 成立, 则称 x_0 为 Φ 的平衡点. 若存在正实数 T, 使 $\Phi(T, x_0) = x_0$, 则称 x_0 为 Φ 的周期点, 并称经过 x_0 的积分曲线为周期轨道.

如果给定了 M 上的一个 C^∞ 类局部相流 $\Phi : (-\varepsilon, \varepsilon) \times U \to M$, 可以在 U 上定义一个 C^∞ 类向量场 X 如下: 对任何 $x \in U$, 令 $X(x)$ 为曲线 $\Phi(t, x)$ 在 $t = 0$ 处的切向量. 称这样得到的 X 为 Φ 所诱导的向量场, 或者 Φ 的无穷小生成元. 反之有如下结论:

定理 6.4.2 设 X 是流形 M 上的一个 C^∞ 类向量场, $a \in M$, 则存在 a 的邻域 U 及 U 上的局部相流 Φ, 使得 Φ 在 U 上诱导的 C^∞ 类向量场与 $X|_U$ 相同.

局部相流的一种特殊情况是 C^∞ 类映射: $\Phi : \mathbf{R} \times M \to M$, 这样的映射 Φ 叫做 M 上的相流, 并称 M 为这个相流的相空间.

定理 6.4.3 设 X 是 C^∞ 类流形 M 上的有紧支集的 C^∞ 类向量场 (即存在 M 的紧子集 K, 使得 X 在 $M \backslash K$ 上的值恒为零向量), 则存在 M 上的唯一相流, 它所诱导的向量场恰为 X.

定理 6.4.3 有如下明显的推论:

推论 6.4.1 若 M 是紧的 C^∞ 类流形, 则对 M 上的任何 C^∞ 类向量场 X, 都存在 M 上的唯一的相流, 它所诱导的向量场恰为 X.

注 6.4.1　(1) M 上的相流也就是 M 上的微分动力系统, 它是目前数学研究的一个活跃分支;

(2) 设有微分动力系统 $\Phi: \mathbf{R} \times M \to M$, 把它限制在 $Z \times M$ 上, 构成整数加群 Z 在 M 上的作用, 一般称这样的作用为离散动力系统.

下面以电路 (可以是非线性电路) 的微分方程的建立说明流形在电力系统中的应用.

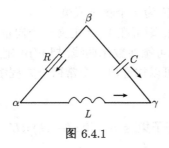

图 6.4.1

考虑由一个电阻器、一个电感器与一个电容器组成的电路 (图 6.4.1).

三条支路上的电流分别用 i_R, i_L, i_C 表示, 方向如图中箭头所示. 三个元件的端电压分别用 V_R, V_L, V_C 表示, 于是整个电路在某一时刻的状态由数组 $(i_R, i_L, i_C, V_R, V_L, V_C)$ 表示, 所有可能的状态组成空间 $\mathbf{R}^6$. 但是, 物理上允许的电路状态 (姑且称之为真实状态) 并没有这么多, 也即真实状态是受下述条件约束的状态:

$$\begin{cases} i_R - i_L = 0, \\ i_L + i_C = 0, \\ V_R + V_L - V_C = 0, \\ f(i_R) - V_R = 0, \end{cases} \tag{6.4.7}$$

其中前两式是基尔霍夫电流定律, 第三个式子是基尔霍夫电压定律, 第 4 个式子是电阻器两端的电压与其上通过的电流关系, 即电阻器的特性曲线方程. 当 $f(i_R)$ 不是 i_R 的线性函数时, 意味着该电阻器不是线性元件. 将方程组 (6.4.7) 的左边所定义的映射记作 $\boldsymbol{F}: \mathbf{R}^6 \to \mathbf{R}^4$, 则全体真实状态的集合恰好是 $\boldsymbol{F}^{-1}(0)$. 当 $f(i_R)$ 是 C^1 类函数时, 可以证明 $\boldsymbol{F}^{-1}(0)$ 是一个二维的微分流形. 事实上因为 $f(i_R)$ 是 C^1 类的, 故知 F 为 C^1 类的, 其 Jacobi 矩阵为

$$J = \begin{pmatrix} 1 & -1 & 0 & 0 & 0 & 0 \\ 0 & 1 & 1 & 0 & 0 & 0 \\ 0 & 0 & 0 & 1 & 1 & -1 \\ f'(i_R) & 0 & 0 & -1 & 0 & 0 \end{pmatrix}.$$

它有一个非零的 4 阶子行列式

$$\begin{vmatrix} 1 & 0 & 0 & 0 \\ 0 & 1 & 0 & 0 \\ 0 & 0 & 1 & 1 \\ f'(i_R) & 0 & -1 & 0 \end{vmatrix} = 1,$$

注意到这个行列式的值与 $f'(i_R)$ 无关, 所以 J 的秩恒为 4. 由此知 $F^{-1}(0)$ 是二维微分流形.

其实这个非 0 行列式启发我们在方程组 (6.4.7) 中解出

$$\begin{cases} i_R = i_L, \\ i_C = -i_L, \\ V_R = f(i_R) = f(i_L), \\ V_L = V_C - V_R = V_C - f(i_L). \end{cases}$$

这说明 $(i_L, V_C) \to (i_R, i_C, V_R, V_L)$ 是 (6.4.7) 定义的整体隐函数, 于是得到 $F^{-1}(0)$ 的整体坐标映射:

$$\varphi : F^{-1}(0) \to \mathbf{R}^2,$$
$$\varphi(i_R, i_L, i_C, V_R, V_L, V_C) = (i_L, V_C).$$

按照这个坐标表示, 电路的微分方程为

$$\begin{cases} L\dfrac{\mathrm{d}i_L}{\mathrm{d}t} = V_L = V_C - f(i_L), \\ C\dfrac{\mathrm{d}V_C}{\mathrm{d}t} = i_C = -i_L. \end{cases}$$

这种形式的方程叫做 Lienard 方程, 当 $f(x) = x^3 - x$ 时称为 Van der Pol 方程. 这时可以严格地证明, 系统有非平凡的周期解, 而且每个非平衡点的解都趋向这一周期解.

上例尽管很简单, 但讨论中所用的方法却有普遍意义, 它为研究非线性电路提供了一种通用的方法 (Hirsch and Smale, 1987).

6.5 微分流形理论在经济学中的应用

6.5.1 经济均衡的存在性

考虑有 L 种商品的经济系统, 空间

$$\mathbf{R}_+^L = \{(x^1, x^2, \cdots, x^L) \in \mathbf{R}^L | x^i \geqslant 0, i = 1, 2, \cdots, L\}$$

同时起两个作用: 第一作为商品空间, $x \in \mathbf{R}_+^L$ 可解释为商品束, $\boldsymbol{x} = (x^1, x^2, \cdots, x^L)$ 的第 i 个坐标 x^i 表示商品 i 的单位数; 第二 $\mathbf{R}_+^L \backslash \{0\}$ 也可表示价格体系空间, 若 $\boldsymbol{p} = (p^1, p^2, \cdots, p^L) \in \mathbf{R}_+^L \backslash \{0\}$ 表示 L 种商品的价格集, 则 p^i 即为第 i 种商品一个单位的价格.

设某经济系统已给出了从价格系统到商品空间的需求函数 D 和供应函数 S, 它们分别是映射

$$D, S : \mathbf{R}_+^L \setminus \{0\} \to \mathbf{R}_+^L.$$

即 $D(\boldsymbol{p})$ 为在价格 $\boldsymbol{p}$ 时, 经济人 (或代理商的总和) 所需求的商品束. 换句话说, 即在价格为 $(p^1, p^2, \cdots, p^L)$ 时出售的商品向量是 $D(\boldsymbol{p})$, 经济均衡问题就是找一个价格系统 $\boldsymbol{p}^* \in \mathbf{R}_+^L \setminus \{0\}$, 使得 $D(\boldsymbol{p}^*) = S(\boldsymbol{p}^*)$.

现在引入记号 $\boldsymbol{Z} : \mathbf{R}_+^L \setminus \{0\} \to \mathbf{R}_+^L$ 使 $\boldsymbol{Z}(\boldsymbol{p}) = D(\boldsymbol{p}) - S(\boldsymbol{p})$, 称 $\boldsymbol{Z}(\boldsymbol{p})$ 为价格 $\boldsymbol{p}$ 时的超额需求量, 经济均衡就是寻求均衡价格 $\boldsymbol{p}^*$ 使得 $\boldsymbol{Z}(\boldsymbol{p}^*) = \boldsymbol{0}$.

为了证明 $\boldsymbol{p}^*$ 的存在性, 首先必须从经济学方面对 $\boldsymbol{Z}$ 加以合理的限制:

(R_1) $\boldsymbol{Z} : \mathbf{R}_+^L \setminus \{0\} \to \mathbf{R}_+^L$ 连续;

(R_2) $\boldsymbol{Z}(\lambda \boldsymbol{p}) = \boldsymbol{Z}(\boldsymbol{p})$.

限制条件 (R_2) 说明 $\boldsymbol{Z}$ 是零次齐次的, 从经济学上讲即假设我们处于一个封闭的经济系统里面. 因此商品价格不受外在系统的影响, 此时要求在每种商品的价格同倍增长或降低时, 超额需求保持不变.

(R_3) $\langle \boldsymbol{p}, \boldsymbol{Z}(\boldsymbol{p}) \rangle = \boldsymbol{p} \cdot \boldsymbol{Z}(\boldsymbol{p}) = 0$ 或 $\displaystyle\sum_{i=1}^{L} p^i z^i(\boldsymbol{p}) = 0$;

(R_3) 常被称为 Walras 定律, 它表示超额需求的价值为零, 其含义是保证在一个经济系统中需求与财富一致. 对 Walras 定律作一个简单的几何解释, 令 $S_+^{L-1} = \{\boldsymbol{p} \in \mathbf{R}_+^L \setminus \{0\} \mid \|\boldsymbol{p}\|^2 = \displaystyle\sum_{i=1}^{L} (p^i)^2 = 1\}$ 是规范价格系统. 由 $\boldsymbol{Z}$ 的齐性, 可以将 $\boldsymbol{Z}$ 看成定义在 S_+^{L-1} 上. 显然, Walras 定律说明 $\boldsymbol{Z}$ 在每点都与 S_+^{L-1} 相切且 $\boldsymbol{Z}(\boldsymbol{p})$ 与向量 $\boldsymbol{p}$ 垂直, 因而可以把 $\boldsymbol{Z}(\boldsymbol{p})$ 解释为 S_+^{L-1} 上的切向量场.

(R_4) 若 $p^i = 0$, 则 $Z^i(\boldsymbol{p}) \geqslant 0$.

这一条件称为 $\boldsymbol{Z}$ 的边界条件, 其中

$$\boldsymbol{Z}(\boldsymbol{p}) = (z^1(\boldsymbol{p}), z^2(\boldsymbol{p}), \cdots, z^L(\boldsymbol{p})) \in \mathbf{R}^L, \quad \boldsymbol{p} = (p^1, p^2, \cdots, p^L).$$

(R_4) 可以解释为: 若第 i 种商品是自由的, 则存在关于它的一个正的 (至少是非负的) 超额需求.

以下假定商品取正值.

定理 6.5.1   如果超额需求 $\boldsymbol{Z} : \mathbf{R}_+^L \setminus \{0\} \to \mathbf{R}_+^L$ 连续, 齐次且满足 Walras 定律和边界条件 ((R_1) ~ (R_4)), 则存在一个价格系统 $\boldsymbol{p}^* \in \mathbf{R}_+^L \setminus \{0\}$ 使 $Z(\boldsymbol{p}^*) = 0$.

6.5.2 纯交换经济中的均衡

仅考虑一个商人和商品空间, 令

$$B = \text{int}\mathbf{R}_+^L = \{\boldsymbol{x} \in \mathbf{R}^L | \boldsymbol{x} = (x^1, x^2, \cdots, x^L), x^i > 0, i = 1, 2, \cdots, L\}, \quad \boldsymbol{x} \in \mathbf{R}_+^L$$

其中 int 表示集合 A 的内点表示与该商人有关的商品束, 在其上引入如下的 "效用函数": $u : B = \text{int}\mathbf{R}_+^L. \to \mathbf{R}$ 它在 $\mathbf{R}_+^L$ 上建立一种偏爱关系, 设 $\boldsymbol{x}, \boldsymbol{y} \in B$, 商人偏爱 x 更甚于 y, 当且仅当 $u(\boldsymbol{x}) > u(\boldsymbol{y})$.

设 $c \in \mathbf{R}$, 称 $u^{-1}(c)$ 为 B 中的差异 (超) 曲面, $\boldsymbol{g}(\boldsymbol{x})$ 为差异曲面 $u^{-1}(c)$ 在 $\boldsymbol{x}$ 点的定向单位法向量, $u(\boldsymbol{x}) = c$, 可记 $\boldsymbol{g}(\boldsymbol{x}) = \text{grad}u / \|\text{grad}u\|$, 其中 $\text{grad}u = \left(\dfrac{\partial u}{\partial x_1}, \cdots, \dfrac{\partial u}{\partial x^L}\right)$, 因此 $\boldsymbol{g}(\boldsymbol{x})$ 是从 B 到 $S^{L-1} = \{\boldsymbol{p} \in \mathbf{R}^L | \|\boldsymbol{p}\| = 1\}$ 的 C^1 映射.

对效用函数 u 附加如下的假设条件:

(S_1) $u : B \to \mathbf{R}$ 是 C^2 的;

(S_2) $\boldsymbol{g}(\boldsymbol{x}) \in B \bigcap S^{L-1} = \text{int}S_+^{L-1}, \forall \boldsymbol{x} \in \mathbf{R}_+^L$;

(S_3) $D\boldsymbol{g}(\boldsymbol{x})$ 在 $\boldsymbol{g}(\boldsymbol{x})^\perp$($\boldsymbol{g}(\boldsymbol{x})$ 的垂直超平面) 上有严格负特征值, 其中导数 $D\boldsymbol{g}(\boldsymbol{x})$ 是从 $\mathbf{R}^L$ 到 $T_{\boldsymbol{g}(\boldsymbol{x})}(S^{L-1})$(或差异曲面在 x 点的切平面) 上的线性映射;

(S_4) $\forall c \in \mathbf{R}, u^{-1}(c)$ 在 $\mathbf{R}^L$ 中是闭集.

条件 (S_2) 意味着所有的偏导数 $\partial u / \partial x^i > 0$, 这反映了商人希望 u"越大越好" 的意思, 是一种具有单调性的强可微性. (S_3) 有时也称为可微凸性. (S_4) 则是一种边界条件, 它的作用是避免与 $\mathbf{R}_+^L$ 的边界相交, 即商人希望每种商品都保留一点 ($x^i > 0$).

纯交换经济组成如下: 设有 m 个代理人, 他们是商人且每一个都与同一个商品空间有关, 代理人 $i(i = 1, 2, \cdots, m)$ 有一个满足条件 (S_1) $\sim$ (S_4) 的效用函数 u_i 所表示的偏爱关系. 又设每个代理人 i 都与捐助 e_i 和 $\boldsymbol{p}$ 有关, 因而在价格系统 $\boldsymbol{p} \in \mathbf{R}_+^L \backslash \{0\}$ 已知时, 第 i 个代理人的收入或财富是 $\boldsymbol{p} \cdot e_i$.

也可以把这个模型解释为贸易经济, 设第 i 个商人拥有的商品束是 x_i, 把 $\boldsymbol{X} = (x_1, x_2, \cdots, x_m) \in B^m$ 称为一种分配, 假如又给定了一个规范的价格系统 $\boldsymbol{p} \in S^{L-1}$, 则称 (X, p) 为一个 (贸易) 经济状态. 设第 i 个商人得到的捐助为 $e_i \in B$, 其预算经济效益为 $w_i = \boldsymbol{p} \cdot e_i$. 若 $\displaystyle\sum_{i=1}^m x_i = \sum_{i=1}^m e_i$, 则称此分配为可行的 (分配), 这是经济资助对分配强加的一个限制 (对 e_i 的理解也可以看成对商人允许出售商品额的一种限制. 例如, 区域限制或进口限制等, 因此可行条件实则是对商品人的强制条件, 这是交换经济的一个特征).

假如不包含商品生产, 又经济状态 $(\boldsymbol{X}, \boldsymbol{p}) \in B^m \times S_+^{L-1}$ 满足如下条件:

(a) $\sum_{i=1}^{m} x_i = \sum_{i=1}^{m} e_i;$

(b) 对任意 i, x_i 是 u_i 在预算集 $B_{p,w_i} = \{y \in B | \boldsymbol{p} \cdot y = \boldsymbol{p} \cdot e_i = w_i\}$ 上的极大值点, 则称该经济状态是一个竞争或 Walras 平衡 (状态).

注 6.5.1　由前述单调性条件 (S₂) 可见, 如果在预算集的定义 $\boldsymbol{p} \cdot y = \boldsymbol{p} \cdot e_i = w_i$ 中代之以 $\boldsymbol{p} \cdot y \leqslant \boldsymbol{p} \cdot e_i = w_i$, 则 (b) 不变. 另外, 条件 (b) 可由如下的 (b₁) 和 (b₂) 替代:

(b₁) $\boldsymbol{p} \cdot \boldsymbol{x}_i = \boldsymbol{p} \cdot \boldsymbol{e}_i, \quad \forall i;$

(b₂) $g_i(x_i) = p, \quad \forall i.$

利用 (a), (b₁), (b₂), 均衡的存在可以作为一个方程的求解来研究.

定理 6.5.2　设有 m 个商品代理人, 第 i 个商人有相映的捐助 $e_i \in B$ 和满足条件 (S₁) ∼ (S₄) 的效用函数 $u_i : B \to \mathbf{R}$ 所表示的偏爱, 则存在一个均衡, 即存在分配 $\boldsymbol{x} = (x_1, x_2, \cdots, x_m) \in B^m$ 和价格体系 $p \in S_+^{L-1}$ 满足条件 (a) 和条件 (b).

下边是纯交换经济的另一个结论.

假设在整个商品空间 $\mathbf{R}_+^L$ (而不是内部) 上考虑连续效用函数, 并简单地规定

$$u : \mathbf{R}_+^L \to \mathbf{R} \text{连续} \tag{6.5.1}$$

及当 $\boldsymbol{x}, \boldsymbol{x}' \in \mathbf{R}_+^L$ 时, $u(\boldsymbol{x}) \geqslant c, u(\boldsymbol{x}') \geqslant c$, 则

$$u(\lambda \boldsymbol{x} + (1 - \lambda)\boldsymbol{x}') > c. \tag{6.5.2}$$

定理 6.5.3　设有 m 个商业代理人, 第 i 个商人有满足 (6.5.1) 和 (6.5.2) 的效用函数 μ_i 和捐助 $e_i \in B, i = 1, 2, \cdots, m$, 则存在 "自由处理" 均衡 (x^*, p^*) 使得

(1) $\sum_{i=1}^{m} x_i \leqslant \sum_{i=1}^{m} e_i;$

(2)$\forall i, x_i^*$(x_i^* 是 x* 的第 i 个分量), p^* 是使 u_i 在预算集 $B_{p,w_i} = \{\boldsymbol{y}_i \in \mathbf{R}_+^L | \boldsymbol{p} \cdot y_i \leqslant \boldsymbol{p} \cdot e_i\}$ 的最大值点.

6.5.3　福利经济基本定理

定义 6.5.1　设 V 是 $\mathbf{R}^n$ 中的开集, 有 m 个 C^2 函数,

$$u_i : V \to \mathbf{R}, \quad i = 1, 2, \cdots, m,$$

视 V 为某一经济状态空间, 且该空间的成员有通过函数 u_i 所表示的偏爱. 设 $\boldsymbol{x} \in V$, 若不存在 $\boldsymbol{y} \in V$ 使得 $\forall i, u_i(\boldsymbol{y}) \geqslant u_i(\boldsymbol{x})$ 成立且至少有一个 i 使严格不等式成立, 则点 $\boldsymbol{x}$ 称为 Pareto 最优, $\boldsymbol{x}$ 也称为优化问题的 Pareto 点.

如果存在 $\boldsymbol{x}$ 的一个邻域 U 使 $\boldsymbol{x}$ 是 $u_1, u_2, \cdots, u_m$ 限制在 U 上的一个最优, 则 $\boldsymbol{x} \in V$ 称为一个局部 Pareto 最优点.

如果一旦 $y \in V$ 使对任意 $i, u_i(\boldsymbol{y}) \geqslant u_i(\boldsymbol{x})$, 必有 $\boldsymbol{y} = \boldsymbol{x}$, 点 $\boldsymbol{x} \in V$ 称为严格的 Pareto 最优点. 同样可类似地定义局部严格最优.

当 $m = 1$ 时, Pareto 最优与通常的最大值问题相同.

仍在纯交换经济系统中, 令 $B = \mathrm{int}\mathbf{R}_+^L$, 设 C^2 效用函数 $u_i : B \to \mathbf{R}, i = 1, 2, \cdots, m$ 满足可微凸, 单调性和强边界条件 $(\mathrm{S}_1) \sim (\mathrm{S}_4)$, 并且 $\boldsymbol{g}_i(\boldsymbol{x}) = \mathrm{grad}u_i(\boldsymbol{x})/\|\mathrm{grad}u_i(\boldsymbol{x})\|$ 定义了映射 $\boldsymbol{g}_i : B \to S_+^{L-1}$. 此处不假定每个代理人从 B 得到一份捐助, 而假定经济系统中整个资源 γ 是 B 中的一个固定向量, 因此整个经济系统的一种分配或一种状态可表示成下式:

$$W = \{\boldsymbol{x} \in B^m | \boldsymbol{x} = (x_1, x_2, \cdots, x_m), x_i \in B, \sum_{i=1}^m x_i = \gamma\}.$$

用第 i 个代理人的效用函数 $u_i : B \to \mathbf{R}$ 将在 W 上诱导一个效用函数 $v_i : W \to \mathbf{R}$, 当 $\boldsymbol{x} = (x_1, x_2, \cdots, x_m) \in W$ 时, $v_i(\boldsymbol{x}) = u_i(x_i)$.

考虑函数 $v_1, v_2, \cdots, v_m$ 在 W 中的最优状态问题.

定理 6.5.4 设 $\boldsymbol{x} = (x_1, x_2, \cdots, x_m) \in W, x_i \in B, i = 1, 2, \cdots, m$ 为一种分配, 又 $v_i : W \to \mathbf{R}$ 为由 u_i 诱导的第 i 个诱导函数, 则下列三个条件等价:

(1) $\boldsymbol{x}$ 是 W 上函数 $v_1, v_2, \cdots, v_m$ 的一个局部 Pareto 最优点;

(2) $\boldsymbol{x}$ 是一个严格的局部 Pareto 最优点;

(3) $g_i(x_i) = \mathrm{grad}u_i(x_i)/\|\mathrm{grad}u_i(x_i)\| \in S_+^{L-1}$ 是不依赖于 i 的一个向量.

又设 θ 是满足这些条件之一的 $\boldsymbol{x} = (x_1, x_2, \cdots, x_m) \in W$ 的集合, 则 θ 是 $m-1$ 维的 W 的一个子流形.

若 x_i^* 是 u_i 在预算集 $B_{\boldsymbol{p}, \boldsymbol{p}x_i^*} = \{x_i \in B | \boldsymbol{p} \cdot x_i = \boldsymbol{p} \cdot x_i^*\}$ 的一个最大值点, 则状态 $(\boldsymbol{x}^*, \boldsymbol{p}) \in W \times S_+^{L-1}$ 称为一个福利均衡. $W \times S_+^{L-1}$ 中的福利均衡构成的子集常记为 Λ.

由上述定义可知, 设 $\boldsymbol{x} = (x_1, x_2, \cdots, x_m) \in W, x_i \in B, \boldsymbol{p} \in S_+^{L-1}, (\boldsymbol{x}, \boldsymbol{p}) \in \Lambda$ 当且仅当下述两个条件成立:

(1) $\displaystyle\sum_{i=1}^m x_i = \gamma$;

(2) $g_i(x_i) = \boldsymbol{p}, \quad i = 1, 2, \cdots, m$,

其中 γ 是固定资源 (因该条件是固有要求), (2) 是由于 u_i 为最优值, x_i 为对应的 Pareto 最优点. 由定理 6.5.3 知, $g_i(x_i)$ 与 i 无关.

定理 6.5.5(福利经济基本定理) 设 W 为带固定资源 γ 的纯交换经济系统, θ 为其中的 Pareto 最优点子流形, $\dim \theta = m - 1$, 又 $W \times S_+^{L-1}$ 是福利经济系统, Λ

为其中的福利均衡子空间, $\dim \Lambda = m - 1$, 则映射 $\beta : \Lambda \to W : \beta(\boldsymbol{x}, \boldsymbol{p}) = \boldsymbol{x}$ 是从 Λ 到 $\theta \subset W$ 的一个微分同胚.

这一定理的经济意义是每一个最优分配 $\boldsymbol{x} \in \theta$ 均可由一个价格系统所支撑, 使得它构成一个福利均衡, 反之每一个福利均衡 $(\boldsymbol{x}, \boldsymbol{p})$ 其分配部分 x 总是 Pareto 最优的.

关于纯交换经济中存在有限均衡和均衡在捐助分配扰动下仍然稳定的相关讨论详见文献 (杨万年, 1992).

习　题　6

1. 证明 n 维球面

$$S^n = \left\{ (x_1, \cdots, x_{n+1}) \in \mathbf{R}^{n+1} \mid \sum^{n+1} x_i^2 = 1 \right\}, \quad n = 2, 3, \cdots$$

是一个 n 维 C^∞ 微分流形.

2. 证明定理 6.2.7 和定理 6.2.8.

第7章 小波分析

小波分析是 20 世纪 80 年代后期发展起来的一个应用数学分支. 它是 Fourier 分析的一个突破性进展, 给许多相关学科的研究领域带来了新的思想, 为工程应用提供了一种新的分析工具.

本章首先介绍小波分析的一些基本理论, 其次简单介绍小波变换在信号处理中的应用.

7.1 窗口 Fourier 变换

7.1.1 Fourier 变换

Fourier 变换在科学技术中起到重要的作用, 被广泛地应用在信号与图像处理, 量子物理等众多科学领域里.

Fourier 变换的基础是指数形式的 Fourier 级数.

函数系 $\left\{ \dfrac{1}{\sqrt{2\pi}} \mathrm{e}^{\mathrm{i}kx} | k \in \mathbf{Z} \right\}$ 构成了复空间 $L^2(-\pi, \pi)$ (Lebesgue 积分意义下) 的标准正交基. 对任意 $f(t) \in L^2(-\pi, \pi)$, $f(t)$ 的Fourier 级数表示为

$$f(x) = \frac{1}{\sqrt{2\pi}} \sum_{k \in \mathbb{Z}} C_k \mathrm{e}^{\mathrm{i}kx},$$

其中 Fourier 系数

$$C_k = \frac{1}{\sqrt{2\pi}} \int_{-\pi}^{\pi} f(x) \mathrm{e}^{-\mathrm{i}kx} \mathrm{d}x.$$

Fourier 级数是用来分析周期为 2π 的函数的一个方法. 对于以 $T(>0)$ 为周期的函数 $f(\cdot)$, 通常考虑函数 $f(T\cdot/2\pi)$, 仍然有周期函数 $f(\cdot)$ 的 Fourier 级数展开.

令 $T \to \infty$, 在形式上得到任意非周期函数的 Fourier 展开, 此时级数被积分取代, 也就是考虑 R 上 (Lebesgue 积分意义下) 的 Fourier 变换了.

1. $L^1(\mathbf{R})$ 上的 Fourier 变换

定义 7.1.1 函数 $f(s) \in L^1(\mathbf{R}^n)$ $(n \geqslant 1)$ 的Fourier 变换定义为

$$F(f) = \hat{f}(\xi) = \frac{1}{\left(\sqrt{2\pi}\right)^n} \int_{\mathbf{R}^n} f(x) \mathrm{e}^{-\mathrm{i}x \cdot \xi} \mathrm{d}x, \quad \xi \in \mathbf{R}^n.$$

函数 $g(x) \in L^1(\mathbf{R}^n)$ 的Fourier 逆变换定义为

$$F^{-1}(g) = \breve{g}(x) = \frac{1}{(\sqrt{2\pi})^n} \int_{\mathbf{R}^n} g(\xi) \mathrm{e}^{\mathrm{i}x \cdot \xi} \mathrm{d}\xi, \quad x \in \mathbf{R}^n.$$

其中 $x \cdot \xi = \sum_{j=1}^{n} x_j \xi_j$ 是 x 与 ξ 的内积.

以下为方便, 都以一维空间 $L^1(\mathbf{R})$ 情形叙述, 对于 $L^1(\mathbf{R}^n)$ $(n > 2)$ 情形, 性质和定理仍然成立.

容易证明:

(a) 函数 $f \in L^1(\mathbf{R})$ 的 Fourier 变换 $\hat{f}(\xi)$ 是 $\mathbf{R}$ 上的一致连续函数, 且 $\hat{f} \in C(\mathbf{R})$;

(b) Fourier 变换是 $L^1(\mathbf{R})$ 到 $L^\infty(\mathbf{R})$ 的一对一的连续线性算子; Fourier 变换视为算子 $F: L^1(\mathbf{R}) \to L^\infty(\mathbf{R})$, 满足范数非增不等式 $\|F(f)\|_{L^\infty(\mathbf{R})} \leqslant \|f\|_{L^1(\mathbf{R})}$. 其中 $L^\infty(\mathbf{R})$ 是 $\mathbf{R}$ 上的本性有界空间, 表示为:

$$L^\infty(\mathbf{R}) = \{f : \mathbf{R} \to \mathbf{R}, \|f\|_{L^\infty(\mathbf{R})} < +\infty\},$$

其中 $\|f\|_{L^\infty(\mathbf{R})} = \mathrm{esssup}\{|f(x)| : x \in \mathbf{R}\}$ 称为 f 的本性上确界.

Fourier 变换的基本运算性质:

(1) $(\tau_h f)^\wedge(\xi) = [f(\cdot - h)]^\wedge(\xi) = \mathrm{e}^{-\mathrm{i}h \cdot \xi} \hat{f}(\xi), \xi, h \in \mathbf{R}$; (平移的 Fourier 变换);

(2) $\tau_n \hat{f}(\xi) = [\mathrm{e}^{\mathrm{i}h \cdot} f(\cdot)]^\wedge(\xi)$; (Fourier 变换的平移);

(3) $[af(a\cdot)]^\wedge(\xi) = \hat{f}\left(\frac{\xi}{a}\right), a > 0$; (伸缩的 Fourier 变换);

(4) $\overline{[f(-\cdot)]}^\wedge(\xi) = \bar{\hat{f}}(\xi)$; (反射的 Fourier 变换);

(5) $f, g \in L^1(\mathbf{R})$ 的卷积

$$f * g(x) = \int_{\mathbf{R}} f(x) g(x - t) \mathrm{d}t$$

满足 $f * g(x) \in L^1(\mathbf{R})$, 且有 Fourier 变换公式

$$(f * g)(\xi) = \hat{f}(\xi) \hat{g}(\xi), \quad \xi \in \mathbf{R}.$$

关于 Fourier 变换的重构公式 (反演公式):

(1) 若函数 $f, \hat{f} \in L^1(\mathbf{R})$, 则

$$f(x) = \frac{1}{\sqrt{2\pi}} \int_{\mathbf{R}} \hat{f}(\xi) \mathrm{e}^{\mathrm{i}\xi \cdot x} \mathrm{d}\xi, \text{ a.e. } x \in \mathbf{R}.$$

(2) 若函数 $f \in L^1(\mathbf{R})$, 则

$$\lim_{r \to +\infty} \frac{1}{\sqrt{2\pi}} \int_{\mathbf{R}} \mathrm{e}^{-\frac{|\xi|}{r}} \hat{f}(\xi) \mathrm{e}^{\mathrm{i}\xi x} \mathrm{d}\xi = f(x), \text{ a.e. } x \in \mathbf{R}.$$

2. $L^2(\mathbf{R})$ 上的 Fourier 变换

$L^2(\mathbf{R})$ 空间中的 Fourier 变换不能够直接定义, 依赖于 $L^1(\mathbf{R})$ 上的 Fourier 变换.

定理 7.1.1 设 $f \in L^1(\mathbf{R}) \bigcap L^2(\mathbf{R})$, 则 $\hat{f}(\xi) \in L^2(\mathbf{R})$, 且 $\left\| \hat{f} \right\|_{L^2(\mathbf{R})} = \|f\|_{L^2(\mathbf{R})}$.

定理 7.1.2 设 $f \in L^2(\mathbf{R})$, 令 $f_r = \begin{cases} f(x), |x| \leqslant r \\ 0, |x| > r \end{cases}$ $(r > 0)$, 则 $f_r \in L^1(\mathbf{R}) \bigcap$ $L^2(\mathbf{R})$, 且对任意的 $r > 0$, 有 $\hat{f}_r \in L^2(\mathbf{R})$, 而且存在唯一的 $g \in L^2(\mathbf{R})$, 使得

$$\lim_{r \to +\infty} \left\| \hat{f}_r - g \right\|_{L^2(\mathbf{R})} = 0.$$

证明: 由 Hölder 不等式得到, 且对任意的 $r > 0$, $f_r \in L^1(\mathbf{R}) \bigcap L^2(\mathbf{R})$, 由定理 7.1.1 知道, $\hat{f}_r \in L^2(\mathbf{R})$. 且当 $r_1 < r_2$ 时, 有

$$\left\| \widehat{f_{r_1}} - \widehat{f_{r_2}} \right\|_{L^2(\mathbf{R})}^2 = \|f_{r_1} - f_{r_2}\|_{L^2(\mathbf{R})}^2 = \int_{-r_2}^{-r_1} |f(x)|^2 \, \mathrm{d}x + \int_{r_1}^{r_2} |f(x)|^2 \, \mathrm{d}x.$$

由于 $f \in L^2(\mathbf{R})$, $\lim\limits_{r_1, r_2 \to +\infty} \left\| \widehat{f_{r_1}} - \widehat{f_{r_2}} \right\|_{L^2(\mathbf{R})} = 0$, 从而对于 $r \to +\infty$ 的子序列 n_k, $(n_k \in \mathbb{Z}_+)$, Fourier 变换 $\widehat{f_{n_k}}$ 是 $L^2(\mathbf{R})$ 中的 Cauchy 列. 由 $L^2(\mathbf{R})$ 的完备性, 存在唯一的函数 $g \in L^2(\mathbf{R})$, 使得

$$\lim_{r \to +\infty} \left\| \hat{f}_r - g \right\|_{L^2(\mathbf{R})} = 0.$$

定义 7.1.2 ($L^2(\mathbf{R}^n)$ 中函数的 Fourier 变换) 函数 $f \in L^2(\mathbf{R}^n)$ 的 Fourier 变换 $F(f)$ 定义为

$$F(f)(\xi) = \lim_{r \to +\infty} \hat{f}_r(\xi) = \lim_{r \to +\infty} \frac{1}{(\sqrt{2\pi})^n} \int_{(-r,r)^n} f(x) \mathrm{e}^{-\mathrm{i}x \cdot \xi} \mathrm{d}x, \quad \xi \in \mathbf{R}^n.$$

其中 $x \cdot \xi$ 是 n 维向量 x 与 ξ 的内积. 极限是在 $L^2(\mathbf{R}^n)$ 空间中的极限意义.

注 7.1.1 由定理 7.1.1 和定理 7.1.2 知, $L^2(\mathbf{R}^n)$ 上的 Fourier 变换 F 是从空间 $L^1(\mathbf{R}^n) \bigcap L^2(\mathbf{R}^n)$ 唯一的延拓到整个空间 $L^2(\mathbf{R}^n)$ 上的等距算子. 它除了具有 $L^1(\mathbf{R}^n)$ 空间上的性质 (1)-(5), 还有如下性质:

(6) $\langle f_1, f_2 \rangle = \langle \hat{f}_1, \hat{f}_2 \rangle$,

能量定理, $\|f\|^2 = \|\hat{f}\|^2$.

(7) 当 $f^{(n)}(t)$ 满足 Fourier 变换条件时, 有微分性质:

$$F(f'(t)) = i\omega F[f(t)],$$

$$F\left(f^{(n)}(t)\right) = (i\omega)^n F(f(t)), n = 2, 3, \cdots$$

(8) 当 $\int_{-\infty}^{t} f(t)\,\mathrm{d}t$ 满足 Fourier 变换条件时, 有

$$F\left[\int_{-\infty}^{t} f(t)\,\mathrm{d}t\right] = i\omega\left[F\left(\int_{-\infty}^{t} f(t)\,\mathrm{d}t\right)\right].$$

7.1.2   窗口 Fourier 变换

Fourier 变换 (表示了信号的频谱) 是信号分析中 (特别是平稳信号分析) 中的重要工具. 但它不能提供频率变化的时间信息, 即不是局部化时间–频率分析工具, 因此它不适合分析非平稳信号. 为此, Gabor 提出了如下的窗口 Fourier 变换 (或称加窗 Fourier 变换、Gabor 变换):

定义 7.1.3   若函数 w 满足 $\int_{-\infty}^{+\infty} |tw(t)|^2\,\mathrm{d}t < \infty$ 和 $\int_{-\infty}^{+\infty} |\omega\hat{w}(\omega)|^2\,\mathrm{d}\omega < \infty$, 则称 w 为窗口函数, 称 (t_0, ω_0) 为窗口中心, 其中

$$t_0 = \frac{1}{\|w\|^2}\int_{-\infty}^{+\infty} t\,|w(t)|^2\,\mathrm{d}t, \quad \omega_0 = \frac{1}{\|\hat{w}\|^2}\int_{-\infty}^{+\infty} \omega\,|\hat{w}(\omega)|^2\,\mathrm{d}\omega, \tag{7.1.1}$$

分别称 $\Delta_w = \dfrac{1}{\|w\|}\left(\displaystyle\int_{-\infty}^{+\infty}(t-t_0)^2\,|w(t)|^2\,\mathrm{d}t\right)^{\frac{1}{2}}$ 和 $\Delta_{\hat{w}} = \dfrac{1}{\|\hat{w}\|}\left(\displaystyle\int_{-\infty}^{+\infty}(\omega-\omega_0)^2\right.$

$\left.|\hat{w}(\omega)|^2\,\mathrm{d}\omega\right)^{\frac{1}{2}}$ 为 w 的时窗半径和频窗半径. $2\Delta_w$ 和 $2\Delta_{\hat{w}}$ 分别称为 w 的时窗宽和频窗宽.

定义 7.1.4   设 $f(t) \in L^2(\mathbf{R})$, w 是窗口函数, 称

$$T_f(b, \omega) = \frac{1}{\sqrt{2\pi}}\int_{-\infty}^{+\infty} f(t)\mathrm{e}^{-\mathrm{i}\omega t}\overline{w(t-b)}\mathrm{d}t \tag{7.1.2}$$

为 f 的窗口Fourier变换.

同样地, 对任意 $f(t) \in L^2(\mathbf{R})$, f 的窗口 Fourier 变换有类似于 Fourier 变换的重构公式 (逆变换):

$$f(t) = \frac{1}{\sqrt{2\pi}\,\|w\|^2}\iint_{\mathbf{R}^2} T_f(b, \omega)w(t-b)\mathrm{e}^{\mathrm{i}\omega t}\mathrm{d}\omega\mathrm{d}b. \tag{7.1.3}$$

(7.1.6) 说明 f 的窗口 Fourier 变换 $T_f(b, \omega)$ 给出的是信号 f 在时间窗 $[t^* + b - \Delta_w, t^* + b + \Delta_w]$ 中的局部信息. 同样地, $T_f(b, \omega)$ 也给出了信号 f 在频率窗 $[\omega^* + \omega - \Delta_{\hat{w}}, \omega^* + \omega + \Delta_{\hat{w}}]$ 中的局部信息. 综上所述, 信号 f 的窗口 Fourier 变换 $T_f(b, \omega)$ 同时给出了信号 f 在时域中点 $t = b$ 附近

$$[t^* + b - \Delta_w, t^* + b + \Delta_w]$$

和频域中点 $\eta = \omega$ 附近

$$[\omega^* + \omega - \Delta_{\hat{w}}, \omega^* + \omega + \Delta_{\hat{w}}]$$

中的局部信息. 当 b 和 ω 固定时, 就给出了一个时间–频率窗

$$[t^* + b - \Delta_w, t^* + b + \Delta_w] \times [\omega^* + \omega - \Delta_{\hat{w}}, \omega^* + \omega + \Delta_{\hat{w}}],$$

其面积为 $4\Delta_w \Delta_{\hat{w}}$, 只与 $w(t)$ 有关, 而与点对 (b, ω) 无关. 这个窗面积可以用来衡量窗口 Fourier 变换的时间–频率分析能力, 面积越小, 时间–频率局部化描述能力就越强. 但 Heisenberg 测不准原理表明该面积满足 $4\Delta_w \Delta_{\hat{w}} \geqslant 2$. 当 $w(t) = \dfrac{1}{2\sqrt{\pi a}} \exp\left(-\dfrac{t^2}{4a}\right) (a > 0)$ 时, 等号成立, 也即此时具有最小时–频窗面积 2.

　　窗口 Fourier 变换, 对弥补 Fourier 变换的不足虽起到一定作用, 但在实际应用中, 它并没有对 Fourier 变换带来实质性的进步. 首先, 它的时间–频率窗大小固定, 仍不适合用于分析非平稳的信号; 其次, 它不像 Fourier 变换那样能实现快速 Fourier 变换算法.

　　小波分析方法的提出可以追溯到 Haar 在 1910 年提出的小波规范正交基, 小波分析形成于 20 世纪 80 年代, 真正起锤炼作用的是法国地球物理学家 Morlet. 他在分析地震波的局部性质时, 仔细地研究了 Fourier 变换, 窗口 Fourier 变换的异同, 特点及函数构造, 他进行创造性研究, 首次提出了 "小波" 概念, 并于信号分析中对信号进行分解. 随后, 理论物理学家 Grassman 对 Morlet 的这种信号按一个确定函数的伸缩, 平移系 $\left\{ |a|^{-\frac{1}{2}} \psi\left(\dfrac{t-b}{a}\right) \mid a, b \in \mathbf{R}, a \neq 0 \right\}$ 展开的可行性进行了研究, 这为小波分析的形成开创了先河. 真正的 "小波热" 始于 1986 年, Meyer 创造性地构造了具有一定衰减性的光滑函数 ψ, 其二进制伸缩与平移 $\{\psi_{j,k}(t) = 2^{\frac{j}{2}} \psi(2^j t - k) \mid j, k \in \mathbf{Z}\}$ 构成 $L^2(\mathbf{R})$ 的规范正交基. 继 Meyer 提出小波变换以后, Lemarie 和 Battle 又分别独立地给出了具有指数衰减的小波函数. 1988 年, Mallat 巧妙地将计算机视觉领域内的多尺度分析思想引入小波分析中分析小波函数的结构和信号按小波变换的分解与重构中, 并将相应的算法 ——Mallat 算法有效地应用于图像分解和重构. 与此同时, Daubechies 构造了具有有限支集的正交小波基. 至此小波分析的系统理论初步得到了建立. 由此可知小波分析的发展是以解决实际问题为出发点, 而后上升到理论, 并辐射多学科的一门应用数学分支.

7.2　连续小波变换

定义 7.2.1　设 $\psi(t) \in L^2(\mathbf{R})$, 若满足如下允许条件:

$$C_\psi = \int_{-\infty}^{+\infty} |\hat{\psi}(\omega)|^2 \frac{\mathrm{d}\omega}{|\omega|} < \infty, \tag{7.2.1}$$

则称 $\psi(t)$ 是基本允许小波或母小波.

通过 $\psi(t)$ 的伸缩和平移, 可得到

$$\psi_{a,b}(t) = |a|^{-\frac{1}{2}} \psi\left(\frac{t-b}{a}\right), \quad a(\neq 0), b \in \mathbf{R}, \tag{7.2.2}$$

称为由基本小波函数 $\psi(t)$ 生成的依赖于参数 a 和 b 的连续允许小波, 简称小波.

对任意 $f(t) \in L^2(\mathbf{R})$, 称

$$W_f(a,b) = \langle f(t), \psi_{a,b}(t) \rangle = |a|^{-\frac{1}{2}} \int_{-\infty}^{+\infty} f(t)\overline{\psi\left(\frac{t-b}{a}\right)}\mathrm{d}t \tag{7.2.3}$$

为一维信号 $f(t)$ 依赖于参数 a 和 b 的一维连续小波变换或一维积分小波变换. a 叫做伸缩或尺度因子, b 叫做平移参数.

当 $\|\psi\|_2 = 1$ 时, $|W_f(a,b)| \leqslant \|f\|_2$.

从允许小波定义 (7.2.1) 知道允许小波函数 $\psi(t)$ 具有一定振荡性. (7.2.2) 中的 a 反映函数的尺度 (或宽度), 变量 b 检测沿 t 轴的平移位置, 有时也称 $\psi_{a,b}(t)$ 为时间–尺度原子. 它在小波变换中的作用与在窗口 Fourier 变换中的窗函数作用相似, 且容易证明当 $\psi(t)$ 满足窗函数的要求时, $\psi_{a,b}(t)$ 和 $\hat{\psi}_{a,b}(\omega)$ 的半径分别是:

$$\Delta_{\psi_{a,b}} = |a|\, \Delta_\psi, \quad \Delta_{\hat{\psi}_{a,b}} = \frac{1}{|a|}\Delta_{\hat{\psi}}.$$

$\psi_{a,b}(t)$ 的时频中心是 $\left(b + at^*, \dfrac{w^*}{a}\right)$, 其中 (t^*, ω^*) 是 $\psi(t)$ 的时频中心. 此时 $W_f(a,b)$ 给出了信号 $f(t)$ 在时间窗

$$[b + at^* - |a|\, \Delta_\psi, b + at^* + |a|\, \Delta_\psi]$$

中的局部信息.

同时 $W_f(a,b)$ 也给出了信号 $f(t)$ 的频谱 $\hat{f}(\omega)$ 在频窗

$$\left[\frac{\omega^*}{a} - \frac{1}{|a|}\Delta_{\hat{\psi}}, \frac{\omega^*}{a} + \frac{1}{|a|}\Delta_{\hat{\psi}}\right]$$

中的局部信息.

由此可见积分小波变换作为时间–频率分析工具, 其时–频窗的时宽为

$2|a|\,\Delta_\psi$, 而频宽为 $\dfrac{2\Delta_{\hat\psi}}{|a|}$, 窗面积为 $4\Delta_\psi\Delta_{\hat\psi}$. 窗的形状将随参数 a 变化的规律完全满足时间–频率分析的独特要求.

连续小波变换有如下重构公式, 即 $f(t)$ 的逆连续小波变换. 对任意 $f(t)\in L^2(\mathbf{R})$, 设 $\psi(t)$ 是基本允许小波,

$$f(t)=\frac{1}{C_\psi}\iint_{\mathbf{R}^2}W_f(a,b)\psi_{a,b}(t)\mathrm{d}b\cdot\frac{\mathrm{d}a}{a^2}. \tag{7.2.4}$$

在信号分析中往往只考虑正频. 这时要求通过 $W_f(a,b)(a>0)$ 重构 $f(t)$. 为此需限制 $\psi(t)$ 满足

$$\int_0^{+\infty}\frac{\left|\hat\psi(\omega)\right|^2}{\omega}\mathrm{d}\omega=\int_{-\infty}^{0}\frac{\left|\hat\psi(\omega)\right|^2}{-\omega}\mathrm{d}\omega=\frac{1}{2}C_\psi<\infty \tag{7.2.5}$$

在此条件下有重构公式

$$f(t)=\frac{2}{C_\psi}\int_0^{+\infty}\frac{\mathrm{d}a}{a^2}\int_{-\infty}^{+\infty}W_f(a,b)\psi_{a,b}(t)\mathrm{d}b. \tag{7.2.6}$$

小波变换的重构公式说明, 小波变换作为转换信息的工具, 在信息转换处理中, 不会造成信息损失, 小波变换只是获得了信息的新的等价描述. 由于小波母函数选择不唯一, 只需满足 (7.2.1) 或 (7.2.5), 故进行信号分析时, 可选择所需要的小波母函数. 但有一个问题需要说明, 连续小波变换虽不丢失信息, 但会存在信息的冗余.

下面是一些古典的母小波、小波及图形.

(1) Gauss 函数的二阶导数形成的小波:

$$\psi(t)=\frac{2}{\sqrt{3\sqrt{\pi}}}(1-t^2)\mathrm{e}^{-\frac{t^2}{2}},$$

$$\psi_{a,b}(t)=\frac{3}{\sqrt{3a\sqrt{\pi}}}\left[1-\left(\frac{t-b}{a}\right)^2\right]\mathrm{e}^{-\frac{\left(\frac{t-b}{a}\right)^2}{2}},$$

其图形如图 7.2.1 所示.

(2) Morlet 小波:

$$\psi(t)=\mathrm{e}^{\mathrm{i}\omega t}\mathrm{e}^{-\frac{t^2}{2}},\quad \hat\psi(\omega)=\sqrt{2\pi}\mathrm{e}^{-\frac{(\omega-\omega_0)}{2}}.$$

其图形如图 7.2.2 所示.

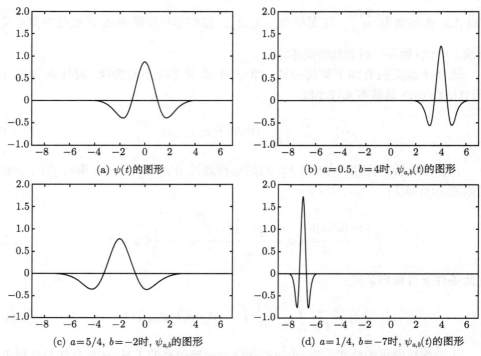

(a) $\psi(t)$的图形 　　　　　(b) $a=0.5$, $b=4$时, $\psi_{a,b}(t)$的图形

(c) $a=5/4$, $b=-2$时, $\psi_{a,b}$的图形 　　　(d) $a=1/4$, $b=-7$时, $\psi_{a,b}(t)$的图形

图 7.2.1　$b=-7$ 时, $\psi_{a,b}(t)$ 的图形. $\psi(t)$ 集中在坐标原点, $\psi_{a,b}(t)$ 集中在相应的 b 点.

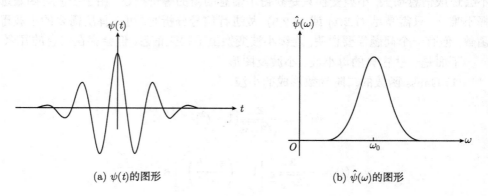

(a) $\psi(t)$的图形 　　　　　　　　(b) $\hat{\psi}(\omega)$的图形

图 7.2.2

(3) Haar 小波:

$$\psi(t) = \begin{cases} 1, & 0 \leqslant t \leqslant \dfrac{1}{2}, \\ -1, & \dfrac{1}{2} < t < 1, \\ 0, & \text{其他}, \end{cases}$$

$$\hat{\psi}(\omega) = \mathrm{i}e^{-\mathrm{i}\frac{\omega}{2}}\frac{\sin^2(\omega/4)}{\omega/4}.$$

其图形如图 7.2.3 所示.

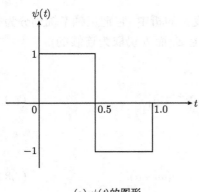

(a) $\psi(t)$的图形

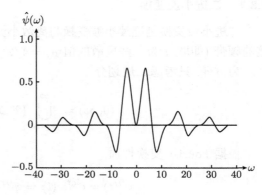

(b) $\hat{\psi}(\omega)$的图形

图 7.2.3

(4) Shannon 小波:

$$\psi(t) = \frac{\sin(\pi t/2)}{\pi t/2}\cos\left(\frac{3\pi t}{2}\right),$$

$$\hat{\psi}(\omega) = \begin{cases} 1, & \pi < |\omega| < 2\pi, \\ 0, & \text{其他}. \end{cases}$$

其图形如图 7.2.4 所示.

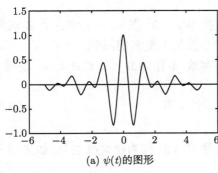

(a) $\psi(t)$的图形

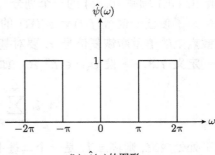

(b) $\hat{\psi}(\omega)$的图形

图 7.2.4

7.3 二进小波、离散小波与框架

7.3.1 二进小波变换

二进小波变换是连续小波变换与离散小波变换的折中, 它把正频率轴划分为邻接的频带 (即取 a 为一些离散的值 $a_j = 1/2^j, j \in \mathbf{Z}$, 而 b 仍取为连续的).

为方便, 只考虑二进划分

$$(0, \infty) = \bigcup_{j=-\infty}^{\infty} (2^j \Delta_{\hat\psi}, 2^{j+1} \Delta_{\hat\psi}]. \tag{7.3.1}$$

根据 Fourier 变换性质,

$$\psi^0(t) = \mathrm{e}^{iat}\psi(t) \Leftrightarrow \hat\psi^0(\omega) = \hat\psi(\omega - a). \tag{7.3.2}$$

又因为 $\Delta_{\psi^0} = \Delta_\psi, \Delta_{\hat\psi^0} = \Delta_{\hat\psi}$, 所以总可以假定 $\hat\psi$ 的中心在 $\omega = 3\Delta_{\hat\psi}$. 此时, 取 $a_j = 1/2^j, j \in \mathbf{Z}$, 则频率窗变成了

$$\left(\frac{\omega^*}{a_j} - \frac{1}{a_j}\Delta_{\hat\psi}, \frac{\omega^*}{a_j} + \frac{1}{a_j}\Delta_{\hat\psi}\right] = (2^{j+1}\Delta_{\hat\psi}, 2^{j+2}\Delta_{\hat\psi}], \tag{7.3.3}$$

其描述的频带的中心频率是

$$\omega_j := \frac{\omega^*}{a_j} = \frac{3\Delta_j}{a_j} = 3 \times 2^j \Delta_{\hat\psi}. \tag{7.3.4}$$

如果用 ω^*/a 表示频率变量 ω $(a > 0)$, 就得到由 (7.3.1) 中 $(2^j\Delta_{\hat\psi}, 2^{j+1}\Delta_{\hat\psi}]$ 邻接的并给出 (正) 频率 $(0, \infty)$ 的一个划分.

为了使任一信号 $f(t) \in L^2(\mathbf{R})$ 的小波变换 $W_f(a, b)$ 在 $a_j = 1/2^j, j \in \mathbf{Z}$ 这些离散点上的值重新恢复信号 f, 要对基本允许小波加上更多的限制.

定义 7.3.1 设 $\psi(t) \in L^2(\mathbf{R})$. 如果存在常数 A 和 $B, 0 < A \leqslant B < \infty$, 使得

$$A \leqslant \sum_{j=-\infty}^{\infty} |\hat\psi(2^{-j}\omega)|^2 \leqslant B \tag{7.3.5}$$

几乎处处成立, 则称 $\psi(t)$ 是一个二进小波. 条件 (7.3.5) 称为稳定性条件. 如果 $A = B$, 称为最稳定条件.

可以证明, 若 $\psi(t)$ 满足稳定性条件 (7.3.5), 则 $\psi(t)$ 是满足

$$A\ln 2 \leqslant \int_0^{+\infty} \frac{|\hat\psi(\omega)|^2}{\omega}\mathrm{d}\omega, \quad \int_0^{+\infty} \frac{|\hat\psi(-\omega)|^2}{\omega}\mathrm{d}\omega \leqslant B\ln 2 \tag{7.3.6}$$

的一个基本允许小波. 特别当 $A = B$ 时,

$$C_\psi = \int_{-\infty}^{+\infty} \frac{|\hat\psi(\omega)|^2}{|\omega|} d\omega = 2A \ln 2. \tag{7.3.7}$$

对任意信号 $f(t) \in L^2(\mathbf{R})$, 记

$$W_f^j(b) = 2^{-j} \int_{-\infty}^{+\infty} f(t)\overline{\psi\left(\frac{b-t}{2^j}\right)} dt, \tag{7.3.8}$$

称函数列 $\{W_f^j(b)|j \in \mathbf{Z}\}$ 是信号 $f(t)$ 的二进小波变换.

式 (7.3.8) 等价于

$$\hat{W}_f^j(\omega) = \hat{f}(\omega)\hat{\psi}(2^j\omega).$$

因此, 二进小波的条件可以等价地表示为: 对任意 $f(t) \in L^2(\mathbf{R})$, 总有关系式

$$A \|f(t)\|^2 \leqslant \sum_{j=-\infty}^{\infty} \left\|W_f^j(\omega)\right\|^2 \leqslant B \|f\|^2. \tag{7.3.9}$$

为了由二进小波变换重构原信号, 即得到二进小波逆变换公式, 需要引入另一二进小波 (对偶小波).

称满足下述方程的 $\chi(t) \in L^2(\mathbf{R})$(不一定唯一) 为对应于二进小波 $\psi(t)$ 的重构小波(对偶小波):

$$\sum_{j=-\infty}^{+\infty} \hat\psi(2^j\omega)\hat\chi(2^j\omega) = 1. \tag{7.3.10}$$

实际上, 可以令

$$\hat\chi(\omega) = \frac{\overline{\hat\psi(\omega)}}{\displaystyle\sum_{j=-\infty}^{+\infty} \left|\hat\psi(2^{-j}\omega)\right|^2},$$

则 $\chi(t)$ 是一重构小波.

对任意 $f(t) \in L^2(\mathbf{R})$ 和二进小波 $\psi(t)$ 的重构小波 $\chi(t)$, 有

$$\sum_{j=-\infty}^{+\infty} \int_{-\infty}^{+\infty} W_f^j(b) \cdot 2^j \chi(2^j(t-b)) db$$

$$= \sum_{-\infty}^{+\infty} \frac{1}{2\pi} \int_{-\infty}^{+\infty} \hat{f}(\omega)\hat\psi(2^{-j}\omega)\hat\chi(2^{-j}\omega) e^{i\omega t} d\omega$$

$$= \frac{1}{2\pi} \int_{-\infty}^{+\infty} \hat{f}(\omega) e^{i\omega t} d\omega = f(t), \tag{7.3.11}$$

这就是二进小波变换的反演 (重构) 公式.

容易证明重构小波 $\chi(t)$ 也是一个二进小波, 而且

$$\frac{1}{B} \leqslant \sum_{j=-\infty}^{+\infty} \left|\hat{\chi}(2^{-j}\omega)\right|^2 \leqslant \frac{1}{A}$$

几乎处处成立.

结合 (7.3.9), 说明连续小波变换的这种二进离散化并不会损失信息, 而且相当稳定, 如果 A/B 越近于 1, 则表明稳定性越强. 但是这种二进离散会带来冗余信息.

7.3.2　离散小波变换

在二进小波中, 只取 a 为离散值, 本节进一步限制 a, b 都是离散值. 此时对固定的步长 $a_0 \neq 1$, 可选取 $a = a_0^m, m \in \mathbf{Z}$. 不失一般性可假定 $a_0 > 1$(或 < 1). 在 $m = 0$ 时, 取固定 $b_0(b_0 > 0)$ 整数倍离散化 b 是很自然的, 而且使得 $\psi(x - nb_0)$"覆盖" 整个实轴. 因此, 依赖于小波 ψ, 适当选取 $a = a_0^m, b = nb_0 a_0^m$, 其中 m, n 取遍整数 $\mathbf{Z}, a_0 > 1, b_0 > 0$ 是固定的, 其相应的离散小波族为

$$\psi_{m,n}(t) = a_0^{-m/2}\psi\left(\frac{t - nb_0 a_0^m}{a_0^m}\right) = a_0^{-m/2}\psi(a_0^{-m}t - nb_0). \tag{7.3.12}$$

现在的问题是:

(1) 能否利用离散小波变换 $\langle f(t), \psi_{m,n}(t)\rangle$ 以数值稳定的方法重构信号 f?

(2) 任一信号 f 能否写成 $\{\psi_{m,n}(t)|m, n \in \mathbf{Z}\}$ 的叠加? 而且叠加的系数容易得到.

实际上, 这两个问题只是一个问题的对偶形式, 答案是肯定的. 当存在 $0 < A, B < \infty$, 使得对任意 $f(t) \in L^2(\mathbf{R})$, $\{\psi_{m,n}(t)|m, n \in \mathbf{Z}\}$ 满足

$$A\|f(t)\|^2 \leqslant \sum_{m,n} |\langle f(t), \psi_{m,n}(t)\rangle|^2 \leqslant B\|f(t)\|^2 \tag{7.3.13}$$

(也即 $\{\psi_{m,n}(t)|m, n \in \mathbf{Z}\}$ 构成一个框架) 时, 问题 (1) 和问题 (2) 都得到解决.

7.3.3　框架

定义 7.3.2　设 H 是 Hilbert 空间, $\{\phi_l|l \in J\} \subset H$, J 是指标集. 如果存在正数 A, B, 使得对于 H 中任意元素 f, 都有

$$A\|f\|^2 \leqslant \sum_{l \in J} |\langle f, \phi_l\rangle|^2 \leqslant B\|f\|^2, \tag{7.3.14}$$

则称 $\{\phi_l|l \in J\}$ 是 H 的一个框架, A, B 称为框架(下, 上)界. 若 $A = B$, 则 $\{\phi_l|l \in J\}$ 称为紧框架. 当 $A = B = 1$ 时, $\{\varphi_l|l \in J\}$ 称为Parseval 框架.

当 $\{\phi_l | l \in J\}$ 是紧框架时, 对任意 $f \in H$, 有

$$\sum_{l \in J} |\langle f, \phi_l \rangle|^2 = A \|f\|^2.$$

若对于 J 的任一真子集 J_1, $\{\phi_l | l \in J_1\}$ 都不再是框架, 则 $\{\phi_l | l \in J\}$ 称为无冗框架, 否则称为冗余框架.

由定义知 $\forall l \in J$, $\|\phi_l\| \leqslant B^{\frac{1}{2}}$.

例 7.3.1 设 H 可分, $\{e_n\}_1^\infty$ 是其标准正交基, 则

(1) $\{e_1, e_1, e_2, e_2, e_3, e_3, \cdots\}$ 是一个紧的有冗余的框架;

(2) $\{e_1, e_2/2, e_3/3, \cdots\}$ 是一个完备的正交序列, 但不是框架;

(3) $\{e_1, e_2/\sqrt{2}, e_2/\sqrt{2}, e_3/\sqrt{3}, e_3/\sqrt{3}, e_3/\sqrt{3}, \cdots\}$ 是一个 Parseval 框架, 这个序列的任意没有重复元素的子序列不是框架;

(4) $\{2e_1, e_2, e_3, \cdots\}$ 是一个非紧但无冗的框架.

设 $\{\phi_l | l \in J\} \subset H$($H$ 是某一 Hilbert 空间), 可以证明如下两条是等价的:

(a) $\{\phi_l | l \in J\}$ 是 H 的一个框架, 框架界是 A, B;

(b) 对任意 $f \in H$, $((\langle f, \phi_l \rangle)_{l \in J} \in l^2(J)$, $\sum_{l \in J} \langle f, \phi_l \rangle \phi_l$ 无条件收敛 (指不管排列次序如何都收敛到同一元素), 且 $S : f \to Sf = \sum_{l \in J} \langle f, \phi_l \rangle \phi_l$ 是 H 上的有界线性算子,

满足 $AI \leqslant S \leqslant BI$, 其中 I 表示 H 上的单位算子.

定义 7.3.3 设 $\{\phi_l | l \in J\}$ 是框架, 有界线性算子 $S : f \to Sf = \sum_{l \in J} \langle f, \phi_l \rangle \phi_l$ 称为框架 $\{\phi_l | l \in J\}$ 的框架算子.

由前述性质 (b) $AI \leqslant S \leqslant BI$ 知 S 可逆, 且 $B^{-1}I \leqslant S^{-1} \leqslant A^{-1}I$. 易见 S 及 S^{-1} 均是自伴算子[①]

此外, 若 $\{\phi_l | l \in J\}$ 是框架, 则可以定义另一个线性算子 T:

$$T : H \to l^2(J), \quad ((Tf)_l)_{l \in J} = (\langle f, \phi_l \rangle)_{l \in J}, \tag{7.3.15}$$

$\forall f \in H$, 则 T 也是有界算子, 且 $\|T\| \leqslant B^{\frac{1}{2}}$. 按伴随算子的定义, $\forall C = (C_l)_{l \in J} \in l^2(J)$, 定义 T 的伴随算子 T^*:

$$T^* : l^2(J) \to H, \quad T^*C = \sum_{l \in J} C_l \phi_l. \tag{7.3.16}$$

---

① Hilbert 空间 H_1 到 Hilbert 空间 H_2 (可以是 H_1 本身) 的一个有界算子 T 的伴随算子 T^* 是由 $\langle x, T^*y \rangle = \langle Tx, y \rangle$, $(\forall x \in H_1, y \in H_2)$ 确定的由 H_2 到 H_1 的算子. 设 T^* 是 T 的伴随算子, 若 $T = T^*$, 则称 T 为自伴算子.

由 (7.3.15) 和 (7.3.16) 知

$$T^*Tf = \sum_{l \in J} \langle f, \phi_l \rangle \phi_l \quad (\forall f \in H),$$

即 $S = T^*T$. 从而将算子 T 亦称为框架算子.

下面给出对偶框架及 Hilbert 空间中的重建公式:

设 $\{\phi_l | l \in J\}$ 是以 A,B 为框架界的框架, 其框架算子 S 可逆, 且 $B^{-1}I \leqslant S^{-1} \leqslant A^{-1}I$. 对任意 $l \in J$, 定义 $\tilde{\phi}_l$,

$$\tilde{\phi}_l = S^{-1}\phi_l = (T^*T)^{-1}\phi_l.$$

定理 7.3.1　$\{\tilde{\phi}_l | l \in J\}$ 也是 Hilbert 空间 H 的框架, 称为框架 $\{\phi_l | l \in J\}$ 的对偶框架 (或共轭框架). 其上、下框架界分别为 A^{-1} 和 B^{-1}, 框架算子为 $\tilde{S} = S^{-1}$. $\forall f \in H$, 有如下重建公式:

$$f = \sum_{l \in J} \langle f, \phi_l \rangle \tilde{\phi}_l = \sum_{l \in J} \langle f, \tilde{\phi}_l \rangle \phi_l. \tag{7.3.17}$$

证明　由于 $(T^*T)^{-1}$ 是自伴算子, 所以 $\forall f \in H$,

$$\langle \tilde{\phi}_l, f \rangle = \langle (T^*T)^{-1}\phi_l, f \rangle = \langle \phi_l, (T^*T)^{-1}f \rangle = \overline{(T(T^*T)^{-1}f)_l},$$

从而

$$\sum_{l \in J} \left| \langle \tilde{\phi}_l, f \rangle \right|^2 = \left\| T(T^*T)^{-1}f \right\|^2 = \langle T(T^*T)^{-1}f, T(T^*T)^{-1}f \rangle.$$

$$= \langle (T^*T)^{-1}f, T^*T(T^*T)^{-1}f \rangle = \langle f, (T^*T)^{-1}f \rangle.$$

因为 $B^{-1}I \leqslant (T^*T)^{-1} \leqslant A^{-1}I$, 所以

$$B^{-1} \|f\|^2 \leqslant \sum_{l \in J} \left| \langle \tilde{\phi}_l, f \rangle \right|^2 \leqslant A^{-1} \|f\|^2, \quad \forall f \in H.$$

也即 $\{\tilde{\phi}_l | l \in J\}$ 是 H 的以 A^{-1}, B^{-1} 为其上、下框架界的框架.

由定义, 易见其框架算子 $\tilde{S} = S^{-1} = (T^*T)^{-1}$. 令 $\tilde{T} = T(T^*T)^{-1}$, 有

$$\tilde{T}^*\tilde{T} = (T^*T)^{-1}T^*T(T^*T)^{-1} = (T^*T)^{-1}.$$

实际上 $\tilde{T}$ 就是类似于与 S 对应的 T 的定义, 因此

$$f = (T^*T)^{-1}(T^*T)f = (T^*T)^{-1} \sum_{l \in J} \langle f, \phi_l \rangle \phi_l$$

$$= \sum_{l \in J} \langle f, \phi_l \rangle \tilde{\phi}_l = (\tilde{T}^* \tilde{T})^{-1} (\tilde{T}^* \tilde{T}) f$$

$$= (\tilde{T}^* \tilde{T})^{-1} \sum_{l \in J} \langle f, \tilde{\phi}_l \rangle \tilde{\phi}_l = T^* T \sum_{l \in J} \langle f, \tilde{\phi}_l \rangle \tilde{\phi}_l = \sum_{l \in J} \langle f, \tilde{\phi}_l \rangle \phi_l$$

式 (7.3.17) 得证. □

由重建公式 (7.3.17) 知, 能由 $\langle f, \phi_l \rangle_{l \in J}$ 求得 f 的关键在于求出 $\tilde{\phi}_l, l \in J$. 由于 $\tilde{\phi}_l = (T^* T)^{-1} \phi_l$, 从而问题在于求算子 $(T^* T)^{-1}$ 的可用于数值计算的表达式. 由不等式 $B^{-1} I \leqslant (T^* T)^{-1} \leqslant A^{-1} I$ 易得到

$$\frac{A - B}{A + B} I \leqslant I - \frac{2(T^* T)}{A + B} \leqslant \frac{B - A}{A + B} I,$$

即

$$\left\| I - \frac{2(T^* T)}{A + B} \right\| \leqslant \frac{B/A - 1}{B/A + 1} < 1.$$

于是

$$(T^* T)^{-1} = \frac{2}{A + B} \left[I - \left(I - \frac{2(T^* T)}{A + B} \right) \right]^{-1} = \frac{2}{A + B} \sum_{k=0}^{\infty} \left(I - \frac{2 T^* T}{A + B} \right)^k. \quad (7.3.18)$$

因此

$$\tilde{\phi}_l = \frac{2}{A + B} \sum_{k=0}^{\infty} \left(I - \frac{2 T^* T}{A + B} \right)^k \phi_l, \quad l \in J. \quad (7.3.19)$$

若 $B/A \approx 1$, 则 $\left\| I - \dfrac{2 T^* T}{A + B} \right\| \approx 0$. 此时 (7.3.18) 和 (7.3.19) 可近似地写成

$$(T^* T)^{-1} \approx \frac{2}{A + B} I,$$

即

$$\tilde{\phi}_l \approx \frac{2}{A + B} \phi_l.$$

故 (7.3.17) 可近似地写为

$$f \approx \frac{2}{A + B} \sum_{l \in J} \langle f, \phi_l \rangle \phi_l,$$

其误差是 $\dfrac{B/A - 1}{B/A + 1} \|f\|$ 阶的.

这是非常便于计算的公式, 因此相对于框架 $\{\phi_l | l \in J\}$ 当 $A = B$ 称为紧框架情形, 而当 $B/A \approx 1$ 时, $\{\phi_l | l \in J\}$ 称为几乎紧框架.

由上述推导可知, 当 $A = B$ 时, "$\approx$" 均变成 "$=$", 即此时重建公式

$$f = \frac{1}{A} \sum_{l \in J} \langle f, \phi_l \rangle \phi_l.$$

这与 Hilbert 空间 H 在标准正交基下的展开公式相似. 不仅如此, 当 $\{\phi_l | l \in J\}$ 是 Parseval 框架时, 可以证明 $\{\phi_l | l \in J\}$ 是两两正交的, 而且当任意 $l \in J$ 时, 若 $\|\phi_l\| = 1$, 则 $\{\phi_l | l \in J\}$ 就是 H 的标准正交基. 由此可见框架概念实际上是标准正交基概念的推广.

由框架理论知, 要想使离散小波得到 $L^2(\mathbf{R})$ 中任一信号的数值稳定的重构算法, 要求离散小波构成框架.

在离散小波变换中, 给定 $a_0 > 0$, $b_0 > 0$, 得到离散小波

$$\psi_{m,n}(t) = a_0^{-m/2} \psi(a_0^{-m} t - nb_0), \quad m, n \in \mathbf{Z}. \tag{7.3.20}$$

若对所有 $f \in H$, $\psi_{m,n}(t)$ 满足

$$A \|f\|^2 \leqslant \sum_m \sum_n |\langle f, \psi_{m,n} \rangle|^2 \leqslant B \|f\|^2,$$

则称 $\{\psi_{m,n}(t)\}$ 是一个小波框架. 这时可以对 f 进行重构. 若 $\{\psi_{m,n}(t)\}$ 是一个紧框架, 则

$$f(t) = \frac{1}{A} \sum_{m,n} \langle f(t), \psi_{m,n}(t) \rangle \psi_{m,n}(t).$$

若 $\{\psi_{m,n}(t)\}$ 是一个几乎紧的框架, 则

$$f(t) \approx \frac{2}{A+B} \sum_{m,n} \langle f(t), \psi_{m,n}(t) \rangle \psi_{m,n}(t).$$

怎样选择 $\psi(t)$, a_0 和 b_0, 才能使离散小波 (7.3.20) 成为小波框架? 小波框架界如何计算? 下面两个定理回答了这些问题.

定理 7.3.2 (框架界)   如果 $\psi_{m,n}(t) = a_0^{-m/2} \psi(a_0^{-m} t - nb_0)$, $m, n \in \mathbf{Z}$ 构成 $L^2(\mathbf{R})$ 的一个框架, A, B 为其框架界, 则

$$\frac{b_0 \ln a_0}{2\pi} A \leqslant \int_0^{+\infty} \frac{\left|\hat{\psi}(\omega)\right|^2}{\omega} \mathrm{d}\omega \leqslant \frac{b_0 \ln a_0}{2\pi} B,$$

$$\frac{b_0 \ln a_0}{2\pi} A \leqslant \int_{-\infty}^0 \frac{\left|\hat{\psi}(\omega)\right|^2}{\omega} \mathrm{d}\omega \leqslant \frac{b_0 \ln a_0}{2\pi} B.$$

定理 7.3.3　如果 $\psi(t)$, a_0 使

$$
\begin{aligned}
&\inf_{1\leqslant|\omega|\leqslant a_0} \sum_{m=-\infty}^{\infty} \left|\hat{\psi}(a_0^m\omega)\right|^2 > 0, \\
&\sup_{1\leqslant|\omega|\leqslant a_0} \sum_{m=-\infty}^{\infty} \left|\hat{\psi}(a_0^m\omega)\right|^2 < \infty,
\end{aligned}
\tag{7.3.21}
$$

并且 $\beta(s) = \sup\limits_{\xi} \sum\limits_m \left|\hat{\psi}(a_0^m\xi)\right| \cdot \left|\hat{\psi}(a_0^m\xi+s)\right|$ 至少像 $(1+|s|)^{-(1+\varepsilon)}(\varepsilon>0)$ 一样快地衰减, 那么存在 $b^* > 0$ 使对于所有 $b_0 < b^*$, $\{\psi_{m,n}(t)\}$ 构成一个框架. 对于 $b_0 < b^*$, 下述是 $\{\psi_{m,n}(t)\}$ 的框架界:

$$
\begin{aligned}
A &= \frac{2\pi}{b_0} \left\{ \inf_{1\leqslant|\omega|\leqslant a_0} \sum_{m=-\infty}^{+\infty} \left|\hat{\psi}(a_0^m\omega)\right|^2 - \sum_{\substack{k=-\infty\\k\neq 0}}^{+\infty} \left[\beta\left(\frac{2\pi}{b_0}k\right)\beta\left(-\frac{2\pi}{b_0}k\right)\right]^{1/2} \right\}, \\
B &= \frac{2\pi}{b_0} \left\{ \sup_{1\leqslant|\omega|\leqslant a_0} \sum_{m=-\infty}^{+\infty} \left|\hat{\psi}(a_0^m\omega)\right|^2 + \sum_{\substack{k=-\infty\\k\neq 0}}^{+\infty} \left[\beta\left(\frac{2\pi}{b_0}k\right)\beta\left(-\frac{2\pi}{b_0}k\right)\right]^{1/2} \right\}.
\end{aligned}
\tag{7.3.22}
$$

如果 $\left|\hat{\psi}(\omega)\right| \leqslant C|\omega|^\alpha(1+|\omega|)^{-\gamma}, \alpha>0, \gamma>\alpha+1$, 关于 β 的条件和式 (7.3.21) 满足.

　　在工程应用或数学分析中用正交基对函数进行展开是常用的做法, 在信号处理中希望找到正交小波基也是基于同样的想法. 由上述框架理论知, 如果不刻意对小波基正交性的要求, 允许小波基函数存在彼此线性相关的部分, 用这样的基重构函数 (信号) 存在冗余. 虽如此, 但也有优点, 它能使刻画函数的数值计算十分稳定, 计算误差的影响变小. 实际上, 从本质上讲, 窗口傅里叶变换和连续小波变换都是框架理论的特殊情况, 正交小波基更是框架的特例. 下面主要介绍正交小波.

7.4　正交小波基与多分辨分析

7.4.1　正交小波

　　设 $\psi(t)$ 是允许小波, 对于任意整数 j 和 k, 记 $\psi_{j,k}(t) = 2^{\frac{j}{2}}\psi(2^j t - k)$. 如果函数族 $\left\{\psi_{j,k}(t) = 2^{\frac{j}{2}}\psi(2^j t - k)|j,k\in\mathbf{Z}\right\}$ 构成空间 $L^2(\mathbf{R})$ 的标准正交基, 则称 $\psi(t)$ 是正交小波母函数, 简称正交小波, 函数族 $\{\psi_{j,k}|j,k\in\mathbf{Z}\}$ 称为正交小波基.

　　此时, 对任意 $f(t)\in L^2(\mathbf{R})$, 存在唯一展式:

$$
f(t) = \sum_{j,k} c_{j,k}\psi_{j,k}(t),
\tag{7.4.1}
$$

其中

$$c_{j,k} = \langle f(t), \psi_{j,k}(t) \rangle = \int_{-\infty}^{+\infty} f(t) \bar{\psi}_{j,k}(t) \mathrm{d}t, \quad j,k \in \mathbf{Z},$$

称为 f 的小波系数, (7.4.1) 称为 f 的正交小波级数分解. 易见小波系数 $c_{j,k}$ 实际上是 $f(t)$ 的离散小波变换, 而 (7.4.1) 是小波逆变换 (重构) 公式.

由于用二进离散小波与连续小波变换进行信号重构时, 虽不会损失信息, 但会产生冗余. 如果再对离散小波增加更严格的限制, 即 "正交化" 条件, 就可以使得变换重构后所产生的冗余消失. 因此关键问题是, 正交小波是否存在且足够丰富, 能使在应用时有充分选择的自由, 以保证各种各样的需要.

在解决这个问题之前, 先介绍两个正交小波的例子.

例 7.4.1 (Haar 小波)　所谓 Haar 系是由母函数 $h(t)$ 生成, 其具体形式为

$$h(t) = \begin{cases} 1, & 0 \leqslant t < \dfrac{1}{2}, \\ -1, & \dfrac{1}{2} \leqslant t < 1, \\ 0, & \text{其他}. \end{cases}$$

经过二进伸缩与平移可得到

$$h_{m,n}(t) = 2^{\frac{m}{2}} h(2^m t - n), \quad m,n \in \mathbf{Z},$$

这时 $h_{m,n}$ 的支集是二进区间 $I_n = [n2^{-j}, (n+1)2^{-j})$. 当 $0 \leqslant n < 2^j$ 时, I_n 包含在 $[0,1)$ 中, 可以证明 $h_{m,n}$ 是 $L^2(\mathbf{R})$ 的一个标准正交基, 从而它是正交小波基. 它说明正交小波是存在的. 但此小波基是一族阶梯函数, 用小波级数中的部分和对连续函数 (信号) 进行逼近时, 必然不是一致逼近; 再者, 如果信号 $f(t)$ 具有一定的光滑度, 这样的逼近也不合适. 这致使 Haar 系函数构成的标准正交基当时没有得到普遍的重视. 但是几十年后这个构造方法却变得十分有意义了.

例 7.4.2 (Shannon 小波)　它来自连续信号离散化的取样定理. 对信号 $f(t)$ 取样就是每隔一定的时间间隔 T 取 $f(t)$ 的一个样值, 记作 $f(nT)(n \in \mathbf{Z})$. 问题是怎样的时间间隔 T, 才能由 $f(nT)$ 完全确定原连续信号 $f(t)$. Shannon 采样定理告诉我们: 若信号 $f(t) \in L^2(\mathbf{R})$ 的 Fourier 变换 $\hat{f}(\omega)$ 当 $|\omega| \geqslant B$ 时恒为零, 则信号 f 可以通过它的采样间隔 $T \leqslant \dfrac{\pi}{B}$ 的离散采样 $\{f(nT)|n \in \mathbf{Z}\}$ 进行唯一重构,

$$f(t) = \sum_{n \in \mathbf{Z}} f(nT) \frac{\sin(\pi(t - nT)/T)}{\pi(t - nT)/T}. \tag{7.4.2}$$

这就是 Shannon 插值公式. 特别地, 若 $T = 1$, 或者当 $|\omega| \geqslant \pi$ 时, $\hat{f}(\omega) = 0$, 则

(7.4.2) 可写成

$$f(t) = \sum_{n \in \mathbf{Z}} f(n) \frac{\sin \pi(t-n)}{\pi(t-n)}. \tag{7.4.3}$$

这说明函数 $\phi(t) = \dfrac{\sin \pi t}{\pi t}$ 的一切整数平移所生成的函数系 $\{\phi(t-n)\}(n \in \mathbf{Z})$ 构成子空间 $S_\pi = \{f(t) \in L^2(\mathbf{R}) | \hat{f}(\omega) = 0, |\omega| \geqslant \pi\}$ 的一个标准正交基. 这是由于

$$\int_{-\infty}^{+\infty} \phi(t-m)\phi(t-n)\mathrm{d}t = \delta_{m,n} = \left\{ \begin{array}{ll} 1, & m = n, \\ 0, & m \neq n, \end{array} \right. \quad m, n \in \mathbf{Z}.$$

注意这个标准正交基仅由母函数经平移得到.

由 S_π 的定义知, S_π 仅是 $L^2(\mathbf{R})$ 中极其有限的部分. 由 $\phi(t-n)$ 仅能给出 S_π 中信号的重构公式, 下边利用 Shannon 采样定理按下述方法逐步逼近全空间 $L^2(\mathbf{R})$, 并且给出全空间中信号的重构公式. 从 S_π 出发作线性变换: $f(t) \mapsto f(2t)$, 则映 S_π 到 $S_{2\pi} = \{f(t) \in L^2(\mathbf{R}) | \hat{f}(\omega) = 0, |\omega| \geqslant 2\pi\}$. 易知此变换是一一到上的, $S_{2\pi}$ 有标准正交基

$$\{\sqrt{2}\phi(2t-n)\} = \left\{ \sqrt{2} \frac{\sin 2\pi \left(t - \dfrac{n}{2}\right)}{2\pi \left(t - \dfrac{n}{2}\right)} \right\}, \quad n \in \mathbf{Z}.$$

于是, 对任意 $f(t) \in S_{2\pi}$, 有

$$f(t) = \sum_{n \in \mathbf{Z}} f\left(\frac{n}{2}\right) \frac{\sin 2\pi \left(t - \dfrac{n}{2}\right)}{2\pi \left(t - \dfrac{n}{2}\right)}.$$

显然 $S_\pi \subseteq S_{2\pi}$ 且 $S_\pi \neq S_{2\pi}$. 从 S_π 出发作线性变换: $f(t) \mapsto f(2^m t)(m \in \mathbf{Z})$, 则映 S_π 到 $S_{2^m\pi} = \{f(t) \in L^2(\mathbf{R}) | \hat{f}(\omega) = 0, |\omega| \geqslant 2^m\pi\}$, $m \in \mathbf{Z}$, 且 $S_{2^m\pi}$ 具有一组标准正交基

$$\{2^{\frac{m}{2}}\phi(2^m t - n)\} = 2^{\frac{m}{2}} \frac{\sin 2^m\pi \left(t - \dfrac{n}{2^m}\right)}{2^m\pi \left(t - \dfrac{n}{2^m}\right)}, \quad m, n \in \mathbf{Z},$$

且对任意 $f(t) \in S_{2^m\pi}$ 有

$$f(t) = \sum_{n \in \mathbf{Z}} f(2^{-m}n) \frac{\sin 2^m\pi(t - 2^{-m}n)}{2^m\pi(t - 2^{-m}n)}.$$

此式说明对 $S_{2^m\pi}$ 中信号 f 以 $T \leqslant 2^{-m}$ 的间隔采样之后, 才不至于有信息损失. 当 $m > 0$ 时, 这个采样间隔随 m 取值增大而越来越小, 即采样越来越密, 这样才保证对变化比较复杂的信号进行采样不致造成信息泄漏.

当 m 取遍整数集合 $\mathbf{Z}$, 上述方法产生了一系列 $L^2(\mathbf{R})$ 的子空间 $S_{2^m\pi}$, $m \in \mathbf{Z}$, 且具有如下关系:

(1) $S_{2^m\pi} \subseteq S_{2^{m+1}\pi}$, $m \in \mathbf{Z}$;

(2) $\bigcap\limits_{m \in \mathbf{Z}} S_{2^m\pi} = \{0\}$;

(3) $\phi(t) \in S_\pi$ 且 $\{\phi(t-n)|n \in \mathbf{Z}\}$ 是 S_π 的标准正交基;

(4) $f(t) \in S_{2^m\pi} \Leftrightarrow f(2t) \in S_{2^{m+1}\pi}$;

(5) $\overline{\left(\bigcup\limits_{m \in \mathbf{Z}} S_{2^m\pi} \right)} = L^2(\mathbf{R})$.

性质 (5) 说明, 任意 $f(t) \in L^2(\mathbf{R})$, 可用 $S_{2^m\pi}$ 中元素逼近, 从而可用 $S_{2^m\pi}$ 中的标准正交基逼近. 但由于各个 $S_{2^m\pi}$ 不是相互正交的, 所以各个子空间中的正交基并不正交, 现在根据上面讨论构造 $L^2(\mathbf{R})$ 的标准正交基.

先考虑子空间 S_π 和 $S_{2\pi}$. 鉴于 $S_{2^m\pi}$ 的一般表达式和 Fourier 变换的 Parseval 恒等式, 记 S_π 在 $S_{2\pi}$ 中的正交补为 V_π, 自然地

$$V_\pi = \{f(t) \in L^2(\mathbf{R})|\hat{f}(\omega) = 0, |\omega| < \pi \text{ 或 } |\omega| > 2\pi\},$$

即得到 $S_{2\pi}$ 的正交直和分解:

$$S_{2\pi} = S_\pi \oplus V_\pi.$$

一般地, 对任意 $m \in \mathbf{Z}$, 将 $S_{2^m\pi}$ 在 $S_{2^{m+1}\pi}$ 中的正交补记为 $V_{2^m\pi}$, 可知

$$V_{2^m\pi} = \{f(t) \in L^2(\mathbf{R})|\hat{f}(\omega) = 0, |\omega| < 2^m\pi \text{ 或 } |\omega| > 2^{m+1}\pi\}.$$

当 m 取遍 $\mathbf{Z}$ 时, 得到 $L^2(\mathbf{R})$ 的一列相互正交的子空间 $\{V_{2^m\pi}|m \in \mathbf{Z}\}$, 且具有如下特征:

对任意 $m \in \mathbf{Z}$,

$$V_{2^m\pi} \oplus S_{2^m\pi} = S_{2^{m+1}\pi}$$

且

$$f(t) \in V_{2^m\pi} \Leftrightarrow f(2t) \in V_{2^{m+1}\pi}. \tag{7.4.4}$$

由此可得到

$$S_{2^{m+1}\pi} = V_{2^m\pi} \oplus V_{2^{m-1}\pi} \oplus \cdots \oplus V_{2^n\pi} \oplus S_{2^n\pi}, \tag{7.4.5}$$

其中 $n(< m) \in \mathbf{Z}$. 由子空间列 $\{S_{2^{m+1}\pi}|m \in \mathbf{Z}\}$ 的性质, 在式 (7.4.5) 中令 $m \to +\infty$, $n \to -\infty$, 得到

$$L^2(\mathbf{R}) = \bigoplus_{m=-\infty}^{+\infty} V_{2^m\pi}. \tag{7.4.6}$$

为了构造 $L^2(\mathbf{R})$ 的标准正交基, 只需构造 $L^2(\mathbf{R})$ 的上述正交分解子空间的标准正交基即可. 由 (7.4.4) 只需构造子空间 V_π 的标准正交基, 也就是寻找 V_π 的一个函数 $\psi(t)$, 它的单位 1 的平移函数族

$$\{\psi(t-n)|n\in\mathbf{Z}\}$$

构成 V_π 的一个标准正交基.

结合 V_π 中元素的性质, 这样的 $\psi(t)$ 满足

$$\hat{\psi}(\omega)=0, |\omega|\leqslant\pi \text{ 或 } |\omega|\geqslant 2\pi.$$

最简单的形式是

$$\left|\hat{\psi}(\omega)\right|=\begin{cases} 1, & \pi<|\omega|<2\pi, \\ 0 & \text{其他}. \end{cases}$$

令

$$\psi(t)=2\phi(2t-1)-\phi\left(t-\frac{1}{2}\right)=\frac{\sin 2\pi\left(t-\frac{1}{2}\right)-\sin\pi\left(t-\frac{1}{2}\right)}{\pi\left(t-\frac{1}{2}\right)}.$$

易见 $\psi(t)$ 满足要求, 它的单位 1 的平移族 $\{\psi(t-n)|n\in\mathbf{Z}\}$ 是 V_π 的标准正交基, 而且对任意 $m\in\mathbf{Z}, \{2^{\frac{m}{2}}\psi(2^m t-k)|m,k\in\mathbf{Z}\}$ 是 $V_{2^m\pi}$ 的标准正交基. 由 (7.4.4), 当 m 取遍 $\mathbf{Z}$ 时, 所有 $V_{2^m\pi}$ 的标准正交基全体构成 $L^2(\mathbf{R})$ 的标准正交基, 这就是 Shannon 小波基.

$\psi(t)$ 作为小波母函数, 是任意阶可导的, 从而 $\hat{\psi}(\omega)$ 具有良好的局部性. 但 $\psi(t)$ 的时间局部性不好, 因为

$$\psi(t)\to o\left(1/|t|\right)\quad (t\to+\infty).$$

而 Haar 小波 $h(t)$, 情况正好相反, 它的时间局部性非常好 ($t<0$ 或 $t>1$ 时, $h(t)=0$), 但 $\hat{h}(\omega)\to o(1/|\omega|)$, 即频域性不好. 从某种意义上说, 这二者正好处于相反的两个极端状态. 自然的问题是能否构造出时间 – 频率局部性都比较好的正交小波母函数. 下边介绍一般的正交小波构造方法.

7.4.2 多分辨分析

Meyer 和 Mallat 发现了构造正交小波的一般方法即"多分辨分析", 也称为"多分辨率逼近". 利用这个工具, Daubechies 构造出紧支集且光滑的正交小波.

先从 $L^2(\mathbf{R})$ 的某个子空间出发, 在这个子空间中先建立起基底, 然后利用极其简单的变换, 再把基底扩充到 $L^2(\mathbf{R})$ 中去, 这就是多分辨分析的思想方法.

定义 7.4.1 空间 $L^2(\mathbf{R})$ 中的一个 (二进) 多分辨分析是指 $L^2(\mathbf{R})$ 中的满足如下条件的一个空间序列 $\{V_k\}_{k\in\mathbf{Z}}$:

(1) 单调性 $V_k \subset V_{k+1}$, 对任意 $k \in Z$.

(2) 逼近性 $\bigcap\limits_{k\in\mathbf{Z}} V_k = \{0\}$, $\overline{\bigcup\limits_{k\in\mathbf{Z}} V_k} = L^2(\mathbf{R})$.

(3) 伸缩性 $u(t) \in V_k \Leftrightarrow u(2t) \in V_{k+1}$.

(4) 平移不变性 $u(t) \in V_0 \Rightarrow u(t-n) \in V_0$, 对任意 $n \in \mathbf{Z}$.

(5) Riesz 基存在性   存在 $g \in V_0$, 使得 $\{g(t-k)|k \in \mathbf{Z}\}$ 构成 V_0 的 Riesz 基, 也即 $\{g(t-k)|k \in \mathbf{Z}\}$ 生成 V_0, 而且对于任意序列 $\{a_k\}_{k\in\mathbf{Z}} \in l^2(\mathbf{Z})$ 均有

$$A \sum_{k\in\mathbf{Z}} |a_k|^2 \leqslant \left\| \sum_{k\in\mathbf{Z}} a_k g(t-k) \right\|^2 \leqslant B \sum_{k\in\mathbf{Z}} |a_k|^2, \tag{7.4.7}$$

其中 A, B 为与 a_k 无关的正数. 此时还称 $g(t)$ 为该多分辨分析的*尺度函数*.

注 7.4.1   由 (3), 空间列 $\{V_j\}$ 由其中的任意一个空间完全决定,

$$V_j = \{u(2^j t) \,|\, u(t) \in V_0\}, \quad j \in \mathbf{Z}.$$

由此, 条件 (4) 和条件 (5) 分别等价于

(4′) $u(t) \in V_j \Rightarrow u(t - 2^j k) \in V_j$, 对任意 $j, k \in \mathbf{Z}$;

(5′) $\{g(2^j t - k) \,|\, k \in \mathbf{Z}\}$ 构成 V_j 的 Riesz 基.

关于条件 (5), 可以证明如下定理:

定理 7.4.1 存在函数 $\phi(t) \in V_0$, 使得 $\{\phi(t-k)|k \in \mathbf{Z}\}$ 构成 V_0 的标准正交基, 如下式定义的函数 $\phi(t)$,

$$\hat{\phi}(\omega) = \frac{1}{\sqrt{2\pi}} \left[\left(\sum_{k\in\mathbf{Z}} |\hat{g}(\omega + 2k\pi)|^2 \right)^{\frac{1}{2}} \hat{g}(\omega) \right].$$

该定理说明可由 $L^2(\mathbf{R})$ 的一个闭子空间的整数平移 Riesz 基 $\{g(t-k)|k \in \mathbf{Z}\}$ 构造 V_0 一个整数平移标准正交基 $\{\phi(t-k)|k \in \mathbf{Z}\}$, 也即可以构造正交尺度函数 $\phi(t) \in V_0$, 从而使得 $\left\{ \phi_{j,k}(t) = 2^{\frac{j}{2}} \phi(2^j t - k)|k \in \mathbf{Z} \right\}, j \in \mathbf{Z}$ 是 V_j 的标准正交基. 具有正交尺度函数 $\phi(t)$ 的多分辨分析 $\{V_k\}_{k\in\mathbf{Z}}$ 称为正交多分辨分析, 记为 $(\{V_k\}_{k\in\mathbf{Z}}, \phi(t))$.

现设 $\phi(t)$ 是正交尺度函数, 它满足如下差分方程 (对于一般的尺度函数也满足如下方程),

$$\phi(t) = \sum_{n\in\mathbf{Z}} h_n \phi(2t - n). \tag{7.4.8}$$

由于 $\phi_{1,n}(t)$ 是 V_1 的标准正交基, 所以

$$h_n = \sqrt{2} \sum_{n \in \mathbf{Z}} \langle \phi(t), \phi_{1,n}(t) \rangle. \tag{7.4.9}$$

令 $H(\omega) = \dfrac{1}{2} \sum_{n \in \mathbf{Z}} h_n e^{-in\omega}$, 将 (7.4.8) 两端取 Fourier 变换得到

$$\hat{\phi}(2\omega) = H(\omega)\hat{\phi}(\omega). \tag{7.4.10}$$

定理 7.4.2 设 $\{h_k\}$ 和 $H(\omega)$ 是由一个给定的正交多分辨分析导出的, 即 (7.4.8) 和 (7.4.9) 给出, 则

(1) $|H(\omega)|^2 + |H(\omega + \pi)|^2 = 1$;

(2) 若 $\{h_k\} \in l^1$, 且 $\hat{\phi}(\omega)$ 连续, $\hat{\phi}(0) \neq 0$, 则 $H(0) = 1$.

证明 (1) 由 (7.4.10) 得

$$\hat{\phi}(\omega) = H\left(\frac{\omega}{2}\right)\hat{\phi}\left(\frac{\omega}{2}\right).$$

因为 $\phi(t)$ 是正交尺度函数, 所以满足 $\displaystyle\sum_{k \in \mathbf{Z}} \left|\hat{\phi}(\omega + 2k\pi)\right|^2 = \frac{1}{2\pi}$, 从而

$$
\begin{aligned}
\frac{1}{2\pi} &= \sum_{k \in \mathbf{Z}} \left|\hat{\phi}(2\omega + 2k\pi)\right|^2 \\
&= \sum_{k \in \mathbf{Z}} |H(\omega + k\pi)|^2 \cdot \left|\hat{\phi}(\omega + k\pi)\right|^2 \\
&= \sum_{k \in \mathbf{Z}} |H(\omega)|^2 \left|\hat{\phi}(\omega + 2k\pi)\right|^2 + \sum_{k \in \mathbf{Z}} |H(\omega + (2k+1)\pi)|^2 \left|\hat{\phi}(\omega + (2k+1)\pi)\right|^2 \\
&= \sum_{k \in \mathbf{Z}} |H(\omega)|^2 \left|\hat{\phi}(\omega + 2k\pi)\right|^2 + \sum_{k \in \mathbf{Z}} |H(\omega + \pi)|^2 \left|\hat{\phi}(\omega + \pi + 2k\pi)\right|^2 \\
&= \left(\sum_{k \in \mathbf{Z}} \left|\hat{\phi}(\omega + 2k\pi)\right|^2\right) \cdot |H(\omega)|^2 + |H(\omega + \pi)|^2 \cdot \sum_{k \in \mathbf{Z}} \left|\hat{\phi}(\omega + \pi + 2k\pi)\right|^2 \\
&= (|H(\omega)|^2 + |H(\omega + \pi)|^2) \cdot \frac{1}{2\pi}.
\end{aligned}
$$

(2) 显然. □

定理 7.4.2 中的 (1) 是十分重要的公式. 通常称 h_n 为脉冲响应, 满足定理 7.4.2 中条件 (1) 的 $H(\omega)$ 称为共轭滤波器.

设 $(\{V_k\}_{k \in \mathbf{Z}}, \phi(t))$ 是正交多分辨分析. 下面介绍如何由该正交多分辨分析构造 $L^2(\mathbf{R})$ 的一个正交小波 $\psi(t)$, 使

$$\left\{\psi_{j,k}(t) = 2^{\frac{j}{2}} \psi(2^j t - k) \,|\, j, k \in \mathbf{Z}\right\}$$

是 $L^2(\mathbf{R})$ 的标准正交小波基.

在 $(\{V_k\}_{k\in\mathbf{Z}}, \phi(t))$ 中, 对任意 $k \in \mathbf{Z}$, 将 V_k 在 V_{k+1} 中的正交补子空间记作 W_k, 则

$$V_{k+1} = V_k \oplus W_k.$$

从而找到了 $L^2(\mathbf{R})$ 的一系列闭子空间 $\{W_k | k \in \mathbf{Z}\}$. 易证它们满足:

(1) $W_j \perp W_{j'}$, $j \neq j'$;

(2) $\bigcap\limits_{j\in\mathbf{Z}} W_j = \{0\}$, $L^2(\mathbf{R}) = \bigoplus\limits_{k\in\mathbf{Z}} W_k$;

(3) 对任意 $k \in \mathbf{Z}$, $g(t) \in W_k \Leftrightarrow g(2t) \in W_{k+1}$.

下面构造函数 $\psi(t) \in W_0$, 使它的整数平移族 $\{\psi(t-n) \,|\, n \in \mathbf{Z}\}$ 生成 W_0 的标准正交基.

$\phi(t)$ 满足差分方程 (7.4.7), 按构造函数 $\psi(t)$ 如下:

$$\psi(t) = \sum_{k\in\mathbf{Z}} (-1)^k \bar{h}_{1-k} \phi(2t - k).$$

可以证明

(1) $\psi(t) \in W_0$ 且 $\{\psi(t-n) \,|\, n \in \mathbf{Z}\}$ 是 W_0 的标准正交基;

(2) 对任意 $j \in \mathbf{Z}$, 函数族

$$\left\{\psi_{j,k}(t) = 2^{\frac{j}{2}} \psi(2^j t - k) \,|\, k \in \mathbf{Z}\right\}$$

是 W_j 的标准正交基;

(3) 函数族 $\{2^{\frac{j}{2}} \psi(2^j t - k) \,|\, j, k \in \mathbf{Z}\}$ 是 $L^2(\mathbf{R})$ 的标准正交基.

综上所述, 有如下的构造定理:

定理 7.4.3　设 $(\{V_k\}_{k\in\mathbf{Z}}, \phi(t))$ 是 $L^2(\mathbf{R})$ 的正交多分辨分析, 即满足

(1) $\{\phi_{0,n}(t) = \phi(t-n) \,|\, n \in \mathbf{Z}\}$ 是 V_0 中的标准正交基;

(2) 存在 $\{h_n\} \in l^2$ 使得

$$\phi(t) = \sum_{n\in\mathbf{Z}} h_n \phi(2t - n),$$

则函数

$$\psi(t) = \sum_{n\in\mathbf{Z}} g_n \phi(2t - n), \tag{7.4.11}$$

其中 $g_n = (-1)^n \bar{h}_{1-n}$, 是 $L^2(\mathbf{R})$ 的正交小波. 而且当

$$W_j = \mathrm{span}\{\psi_{j,k}(t) | k \in \mathbf{Z}\}^{\mathrm{close}}, \quad j \in \mathbf{Z},$$

即 W_j 是 $\{\psi_{j,k}(t)|k \in \mathbf{Z}\}$ 线性张成的闭包时, $W_j \perp W_{j'}$, $j \neq j'$; $W_j \perp V_j$, $W_j \oplus V_j = V_{j+1}, j,j' \in \mathbf{Z}$; $L^2(\mathbf{R}) = \underset{j \in \mathbf{Z}}{\oplus} W_j$.

现在用多分辨分析方法构造 Haar 小波和 Shannon 小波.

例 7.4.3 (Haar 小波) 定义函数 $\phi(t)$,

$$\phi(t) = \begin{cases} 1, & t \in [0,1), \\ 0, & t \notin [0,1). \end{cases}$$

令 $V_j = \text{span}\{\phi_{j,k}(t)|k \in \mathbf{Z}\}^{\text{close}}, j \in \mathbf{Z}$, 则 V_j 是 $L^2(\mathbf{R})$ 的子空间.

容易验证 $(\{V_j|j \in \mathbf{Z}\}, \phi(t))$ 是 $L^2(\mathbf{R})$ 的正交多分辨分析, 且 $\{\phi(t-n)|n \in \mathbf{Z}\}$ 是 V_0 的标准正交基. 此时 $\phi(t)$ 的差分方程为

$$\phi(t) = \phi(2t) + \phi(2t+1).$$

由小波构造方程得

$$\psi(t) = \phi(2t) - \phi(2t-1),$$

这就是相应的正交小波母函数, 易见它就是前面给出的 Haar 函数.

例 7.4.4 (Shannon 小波) 类似于例 7.4.1 的讨论, 定义函数 $\phi(t) = \dfrac{\sin \pi t}{\pi t}$, 通过寻找尺度方程再引入小波构造公式得到正交小波母函数

$$\psi(t) = \frac{\sin \pi(t-1/2) - \sin 2\pi(t-1/2)}{\pi(t-1/2)},$$

与前面的 Shannon 小波正好相差一个符号.

7.4.3 Mallat 算法

Mallat 在 Burt 和 Adelson 图像分解和重构的塔式算法启发下, 基于多分辨分析, 提出了以他的名字称谓的算法 ——Mallat 算法, 它在小波分析中的地位就相当于快速 Fourier 变换 (FFT) 在经典 Fourier 分析中的地位, 也称快速小波算法 (FWA). 这里简单介绍正交多分辨分析的 Mallat 算法.

设 $\{V_k\}_{k \in \mathbf{Z}}$ 是一给定的正交多分辨分析, $\phi(t)$ 和 $\psi(t)$ 分别是对应的尺度函数和小波函数, 满足的尺度方程是

$$\begin{cases} \phi(t) = \sum_{n \in \mathbf{Z}} h_n \phi(2t-n), \\ \psi(t) = \sum_{n \in \mathbf{Z}} g_n \psi(2t-n), \end{cases}$$

其中 $g_n = (-1)^{1-n}\bar{h}_{1-n}$. 令 $\phi_{j,k}(t) = 2^{\frac{j}{2}}\phi(2^j t - k), \psi_{j,k}(t) = 2^{\frac{j}{2}}\psi(2^j t - k), j,k \in \mathbf{Z}$.

现对一函数 (信号)f 进行分析. 此时在多分辨分析框架下理解为 $f(t) \in V_{j+1}$(j 为某一确定整数)(这个假设是合理的, 因物理仪器记录的信号总具有有限分辨率). 于是有如下的分量函数分解和尺度空间的分解表现:

$$f_{j+1}(t) = f_j(t) + w_j(t),$$
$$V_{j+1} = V_j \oplus W_j, \tag{7.4.12}$$

其中空间及其分量表述为

$$f(t) = f_{j+1}(t) = \sum_{k \in \mathbf{Z}} c_{j+1,k}\phi_{j+1,k}(t), \quad f_{j+1}(t) \in V_{j+1},$$
$$f_j(t) = \sum_{k \in \mathbf{Z}} c_{j,k}\phi_{j,k}(t), \quad f_j(t) \in V_j, \tag{7.4.13}$$
$$w_j(t) = \sum_{k \in \mathbf{Z}} d_{j,k}\psi_{j,k}(t), \quad w_j(t) \in W_j.$$

其中

$$c_{j,k} = \int_{-\infty}^{+\infty} f_j(t)\overline{\phi_{j,k}}(t)\mathrm{d}t,$$
$$d_{j,k} = \int_{-\infty}^{+\infty} f_j(t)\overline{\psi_{j,k}}(t)\mathrm{d}t. \tag{7.4.14}$$

1. 分解算法

分解算法要实现的目标是: 在 $\{\phi(t-n)\}$ 是标准正交基条件下, 已知 $\{c_{j+1,k}\}$, $\{h_n\}$ 和 $\{g_n\}$, 求 $\{c_{j,k}\}$ 和 $\{d_{j,k}\}$. 由 (7.4.11)~(7.4.13) 得到分解公式

$$c_{j,n} = 2^{-1/2}\sum_k c_{j+1,k}\bar{h}_{k-2n},$$
$$d_{n,j} = 2^{-1/2}\sum_k c_{j+1,k}\bar{g}_{k-2n}, \tag{7.4.15}$$

这是一个递推公式, 可以利用该式进行多次迭代分解, 而且算法非常快捷.

2. 重构算法

重构算法是分解算法的逆过程. 此时已知数据 $c_{j,k}$ 和 $d_{j,k}$, 希望快速准确地重构出数据 $c_{j+1,k}$.

在式 (7.4.11) 的第一式两端与 $\phi_{j+1,k}$ 作内积, 可以得到重构公式

$$c_{j+1,n} = 2^{-1/2}\left(\sum_k c_{j,k}h_{n-2k} + \sum_k d_{j,k}g_{n-2k}\right). \tag{7.4.16}$$

式 (7.4.14) 和式 (7.4.15) 是一维情形下的 Mallat 算法. 关于多分辨分析和 Mallat 算法具有到高维情形的推广, 情形要更复杂一些, 可见相关文献.

7.4.4 小波与共轭滤波器

已经知道要构造 $L^2(\mathbf{R})$ 空间中的一个正交小波基, 关键是要找到与它相应的多分辨分析的尺度函数 $\phi(t)$, 其中 $\phi(t)$ 满足尺度方程

$$\phi(t) = \sum_{n \in \mathbf{Z}} h_n \phi(2t - n). \tag{7.4.17}$$

从小波分解的算法来看, (7.4.16) 的 $\{h_n \,|\, n \in \mathbf{Z}\}$ 是至关重要的. 而且发现, 直接寻找生成元 $\phi(t)$, 再来确定 $\{h_n \,|\, n \in \mathbf{Z}\}$ 是不容易的. 相反如果 $\{h_n \,|\, n \in \mathbf{Z}\}$ 已经确定, 再来确定 $\phi(t)$ 则容易一些.

假定存在一个多分辨分析的尺度函数 $\phi(t)$, 使得 $\phi(t)$ 满足

$$\hat{\phi}(\omega) = H\left(\frac{\omega}{2}\right) \hat{\phi}\left(\frac{\omega}{2}\right),$$

其中 $H(\omega) = \dfrac{1}{2} \sum_{n \in \mathbf{Z}} h_n \mathrm{e}^{-\mathrm{i}n\omega}$. 经过迭代

$$\hat{\phi}(\omega) = \prod_{j=1}^{k} H(2^{-j}\omega)\hat{\phi}(2^{-j}\omega).$$

若无穷乘积 $\prod_{j=1}^{\infty} H(2^{-j}\omega)$ 收敛, 则

$$\hat{\phi}(\omega) = \prod_{j=1}^{\infty} H(2^{-j}\omega)\hat{\phi}(0).$$

不妨设 $\hat{\phi}(0) = 1$, 则

$$\hat{\phi}(\omega) = \prod_{j=1}^{\infty} H(2^{-j}\omega).$$

$\hat{\phi}(\omega)$ 满足一定条件时,

$$\phi(t) = \frac{1}{\sqrt{2\pi}} \int_{\mathbf{R}} \prod_{j=1}^{\infty} H(2^{-j}\omega)\mathrm{e}^{\mathrm{i}\omega t}\mathrm{d}\omega,$$

这里假设 $\phi(t)$ 在 $t = 0$ 处连续.

上述分析虽具有理论意义, 但不便于实现, 为了使 $\phi(t)$ 很容易由数值方法得到, 对 (7.4.16) 作迭代

$$\begin{cases} \eta_0(t) = \chi_{[-1/2, 1/2]}(t), \\ \eta_{n+1}(t) = \sum_{k \in Z} h_k \eta_n(2t - k) \end{cases} \quad (n = 0, 1, 2, \cdots) \tag{7.4.18}$$

其中 $\chi_{[-1/2,1/2]}(t)$ 表示区间 $[-1/2,1/2]$ 上的特征函数. 在一定条件下, 函数列 $\{\eta_n\}$ 便收敛到一个尺度函数 $\phi(t)$, 这个迭代过程是非常快的.

由定理 7.4.2 知道, 在适当的假设条件下 (当 $h_k \in l^1$ 且 $\hat{\phi}(\omega)$ 连续等),

$$|H(\omega)|^2 + |H(\omega + \pi)|^2 = 1, \tag{7.4.19}$$

$$H(0) = 1. \tag{7.4.20}$$

易见, (7.4.18) 和 (7.4.19) 分别等价于

$$\sum_{k \in \mathbf{Z}} h_k \bar{h}_{k-2l} = 2\delta_{0l}, \quad l \in \mathbf{Z}, \tag{7.4.21}$$

$$\sum_k h_k = 2 \tag{7.4.22}$$

下面定理 7.4.4 说明, 可以从任一满足归一化条件 (7.4.18) 或 (7.4.21) 以及其他辅助条件的共轭滤波器 $H(\omega)$ 出发, 构造尺度函数 $\phi(t)$ 和相应的多分辨分析 $\{V_j\}_{j \in \mathbf{Z}}$, 从而可以按照第二段中的过程构造正交子空间列 $\{W_j\}$ 与相应的小波函数 $\psi(t)$.

定理 7.4.4   设给定共轭滤波器 $H(\omega)$ 满足归一化条件 (7.4.18) 或 (7.4.21). 设 $H(\omega)$ 可分解为形式

$$H(\omega) = \left(\frac{1 + \mathrm{e}^{-\mathrm{i}\omega}}{2}\right)^N \cdot M(\omega), \quad N\text{是自然数},$$

其中 $M(\omega) = \sum_{k \in \mathbf{Z}} m_k \mathrm{e}^{-\mathrm{i}k\omega}$, 存在常数 $\varepsilon > 0$, 使

$$\sum_{k \in \mathbf{Z}} |m_k| \, |k|^\varepsilon < \infty$$

且

$$\sup_{\omega \in \mathbf{R}} |M(\omega)| < 2^{N-1},$$

则逐次迭代 (7.4.17) 的函数列 $\{\eta_n(t)\}$ 逐点收敛于连续函数 $\phi(t) \in L^2(\mathbf{R})$. 其中

$$\phi(t) = \frac{1}{\sqrt{2\pi}} \int_{-\infty}^{+\infty} \prod_{j=1}^{\infty} H(2^{-j}\omega)\mathrm{e}^{\mathrm{i}\omega t}\mathrm{d}\omega.$$

令 V_j 是由 $\{\phi(2^j t - k) : k \in \mathbf{Z}\}$ 生成的闭线性子空间, 则 $\{V_j\}_{j \in \mathbf{Z}}$ 是 $L^2(\mathbf{R})$ 的一个多分辨分析, $\phi(t)$ 是相应的尺度函数, $H(\omega)$ 恰是它导出的共轭滤波器.

7.4.5 紧支集正交小波基

紧支集正交小波基的重要性在于它在数字信号的小波分解过程中可以提供有限的数字滤波器从而更实际、更具体.

由尺度函数满足的尺度方程

$$\phi(t) = \sum_{n \in \mathbf{Z}} h_n \phi(2t - n)$$

可知, 若 $\phi(t)$ 是紧支集的, 则 $\{h_n \,|\, n \in \mathbf{Z}\}$ 也是有限长度的, 即 $h_n = 0$ 对于 $n < N_-$ 或者 $n > N_+$; 反之, 若 $\{h_n \,|\, n \in \mathbf{Z}\}$ 只有有限多项非零, 且使得尺度方程成立, 则 $\phi(t)$ 必定是紧支集的.

因此, 要构造具有紧支集的标准正交小波基, 关键是找到序列 $\{h_n\}$ 且只有有限个非零, 并满足定理 7.4.4 的条件. 反之, 若一个多分辨分析的尺度函数 $\phi(t)$ 具有紧支集, 则相应的 $\{h_n\}$ 具有有限长度.

下面定理 7.4.5 是 Daubechies 给出的构造紧支集小波的方法:

定理 7.4.5 设 $\{h_k\}$ 是有限长度的滤波器, $H(\omega) = \dfrac{1}{2} \displaystyle\sum_{n=0}^{2N-1} h_n \mathrm{e}^{-in\omega}$, 假设满足 $|H(\omega)|^2 + |H(\omega + \pi)|^2 = 1$ 和 $H(0) = 1$, 并且 $H(\omega)$ 可以写成如下形式:

$$H(\omega) = \left(\frac{1 + \mathrm{e}^{-i\omega}}{2} \right)^N P(\mathrm{e}^{-i\omega}), \tag{7.4.23}$$

其中 N 是自然数, P 是一实系数多项式. 这里 $P(\mathrm{e}^{-i\omega})$ 满足方程:

$$\theta\left(\sin^2 \frac{\omega}{2} \right) = \left| P(\mathrm{e}^{-i\omega}) \right|^2,$$

其中 θ 是满足下列条件的多项式

$$\begin{cases} y^N \theta(1 - y) + (1 - y)^N \theta(y) = 1, \\ \theta(y) \geqslant 0, \quad 当\ y \in [0, 1], \end{cases} \tag{7.4.24}$$

且

$$\theta\left(\sin^2 \frac{\omega}{2} \right) = \sum_{k=0}^{N-1} \binom{N-1+k}{k} \sin^{2k}\left(\frac{\omega}{2} \right) + \left(\sin^{2N}\left(\frac{\omega}{2} \right) \right) R\left(\frac{1}{2} \cos \omega \right),$$

其中 R 是一个奇多项式, 即 $R(y) = -R(-y)$, 则由此 $H(\omega)$ 构造的正交尺度函数和正交小波函数具有紧支集.

实际上方程 (7.4.23) 的解具有如下形式:

$$\theta(y) = \theta_N(y) + y^N R\left(y - \frac{1}{2} \right),$$

其中 $\theta_N(y) = \sum\limits_{j=0}^{N-1} D_{N-1+j}^j y^j$，$D_n^k = \dfrac{n!}{k!(n-k)!}$．$R$ 是奇多项式．

由 Riesz 定理, 定理 7.4.5 中的 $H(\omega)$ 确实存在, 其构造方法如下:

(1) 选自然数 $N \geqslant 2$;

(2) 选取一个满足一定条件的奇多项式 R;

(3) 从 $\theta_N(z) + z^N R\left(z - \dfrac{1}{2}\right)$ 的复零点中每 4 个选两个, 每对实零点中选一个.

其中奇多项式 R 不能随意选择, 要满足

(a) $\theta_N(y) + y^N R\left(\dfrac{1}{2} - y\right) \geqslant 0, \quad y \in [0,1]$;

(b) $\sup\limits_{y \in [0,1]}\left[\theta_N(y) + y^N R\left(\dfrac{1}{2} - y\right)\right] < 2^{2(N-1)}$.

当 $N = 1$ 时,

$$H(\omega) = \frac{1}{2}(1 + \mathrm{e}^{-\mathrm{i}\omega})P(\mathrm{e}^{-\mathrm{i}\omega}), \quad \left|P(\mathrm{e}^{-\mathrm{i}\omega})\right|^2 = 1 + \sin^2\frac{\omega}{2}R\left(\frac{1}{2}\cos\omega\right),$$

其中 R 是一奇多项式, 满足

$$-\frac{2}{1 - 2|x|} \leqslant R(x) \leqslant \frac{2}{1 - 2|x|} \quad \left(|x| \leqslant \frac{1}{2}\right),$$

但式 (b) 不满足, 因为 $\theta_1(0) = 1$.

最简单的情况是取 $R = 0$. 对任意的自然数 $N \geqslant 2$, Daubechies 得到

$$H^N(\omega) = \left[\frac{1}{2}\left(1 + \mathrm{e}^{-\mathrm{i}\omega}\right)\right]^N P_L(\mathrm{e}^{-\mathrm{i}\omega}) = \frac{1}{2}\sum_{n=0}^{2N-1} h_n^N \mathrm{e}^{-\mathrm{i}n\omega}, \tag{7.4.25}$$

如当 $N = 2$ 时,

$$P_2(\omega) = \frac{1}{2}\left[(1 + \sqrt{3}) + (1 - \sqrt{3})\mathrm{e}^{-\mathrm{i}\omega}\right]$$

代入 (7.4.24) 可得到 h_n^2.

对于较大的 N, 需要进行数值计算. 由前面分析知道对每个 $H^N(\omega)$, 有相应的多分辨分析生成元 ϕ^N 和小波函数 ψ^N, 由于 $h_n^N = 0$, 当 $n < 0$ 及 $n > 2N - 1$ 时, 所以

$$\mathrm{supp}\phi^N = [0, 2N - 1], \quad \mathrm{supp}\psi^N = [-(N-1), N].$$

显然, 紧支集正交小波具有良好的时间局部性, 但它也有一些不可避免的缺点. 首先, 紧支集的尺度函数 $\phi(t)$, 只有 Haar 系小波构造的尺度函数关于 $t = \dfrac{1}{2}$ 是对称的, 其他尺度函数都不具有这种对称性; 其次, 尺度函数或小波母函数的局域性和光滑性相互矛盾, 即紧支集的长度越小其光滑性越差.

7.5 正交小波包

7.5.1 小波包的定义与性质

给定信号进行采样时, 信号就在一个有限频域中给定了, 当进行小波分解时, 得到的高频信号与低频信号在这个频域中分别占据了一半宽度的频带, 再分解时又把低频部分分为两个同样的频带, 以此类推. 现在问题是在分解中能否对高频信号也进行分解? 如果能, 怎样分解? 这就是下面介绍的小波包方法.

不严格地讲, 小波包就是一个小波函数与一个摆动振荡函数的乘积, 小波函数反映信号突然的剧烈的变化, 振荡函数反映信号有规律的振动变化. 小波包能改善小波对时频局部化的性能, 使得时频窗大小、频率和空间位置能各自独立地变化, 为小波的选择提供了新的自由度.

已知一个正交尺度函数 ϕ 的两尺度序列 (滤波器)$\{h_n|n \in \mathbf{Z}\}$ 包含了 ϕ 的全部信息, 同时用

$$g_n = (-1)^n \overline{h}_{1-n}.$$

完全表征其相应的正交小波 ψ, 并且有尺度函数:

$$
\begin{cases}
\phi(t) = \displaystyle\sum_{n\in\mathbf{Z}} h_n \phi(2t-n), \\
\psi(t) = \displaystyle\sum_{n\in\mathbf{Z}} g_n \phi(2t-n).
\end{cases}
$$

令

$$u_0(t) = \phi(t), \quad u_1(t) = \psi(t)$$

定义如下递推函数列 $\{u_n\}_{n\geqslant 0}$

$$
\begin{cases}
u_{2n}(t) = \displaystyle\sum_k h_k u_n(2t-k), \\
u_{2n+1}(t) = \displaystyle\sum_k g_k u_n(2t-k).
\end{cases}
\tag{7.5.1}
$$

定义 7.5.1 称 (7.5.1) 所确定的 $\{u_n \,|\, n \in \mathbf{Z}_+\}$ 为关于正交尺度函数 $\phi(t)$ 的小波包.

$\{u_n \,|\, n \in \mathbf{Z}_+\}$ 是正交小波 $u_1 = \psi$ 的一种推广. 为了用其 Fourier 变换描述 $\{u_n \,|\, n \in \mathbf{Z}_+\}$, 需对 $n \in \mathbf{Z}_+$ 二进展开, 即

$$n = \sum_{j=1}^{\infty} \varepsilon_j 2^{j-1}, \quad \varepsilon_j \in \{0, 1\}. \tag{7.5.2}$$

注意上述分解总是一有限和, 并且展式唯一.

定理 7.5.1   设 n 是任一非负整数, 且其二进表示由 (7.5.2) 给出, 则小波包 $\{u_n \,|\, n \in \mathbf{Z}_+\}$ 的 Fourier 变换由下式给出:

$$\hat{u}_n(\omega) = \prod_{k=1}^{\infty} m_{\varepsilon_k}\left(\mathrm{e}^{\frac{-\mathrm{i}\omega}{2^k}}\right), \quad \omega \in \mathbf{R}.$$

其中

$$m_0(z) = \frac{1}{2}\sum_k h_k z^k, \quad m_1(z) = \frac{1}{2}\sum_k g_k z^k.$$

$\{u_n \,|\, n \in \mathbf{Z}_+\}$ 具有如下性质:

(1) (平移正交性) 对每个 $n \in \mathbf{Z}_+$,

$$\langle u_n(t-j), u_n(t-k)\rangle = \delta_{j,k}, \quad j, k \in \mathbf{Z}.$$

(2) (相关正交性) 对任意 $m \in \mathbf{Z}_+$,

$$\langle u_{2m}(t-j), u_{2m+1}(t-k)\rangle = 0, \quad j, k \in \mathbf{Z}.$$

性质 (1) 说明 $\{u_n \,|\, n \in \mathbf{Z}_+\}$ 保持了尺度函数 ϕ 的正交性. 性质 (2) 说明 ϕ 与 ψ 之间的正交性也扩展到小波包 u_{2n} 和 u_{2n+1} 之间.

下边介绍 $L^2(\mathbf{R})$ 关于小波包的子空间正交分解.

设 $\{u_n \,|\, n \in \mathbf{Z}_+\}$ 是关于某个正交尺度函数 $u_0 = \phi$ 的小波包. 关于这个小波包 $\{u_n \,|\, n \in \mathbf{Z}_+\}$, 利用其性质可以证明函数族 $\{u_n(t-k) \,|\, n \in \mathbf{N}, k \in \mathbf{Z}\}$ 构成 $L^2(\mathbf{R})$ 的一组正交基. 特别地, 称由正交尺度函数 $\phi(t)$ 导出的函数族 $\{2^{j/2}u_n(2^jt-k) \,|\, n \in \mathbf{Z}_+, k, j \in \mathbf{Z}\}$ 是由 $\phi(t)$ 导出的小波库.

对每个 $n \in \mathbf{Z}_+$, 考虑用 $u_n(t)$ 生成的闭子空间族:

$$U_j^n = \{2^{j/2}u_n(2^jt-k) \,|\, k \in \mathbf{Z}\}, \quad j \in \mathbf{Z}, n \in \mathbf{Z}_+.$$

由于

$$\begin{cases} U_j^0 = V_j, & j \in \mathbf{Z}, \\ U_j^1 = W_j, & j \in \mathbf{Z}, \end{cases}$$

其中 $\{V_j\}$ 是用 $u_0 = \phi$ 生成的 $L^2(\mathbf{R})$ 的多分辨分析, $\{W_j\}$ 是用小波 $u_1 = \psi$ 生成的正交补子空间列, 有如下正交分解:

$$V_{j+1} = V_j \oplus W_j, \quad j \in \mathbf{Z}.$$

现写为

$$U_{j+1}^0 = U_j^0 \oplus U_j^1, \quad j \in \mathbf{Z}.$$

可以证明, 这个正交分解能够由 $n = 0$ 推广到任一 $n \in \mathbf{Z}_+$.

定理 7.5.2 设 n 是任一非负整数, 则

$$U_{j+1}^n = U_j^{2n} \oplus U_j^{2n+1}, \quad j \in \mathbf{Z}. \tag{7.5.3}$$

从小波库 $\{2^{j/2} u_n(2^j t - k) \,|\, n \in \mathbf{Z}_+, k, j \in \mathbf{Z}\}$ 中抽取的能组成 $L^2(\mathbf{R})$ 的一组正交基的子族被称为 $L^2(\mathbf{R})$ 的一个小波包基. 已经知道, 由正交小波函数 ψ 生成的函数族 $\{2^{j/2} \psi(2^j t - n) \,|\, j, n \in \mathbf{Z}\}$ 构成 $L^2(\mathbf{R})$ 的标准正交基, 其中 $\{2^{j/2} \psi(2^j t - n) \,|\, n \in \mathbf{Z}\}$ 张成子空间 W_j 的标准正交基, 且 $W_j \perp W_{j'} (j \neq j')$, $L^2(\mathbf{R}) = \bigoplus_{k \in \mathbf{Z}} W_k$. 设 $\psi(t)$ 及 $\hat{\psi}(\omega)$ 的窗口宽度分别是 Δ_ψ, $\Delta_{\hat{\psi}}$, 则构成 W_j 的基函数 $\psi_{j,n}(t) = 2^{j/2} \psi(2^j t - n), n \in \mathbf{Z}$ 及其 Fourier 变换 $\hat{\psi}_{j,n}(\omega)$ 的窗口宽度分别为 $2^{-j} \Delta_\psi$ 和 $2^j \Delta_{\hat{\psi}}$, 即随着 j 的增大, 相应基函数 $2^{j/2} \psi(2^j t - n)$ 的窗口宽度减小而其 Fourier 变换 (即频谱) 的窗口宽度却随之增大. 说明随着 j 的增大, 相应小波基函数的空间局部性越好, 从而空间分辨率越高, 但其频谱的局部性就越差, 因此频谱分辨率越低, 这是正交小波基的一大缺陷. 小波包却具有将随着 j 的增长而变宽的频谱窗口进一步分割变细的优良性质. 下面定理 7.5.3 充分阐明了这一点.

定理 7.5.3 对每个 $j = 1, 2, \cdots$,

$$\begin{aligned} W_j &= U_{j-1}^2 \oplus U_{j-1}^3 \\ &= U_{j-2}^4 \oplus U_{j-2}^5 \oplus U_{j-2}^6 \oplus U_{j-2}^7 \\ &\quad \cdots\cdots \\ &= U_{j-k}^{2^k} \oplus U_{j-k}^{2^k+1} \oplus \cdots \oplus U_{j-k}^{2^{k+1}-1} \\ &\quad \cdots\cdots \\ &= U_0^{2^j} \oplus U_0^{2^j+1} \oplus \cdots \oplus U_0^{2^{j+1}-1}, \end{aligned}$$

而且对于每个 $m = 0, \cdots, 2^k - 1$, $k = 1, \cdots, j$, $j = 1, 2, \cdots$, 族

$$\left\{ 2^{\frac{j-k}{2}} u_{2^k+m}(2^{j-k} t - l) \,\middle|\, l \in \mathbf{Z} \right\}$$

是 $U_{j-k}^{2^k+m}$ 的一个标准正交基.

特别地, 对每个 $j = 0, 1, 2, \cdots$,

$$L^2(\mathbf{R}) = \bigoplus_{j \in \mathbf{Z}} W_j = \cdots \oplus W_{-1} \oplus W_0 \oplus U_0^2 \oplus U_0^3 \oplus \cdots.$$

这时函数族

$$\{\psi_{j,n}(t), u_n(t-k) \mid j = \cdots, -1, 0; n = 2, 3, \cdots, k \in \mathbf{Z}\}$$

是 $L^2(\mathbf{R})$ 的一个正交基.

小波包的分解算法与重构算法如下：

设 $f_{j+1}^n(t) \in U_{j+1}^n$, 则

$$f_{j+1}^n(t) = \sum_l a_l^{j+1,n} u_n(2^{j+1}t - l).$$

由式 (7.5.3) 知 $f_{j+1}^n(t)$ 可分解为 $f_j^{2n}(t)$ 与 $f_j^{2n+1}(t)$ 的和.

定理 7.5.4　　(1) 小波包分解算法　由 $\{a_l^{j+1,n}\}$ 求 $\{a_l^{j,2n}\}$ 与 $\{a_l^{j,2n+1}\}$,

$$\begin{cases} a_l^{j,2n} = \sum_k \dfrac{1}{2} \overline{h}_{k-2l} a_k^{j+1,n}, \\ a_l^{j,2n+1} = \sum_k \dfrac{1}{2} \overline{g}_{k-2l} a_k^{j+1,n}. \end{cases}$$

(2) 小波包重构算法　由 $\{a_l^{j,2n}\}$ 与 $\{a_l^{j,2n+1}\}$ 求 $\{a_l^{j+1,n}\}$,

$$a_l^{j+1,n} = \sum_k [h_{l-2k} a_k^{j,2n} + g_{l-2k} a_k^{j,2n+1}].$$

7.5.2　最优小波包基

小波库是由许多小波包组成的. 不同的小波包具有不同的性质, 反映不同的信号特征. 当一个信号有很多基下的表示时, 可以在某种准则下, 挑选该信号的最优表示. 这种准则是针对信号在基下的系数序列而提出来的, 它衡量存储的代价. 本段简要介绍如何选择信号的最优小波包基.

先定义序列上的信息花费函数, 然后求得一个序列, 使得其信息花费代价最小. 把对应于信息花费代价最小的序列的小波包基称为**最优基**.

设函数 M 是定义在实序列 (也可以为复序列)$\boldsymbol{s} = (s_k)_k$ 上, 如果存在非负连续函数 μ, 使得

$$M(\boldsymbol{s}) = \sum_k \mu(|s_k|), \quad \mu(0) = 0,$$

则称 M 是一个花费函数.

一般地, 有用的花费函数 M 应能反映序列的集中程度, 即当 $\boldsymbol{s}$ 的分量 (的绝对值) 都大致差不多时, $M(\boldsymbol{s})$ 的值应较大; 反之, 若 $\boldsymbol{s}$ 的分量只有几项不可忽视时, $M(\boldsymbol{s})$ 的值应该变小. 另外 M 满足可加性, 即 $M(\{s_i\}) = \sum_i M(s_i)$.

下面是一些常用的信息花费函数：

(1) 令 $\mu(t) = 1$, $t > \varepsilon$; $\mu(t) = 0$, $t < \varepsilon$. 此时 $M(s)$ 就是 s 中绝对值大于 ε 的分量 s_k 的个数.

(2) $M(s) = \|s\|_P^p = \sum\limits_k |s_k|^p$, 注意到, 对于两个 l^2 范数为 1 的序列 s^1 和 s^2, 若 $M(s^1) < M(s^2)$, 则 s^1 的能量比 s^2 集中在更少的系数中.

(3) 令 $s = (s_k)_{k=1}^N$, 对数熵 $M(s) = \sum\limits_{k=1}^{N} \ln |s_k|^2$, 设 $\log 0 = 0$.

(4) 信息熵序列 $s = \{s_k\}_k$ 的信息熵为

$$K(s) = -\sum_k p_k \log p_k,$$

其中 $p_k = \dfrac{|s_k|^2}{\|s\|_2^2}$, 若 $p = 0$ 令 $p\log p = 0$, 注意, 信息熵只满足半可加性, 它并非花费函数. 但 $M(s) = -\sum\limits_k |s_k|^2 \log |s_k|$ 是一个信息花费函数. 它与 $K(s)$ 具有关系式 $K(s) = \|s\|_2^2 M(s) + \log \|s\|_2^2$. 当 $\|s\|_2$ 不变时, $K(s)$ 和 $M(s)$ 具有共同的极值点. 它们在工程技术中经常用到.

有了以上的信息花费函数, 现在要求使其信息花费代价最小的序列. 不难知道, 可加 (或半可加) 信息花费函数是正交基流形上的泛函. 在有限维情形, 这个流形是紧的, 故对每一连续信息花费函数而言, 有整体最小. 但一般说来, 这个最小不是快速可计算的. 从而, 现只考虑如下性质的离散基集: 对 N 个样本信号, 每个基有快速变换, 其速度为 $O(N \log N)$, 而 M 的整体最小依 $O(N)$ 个算子收敛.

定义 7.5.2 称 $L^2(\mathbf{R})$ 的满足如下条件的正交基库是一个二元树,

(1) 对于每一组基, 其基向量组成的子集可对应于非负整数集 $\mathbf{Z}_+$ 的具有如下形式的区间:

$$I_{n,k} = [2^k n, 2^k(n+1)], \quad n \in \mathbf{Z}_+, \quad k \in \mathbf{Z};$$

(2) 库中的每一个基对应于 $\mathbf{Z}_+$ 的一个由 $I_{n,k}$ 组成的不相交的覆盖;

(3) 记 $I_{n,k}$ 对应的基的子集所张成的子空间为 $V_{n,k}$, 则 $V_{n,k+1} = V_{2n,k} \oplus V_{2n+1,k}$.

一般的二元树库可用图 7.5.1(a)(将信息花费函数值构成对应的二元树) 的形式表示.

假设 M 已给定, 而 $x = \{x_j\}$ 是一可分空间 V 中的向量, 记 B 为从库中选取的一个正交基, Bx 是 x 在 B 下的系数.

定义 7.5.3 设 $x \in V$, M 给定, 若 $M(Bx)$ 是最小的, 则 B 为**最优基**.

如果某库是一个二元树, 可以由关于 k 的归纳而找到最优基. 记 $B_{n,k}$ 是对应于 $I_{n,k}$ 的基, $A_{n,k}$ 是 x 限制于 $\overline{B_{n,k}}$ (由 $B_{n,k}$ 生成的闭子空间) 的最优基. 对 $k = 0$,

存在单个基, 即 $I_{n,0}$, 自然是最优基, 此时 $A_{n,0} = B_{n,0}$ 对一切 $n \geqslant 0$ 成立. 现对 $n \geqslant 0$ 构造 $A_{n,k+1}$ 如下:

$$A_{n,k+1} = \left\{ \begin{array}{ll} B_{n,k+1} & M(B_{n,k+1}(x)) < M(A_{2n,k}(x)) \\ A_{2n,k} \oplus A_{2n+1,k} & 其他 \end{array} \right\}. \tag{7.5.4}$$

固定 $k \geqslant 0$, 记 $V = \overline{I_{0,k}}$, 则算法式 (7.5.4) 生成 x 关于 M 的最优基. 关于 k 作归纳假设, 用归纳法可证明. 对 $k = 0$ 时, 则 V 只有一个基, 如果 A^I 是 $V_{0,k+1}$ 的任一个基, 则 $A^I = B_{0,k+1}$ 或 $A^I = A_0^I \oplus A_1^I$ 是 $V_{0,k}$ 及 $V_{1,k}$ 的基的直和. 以 A_0, A_1 分别记这些子空间的最优基, 由归纳假定 $M(A_i(x)) \leqslant M(A_i^I(x))$, $i = 0, 1$. 由式 (7.5.4) 有

$$M(B(x)) \leqslant \min\{M(B_{0,k+1}(x)), M(A_0(x)) + M(A_1(x))\} \leqslant M(A(x))$$

现给出上述算法的图描述. 考虑图 7.5.1(a) 的三级二分树状小波包, 图中各框表示每个树结的信息花费代价.

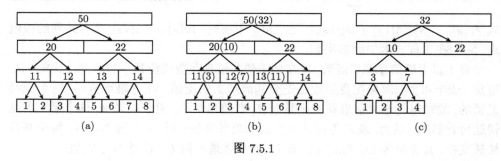

图 7.5.1

工作步骤由底向顶逐级逐节点进行比较. 称节点上方的空间为 "母空间", 由该母空间剖分出的下一级两空间为 "子空间". 如果子空间的代价总和 < 母空间的代价, 便保留这两个子空间, 并将母空间的代价修改成子空间的代价总和, 注在括号中. 如图 (a) 左下方, $1 + 2 < 11$, 所以保留 1, 2, 同时将母空间的代价由 11 改成 3, 如图 (b) 所示. 反之, 如果子空间的代价总和 > 母空间的代价, 暂时保留该母空间, 并将相应子空间舍弃. 如图 (b) 中 $7 + 8 > 14$, 故保留 14 并舍弃 7, 8 两子空间. 如此依次逐步右推且逐级上推, 直到最高一级为止. 如图 (b) 所示, 最后被选中的是代价为 1, 2, 3, 4 和 22 的 5 个子空间 (5, 6, 14 均被 22 的空间覆盖, 所以是冗余的). 这样, 原树形便被修整成图 (c). 图上各 "树叶" 便组成代表代价最小的最优基.

7.6 多框架小波

对于紧支集的 Daubechies 正交小波 ψ, 除了 Haar 小波以外都不具有对称性.

即不存在实数 λ, 使

$$|\psi(t+\lambda)| = |\psi(t-\lambda)|, \quad x \in \mathbf{R}.$$

对任何紧支集的正交尺度函数 ϕ 而言, 除了 $\phi = \chi_{[0,1]}$ 以外都不具有对称性. 但在应用中, 小波函数的对称性起到重要作用, 比如对于图像处理, 对称或反对称能起到使人们采用 "拆迭技术" 绕过边界的人工大系数, 从而避免边界失真的作用; 对称小波也能降低量化误差等多种功能. 为了克服单正交小波 (由单个小波函数生成正交基) 的这个缺点, 人们想到用多框架小波 (有多个小波函数生成框架).

7.6.1 双正交小波

基于多分辨分析理论的双正交小波不要求尺度或小波函数的正交性.

假设 $\{V_j|j \in \mathbf{Z}\}$ 和 $\{\tilde{V}_j|j \in \mathbf{Z}\}$ 是 $L^2(\mathbf{R})$ 的两个多分辨分析, ϕ 和 $\tilde{\phi}$ 分别是其尺度函数. 若

$$\left\langle \phi(t), \tilde{\phi}(t-k) \right\rangle = \delta_{0,k}, \quad k \in \mathbf{Z},$$

则称 ϕ 和 $\tilde{\phi}$ 是**双正交尺度函数**.

作为尺度函数的 ϕ 和 $\tilde{\phi}$ 满足方程,

$$\phi(t) = \sum_{n\in\mathbf{Z}} h_n \phi(2t-n), \quad \tilde{\phi}(t) = \sum_{n\in\mathbf{Z}} \tilde{h}_n \tilde{\phi}(2t-n).$$

相应地有

$$\hat{\phi}(2\omega) = H(\omega)\hat{\phi}(\omega), \quad \omega \in \mathbf{R},$$
$$\hat{\tilde{\phi}}(2\omega) = \tilde{H}(\omega)\hat{\tilde{\phi}}(\omega), \quad \omega \in \mathbf{R},$$

其中 H 和 $\tilde{H}$ 满足关系

$$H(\omega)\overline{\tilde{H}(\omega)} + H(\omega+\pi)\overline{\tilde{H}(\omega+\pi)} = 1.$$

令

$$G(\omega) = -\mathrm{e}^{-\mathrm{i}\omega}\overline{\tilde{H}(\omega+\pi)}, \quad \tilde{G}(\omega) = -\mathrm{e}^{-\mathrm{i}\omega}\overline{H(\omega+\pi)}.$$

易验证二阶矩阵

$$\left(\begin{array}{cc} \overline{H(\omega)} & \overline{H(\omega+\pi)} \\ \overline{G(\omega)} & \overline{G(\omega+\pi)} \end{array} \right) \left(\begin{array}{cc} \tilde{H}(\omega) & \tilde{H}(\omega+\pi) \\ \tilde{G}(\omega) & \tilde{G}(\omega+\pi) \end{array} \right)$$

是单位矩阵.

与 ϕ 和 $\tilde{\phi}$ 相对应的小波函数 ψ 和 $\tilde{\psi}$ 满足:

$$\hat{\psi}(\omega) = G\left(\frac{\omega}{2}\right)\hat{\phi}\left(\frac{\omega}{2}\right), \quad \hat{\tilde{\psi}}(\omega) = \tilde{G}\left(\frac{\omega}{2}\right)\hat{\tilde{\phi}}\left(\frac{\omega}{2}\right).$$

由尺度函数 ϕ 和 $\tilde{\phi}$ 的双正交性可以证明 ψ 和 $\tilde{\psi}$ 的双正交性, 称之为双正交小波,

$$\left\langle \psi(t), \tilde{\psi}(t-k) \right\rangle = \delta_{0,k}, \quad k \in \mathbf{Z}.$$

小波和尺度函数也有正交性

$$\left\langle \psi(t), \tilde{\phi}(t-k) \right\rangle = \left\langle \tilde{\psi}(t), \phi(t-k) \right\rangle = 0, \quad k \in \mathbf{Z}.$$

可以证明: $V_1 = V_0 + W_0$, $W_0 \perp \tilde{V}_0$, 且 $\{\psi(t-k) | k \in \mathbf{Z}\}$ 是 W_0 的 Riesz 基, $\{\phi(t-k), \psi(t-k) | k \in \mathbf{Z}\}$ 是 V_1 的 Riesz 基. 因此对任意 $f \in V_1$, 有分解

$$f = \sum_{k \in \mathbf{Z}} a_k^0 \phi(t-k) + \sum_{k \in \mathbf{Z}} b_k^0 \psi(t-k).$$

又由于 $\{\phi_{1,k} | k \in \mathbf{Z}\}$ 是 V_1 的 Riesz 基, 故有

$$f = \sum_{k \in \mathbf{Z}} a_k^1 \phi_{1,k}.$$

一般地, 定义 $W_j = \{f(2^j x) | f \in W_0\}$, 有分解式 $V_{j+1} = V_j + W_j$, $W_j \perp \tilde{V}_j$, 因而 $V_{j+1} = W_j + W_{j-1} + \cdots + W_{j_0} + V_{j_0}$, 任意 $j_0 \leqslant j$.

这样, 对 $f \in V_J$, 有下面不同的表达式:

$$f = \sum_k a_k^J \varphi_{J,k} = \sum_k a_k^{J-1} \varphi_{J-1,k} + \sum_k b_k^{J-1} \psi_{J-1,k}$$
$$= \sum_k a_k^{j_0} \varphi_{j_0,k} + \sum_{j=j_0}^{J-1} \sum_k b_k^j \varphi_{j,k}, \tag{7.6.1}$$

其中系数 a_k^j, b_k^j 通过 $\tilde{\phi}$ 和 $\tilde{\psi}$ 以及双正交性得到. 由于 $\langle \phi_{J,k}, \tilde{\phi}_{J,k'} \rangle = \delta_{kk'}$, $k, k' \in \mathbf{Z}$, 可知

$$a_k^J = \langle f, \tilde{\phi}_{J,k} \rangle, \quad k \in \mathbf{Z}.$$

注意到 $\langle \phi_{j_0,k}, \tilde{\psi}_{j,k'} \rangle = \langle \psi_{j,k}, \tilde{\phi}_{j_0,k'} \rangle = 0$, $k, k' \in \mathbf{Z}$, $j \geqslant j_0$, 故将 (7.5.3) 最后等式分别与 $\tilde{\phi}_{j_0,k}$ 和 $\tilde{\psi}_{j,k}$ 作内积, 得

$$a_k^{j_0} = \langle f, \tilde{\phi}_{j_0,k} \rangle, \quad b_k^j = \langle f, \tilde{\psi}_{j,k} \rangle, \quad k \in \mathbf{Z}, \quad j \geqslant j_0.$$

如果 a_k^J 已知, 可以得到如下的分解公式:

$$a_k^j = \sum_n \overline{\tilde{h}}_{n-2k} a_n^{j+1}, \quad k \in \mathbf{Z},$$

$$b_k^j = \sum_n \overline{\tilde{g}}_{n-2k} a_n^{j+1}, \quad k \in \mathbf{Z},$$

其中 $\tilde{h}_n, \tilde{g}_n$ 为对应于 $\tilde{\phi}$ 的滤波器 (该定义类似于多分辨分析中的定义).

重构公式如下:

$$a_{k+1}^j = \sum_n h_{k-2n} a_n^j + \sum_n g_{k-2n} b_n^j,$$

其中 h_n, g_n 是对应于 ϕ 的滤波器.

可见分解与重构是用不同的两组滤波器进行, 具体例子见文献 (李建平等, 1999).

通过上述分析知道, 双正交小波用两类小波集合实施运算: 一类用于信号分解; 一类用于信号重构, 并且具有很好的信号重构效果, 没有冗余信息. 一般情况下, 设计双正交小波有更多的自由度, 特别对于高维小波. 最后指出, 双正交小波变换的运算量与正交小波变换的运算量是同阶的 (均为 $O(N)$, N 为原始数据长度).

7.6.2 多框架小波

除了利用多分辨分析构造单或双正交小波外, 一个常用的方法还有利用小波乘子作用在已知的小波构造新的小波. 该小节简单介绍如何利用矩阵 Fourier 乘子构造多框架小波.

定义 7.6.1 设函数 $\psi_1(t), \cdots, \psi_m(t) \in L^2(\mathbf{R})$, 如果函数族 $\{2^{\frac{j}{2}} \psi_r(2^j t - k) : j, k \in \mathbf{Z}, r = 1, \cdots, m\}$ 构成 $L^2(\mathbf{R})$ 的标准正交基 (或 Parseval 框架), 则称 $(\psi_1(t), \cdots, \psi_m(t))$ 是 $L^2(\mathbf{R})$ 的长度是 m 的**多正交小波** (或**Parseval 多框架小波**).

关于多正交小波有如下完整地刻画:

(1) $(\psi_1(t), \cdots, \psi_m(t))$ 是多正交小波当且仅当

① $\|\psi_i\|^2 = 1$, $i = 1, \cdots, m$;

② $\sum_{i=1}^m \sum_{j \in \mathbb{Z}} \left| \hat{\psi}_i(2^j s) \right|^2 = \frac{1}{2\pi}$;

③ $\sum_{i=1}^m \sum_{j=0}^\infty \hat{\psi}_i(2^j s) \bar{\hat{\psi}}_i(2^j(s + 2\pi\iota)) = 0$, a.e. $\iota \in 2\mathbb{Z} + 1$.

(2) $(\psi_1(t), \cdots, \psi_m(t))$ 是 Parseval 多框架小波当且仅当条件②和③成立.

定义 7.6.2 设 $A(s) = (f_{ij}(s))_{m \times m}$, 其中 $f_{ij}(s) \in L^\infty(\mathbf{R})$, 如果对任意多正交小波 (或 Parseval 多框架小波) $(\psi_1(t), \cdots, \psi_m(t))$, 都有 $((\widehat{g_1}(s), \cdots, \widehat{g_m}(s)))^{\mathrm{T}} = A(s) (\widehat{\psi_1}(s), \cdots, \hat{\psi}_m(s))^{\mathrm{T}}$ (其中 T 表示向量的转置) 的 Fourier 逆变换也是多正交小波 (或 Parseval 多框架小波), 则称矩阵 $A(s)$ 是**多正交小波** (或 **Parseval 多框架小波) 矩阵 Fourier 乘子**.

定理 7.6.1 设 $A(s) = (f_{ij}(s))_{m \times m}$, 其中 $f_{ij}(s) \in L^\infty(\mathbf{R})$. 则 $A(s)$ 是 Parseval 多框架小波矩阵 Fourier 乘子当且仅当

(1) $A(s)$ 几乎处处是酉矩阵;

(2) $A(2s)A^*(s)$ 是以 2π 为周期的周期函数;

(3) $A^*(s)A(s+2\pi\iota)=\lambda(s)I_{m\times m}$, $|\lambda(s)|=1$, 几乎处处, 且 $\iota\in 2\mathbf{Z}+1$.

证明略.

例 7.6.1　设 Parseval 多框架小波 (ψ_1,ψ_2) 满足 $\left(\widehat{\psi_1},\widehat{\psi_2}\right)=\left(\dfrac{1}{\sqrt{2\pi}}\chi_{[-2\pi,-\pi]},\right.$ $\left.\dfrac{1}{\sqrt{2\pi}}\chi_{[\pi,2\pi]}\right)$. 令 $A(s)=\begin{pmatrix}\sin(s)&\cos(s)\\\cos(s)&-\sin(s)\end{pmatrix}$, $s\in\mathbb{R}$. 由定理 7.6.1 知, $A(s)$ 是 Parseval 多框架小波矩阵 Fourier 乘子.

则由 $\begin{pmatrix}\widehat{\eta_1}\\\widehat{\eta_2}\end{pmatrix}=A\begin{pmatrix}\widehat{\psi_1}\\\widehat{\psi_2}\end{pmatrix}=\dfrac{1}{\sqrt{2\pi}}\begin{pmatrix}\sin(s)\chi_{[-2\pi,-\pi]}+\cos(s)\chi_{[\pi,2\pi]}\\\cos(s)\chi_{[-2\pi,-\pi]}-\sin(s)\chi_{[\pi,2\pi]}\end{pmatrix}$ 得到 Parseval 多框架小波 (η_1,η_2)(见图 7.6.1).

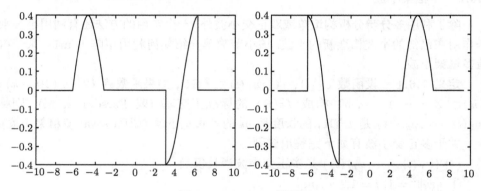

图 7.6.1　$(\widehat{\eta_1},\widehat{\eta_2})$ 的图形

例 7.6.2　设 $S_1=\left[-\dfrac{16\pi}{3},-4\pi\right)\bigcup\left[-2\pi,-\dfrac{4\pi}{3}\right)$, $S_2=\left[\dfrac{4\pi}{3},2\pi\right)\bigcup\left[4\pi,\dfrac{16\pi}{3}\right)$, 令 $\widehat{\psi_1}=\dfrac{1}{\sqrt{2\pi}}\chi_{S_1}$, $\widehat{\psi_2}=\dfrac{1}{\sqrt{2\pi}}\chi_{S_2}$.

由文献 (Chui et al., 2000) 知, (ψ_1,ψ_2) 是长度为 2 的多正交小波. 令

$$A_1(s)=\begin{pmatrix}0&e^{is}\\e^{-is}&0\end{pmatrix}, s\in\mathbf{R}. $$ 可以验证 $A_1(s)$ 是多正交小波矩阵 Fourier 乘子.

则由 $\begin{pmatrix}\widehat{h_1}\\\widehat{h_2}\end{pmatrix}=A\begin{pmatrix}\widehat{\psi_1}\\\widehat{\psi_2}\end{pmatrix}=\dfrac{1}{\sqrt{2\pi}}\begin{pmatrix}e^{is}\chi_{S_2}\\e^{-is}\chi_{S_1}\end{pmatrix}$ 得到长度为 2 的多正交小波 (h_1,h_2)(见图 7.6.2 和图 7.6.3).

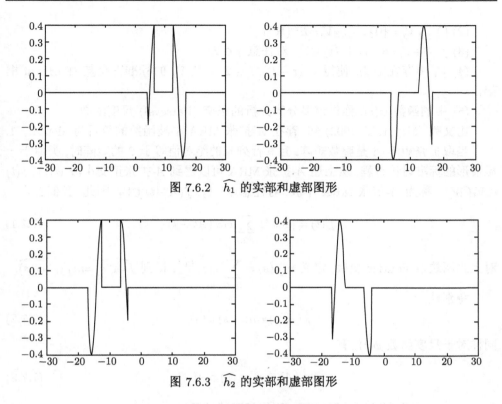

图 7.6.2 $\widehat{h_1}$ 的实部和虚部图形

图 7.6.3 $\widehat{h_2}$ 的实部和虚部图形

注 定义 7.6.1 和 7.6.2 在高维上有完全类似的概念.

7.7 高维小波

前面我们介绍的是一维空间 $\mathbf{R}$ 上伸缩因子为 $2(a > 1)$ 的小波理论. 高维空间 $\mathbf{R}^d(d \geqslant 2)$ 情形, 要比一维情形复杂地多. 此时基本伸缩因子大多考虑元素为整数的矩阵, 其特征值的绝对值均大于 1(这样才能向所有方向伸缩), 这样的矩阵称作扩张矩阵.

定义 7.7.1 设 A 是任意整数扩张矩阵, 函数 $\psi_j(t) \in L^2(\mathbf{R}^d)$, $j = 1, \cdots, m$. 如果函数族 $\{|\det A|^{\frac{n}{2}} \psi_j(A^n t - l) : n \in \mathbf{Z}, l \in \mathbf{Z}^d, j = 1, \cdots, m\}$ 是 $L^2(\mathbf{R}^d)$ 的标准正交基 (或 Parseval 框架), 则称 $(\psi_1(t), \cdots, \psi_m(t))$ 为 **A-扩张多小波** (Parseval 框架多小波). 当 $j = 1$ 时, 称其为单小波.

对于任意整数膨胀矩阵 A, 都存在 A-扩张单小波.

定义 7.7.2 空间 $L^2(\mathbf{R}^d)$ 的闭子空间列 $\{V_j : j \in \mathbf{Z}\}$ 称作 **A-扩张正交 (Parseval) 多分辨分析** (或 A-扩张 MRA), 如果下列条件成立:

(1) $V_j \subset V_{j+1}, j \in \mathbf{Z}$;

(2) $\bigcap_{j\in\mathbf{Z}} V_j=\{0\}$, $\overline{U_{j\in\mathbb{Z}}V_j}=L^2\left(\mathbf{R}^d\right)$;

(3) $f\left(t\right)\in V_j\Longleftrightarrow f(A^{-j}t)\in V_0$, 对任意 $j\in\mathbf{Z}$;

(4) V_0 中存在 $\phi(t)$, 使得 $\{\phi(t-l):l\in\mathbf{Z}^d\}$ 是 V_0 的标准正交基 (Parseval 框架).

(5) 中的函数 $\varphi(t)$, 称作该多分辨分析的正交 (Parseval) 尺度函数.

由文献 (Meyer, Y. 1992) 知, 存在 A-扩张 MRA 小波函数的数目为 $|\det A|-1$. 当取扩张矩阵 A 是整数矩阵, 且其行列式的绝对值等于 2 的矩阵时, 类似于一维情形的标准讨论过程, 从上述 A-扩张 MRA 可以得到 A-扩张正交小波 $\psi\left(t\right),\psi(t)\in V_1\bigcap V_0^{\perp}$, 称为 A-扩张 MRA 小波. 对任意 $f\in V_1$, $f(A^{-1}t)\in V_0$, 因此, 我们有

$$f\left(t\right)=\left|\det A\right|\sum_{l\in\mathbb{Z}^d}c_l\phi\left(At-l\right) \tag{7.7.1}$$

对上式两边取 Fourier 变换, 定义 $m_f\left(s\right)=\sum_{l\in\mathbb{Z}^d}c_le^{-il\circ s}$, 得到 $\widehat{f(A^\tau s)}=m_f\left(s\right)\widehat{\phi\left(s\right)}$.

特别地,

$$\hat{\psi}\left(A^\tau s\right)=m_\psi\left(s\right)\hat{\psi}(s) \tag{7.7.2}$$

同样对于尺度函数 $\phi(t)$, 有

$$\hat{\phi}\left(A^\tau s\right)=m\left(s\right)\hat{\phi}(s) \tag{7.7.3}$$

其中 $m_\psi(s)$ 称作高通滤波器, $m(s)$ 称作低通滤波器.

例 7.7.1   非可分离变量的二维小波的例子

(1) Haar-型 **A**-扩张正交小波: 设 $A=\begin{pmatrix}1&1\\-1&1\end{pmatrix}$, $u_1=\left(\frac{1}{2},\frac{1}{2}\right)$,

低通滤子 $m\left(s\right)=\frac{1}{2}\left(1+e^{-is\circ u}\right)$, 尺度函数 $\hat{\phi}\left(s\right)=\frac{1}{2\pi}\prod_{j=1}^{\infty}m((A^\tau)^{-j}s)$, 小波 ψ 由下式定义 $\hat{\psi}\left(s\right)=e^{is\circ u_1}\overline{m\left((A^\tau)^{-1}s+2\pi h_0\right)}\hat{\phi}((A^\tau)^{-1}s)$.

(2) Shannon 型 **A**-扩张正交小波: 令 $\Omega=[-\pi,\pi]^2$, 低通滤子, 尺度函数, 和小波如下定义:

$$m\left(s\right)|_{\Omega}=\chi_{(A^\tau)^{-1}\Omega},\quad \hat{\varphi}\left(s\right)=\frac{1}{2\pi}\chi_\Omega,\quad \widehat{\psi(s)}=\frac{1}{2\pi}e^{is\circ u_1}\chi_{A^\tau\Omega\setminus\Omega}.$$

当定义 7.7.2 中的膨胀矩阵是 $A=\begin{pmatrix}2&0\\0&2\end{pmatrix}$ 时, 将存在一个 A-扩张尺度函数, 和三个 A-扩张正交小波, 称作2 元双变量正交小波. 这样的多分辨分析就是二维可分离变量多分辨分析.

例 7.7.2 (LX, 2015) 2 元双变量 MRA Shannon 型正交小波: 令 $\Omega=[-\pi,\pi]^2$, 设

$$\hat{\varphi}(s)=\frac{1}{2\pi}\chi_\Omega$$

定义 $2\pi\mathbf{Z}^2$ 周期函数 $m_0(s),m_0(s)|_\Omega=\chi_{F_0}$, 则这个 φ 是 $\begin{pmatrix} 2 & 0 \\ 0 & 2 \end{pmatrix}$-扩张尺度函数, 满足

$$\hat{\varphi}(s)=m_0((A^\tau)^{-1}s)\hat{\varphi}((A^\tau)^{-1}s).$$

设

$$\widehat{\psi_1}(s)=\frac{1}{2\pi}\chi_\mathrm{I},\quad \widehat{\psi_2}(s)=\frac{1}{2\pi}\chi_\mathrm{II},\quad \widehat{\psi_3}(s)=\frac{1}{2\pi}\chi_\mathrm{III}.$$

定义三个 $2\pi\mathbf{Z}^2$ 周期函数 $m_1(s),m_2(s),m_3(s)$ 如下: $m_1(s)|_\Omega=\chi_{F_1}$, $m_2(s)|_\Omega=\chi_{F_2}$, $m_3(s)|_\Omega=\chi_{F_3}$. 其中 $F_0=(A^\tau)^{-1}\Omega$, 即 $\Omega=[-\pi,\pi]^2$ 的正中间方块儿. $F_1=(A^\tau)^{-1}\mathrm{I}$, $F_2=(A^\tau)^{-1}\mathrm{II}$, $F_3=(A^\tau)^{-1}\mathrm{III}$. 则 $m_0(s)$ 和 $m_1(s),m_2(s),m_3(s)$ 满足 2 元双变量 MRA 小波的滤波器条件, 其中 $m_0(s)$ 称作低通滤波器, $m_1(s),m_2(s),m_3(s)$ 称作高通滤波器. 三个函数 $\psi_1(t),\psi_2(t),\psi_3(t)$ 是对应于尺度函数 ϕ 的 2 元双变量小波 (图 7.7.1).

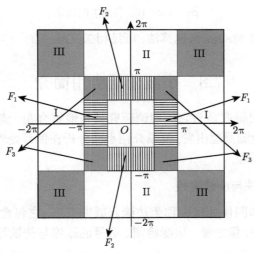

图 7.7.1 四个滤波器 $m_i(i=0,1,2,3)$ 在一个周期内和尺度函数 φ 及三个小波 $\psi_i(i=1,2,3)$ 的支集

例 7.7.3 (二维空间中 2 元双变量可分离变量 Parseval 框架小波例子) Parseval 多框架小波 (η_1,η_2,η_3) 是通过 $(\widehat{\psi_1},\widehat{\psi_2},\widehat{\psi_3})$ 和一个 Parseval 多框架小波矩阵乘子 $A(s)=\begin{pmatrix} \sin(s_1) & 0 & \cos(s_1) \\ 0 & 1 & 0 \\ \cos(s_1) & 0 & -\sin(s_1) \end{pmatrix}$, 由等式

$$\begin{pmatrix} \widehat{\eta_1} \\ \widehat{\eta_2} \\ \widehat{\eta_3} \end{pmatrix} = A(s) \begin{pmatrix} \widehat{\psi_1} \\ \widehat{\psi_2} \\ \widehat{\psi_3} \end{pmatrix} = \begin{pmatrix} \sin(s_1)\widehat{\psi_1} + \cos(s_1)\widehat{\psi_3} \\ \widehat{\psi_2} \\ \mathrm{con}(s_1)\widehat{\psi_1} - \sin(s_1)\widehat{\psi_3} \end{pmatrix}$$

定义的 (图 7.7.2).

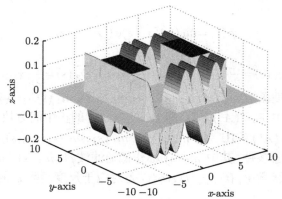

图 7.7.2　$(\widehat{\eta_1}, \widehat{\eta_2}, \widehat{\eta_3})$ 的图像

关于高维小波的 Mallat 快速算法, 可见相关文献.

7.8　小波分析应用简介

小波分析的应用研究是与它的理论研究紧密地结合在一起的. 本节从小波变换与信号的奇异性检测原理出发, 简单介绍小波分析在信号处理中的消噪和突变点检测两方面的应用原理.

7.8.1　信号的奇异性与小波变换

奇异点在信号和图像处理中称为边缘点或突变点, 它包含了信号的重要特征. 在信号和图像处理中, 像去噪、边缘检测、信号的压缩与传输等都会涉及奇异点的问题.

函数 (信号) 在某点处间断或某阶导数不连续, 称函数在该点处有奇异性, 该点称为奇异点. 利用小波变换具有时频局部化的性能, 可以对函数 (信号) 的奇异性进行分析, 并确定奇异点的位置与奇异性的大小.

定义 7.8.1　设 $f(t) \in L^2(\mathbf{R})$, 称 $f(t)$ 在 t_0 点有 Lipschitz 指数 α, 如果存在常数 $A > 0$, 和 $h_0 > 0$ 以及 $n = [a]$ (表示不超过 a 的最大整数) 次多项式 $P_n(h)$, 使得任意 $|h| < h_0$,

$$|f(t_0+h) - P_n(h)| \leqslant A|h|^a$$

如果存在 $K > 0$, 使得上式对所有 $t_0 \in [a, b]$ 成立, 那么称 $f(t)$ 在区间 $[a, b]$ 上有一致 Lipschitz 指数 a.

Lipschitz 指数是表明函数局部特征的一种度量:

(1) 若 $f(t)$ 在 t_0 点连续且一阶可导, 则其 Lipschitz 指数 $a = 1$;

(2) 若 $f(t)$ 在 t_0 点连续但不可导, 则其 Lipschitz 指数 $0 < a < 1$;

(3) 若 $f(t)$ 在 t_0 点不连续但有界, 则其 Lipschitz 指数 $a = 0$;

(4) 若 $f(t)$ 在 t_0 点 n 阶可导的, 但 $n + 1$ 阶不可导, 则其 Lipschitz 指数 $n \leqslant a < n + 1$;

(5) 若 $f(t)$ 有 Lipschitz 指数 a, 则 $\int f(t) \, \mathrm{d}t$ 的 Lipschitz 指数为 $a + 1$.

图 7.8.1 显示了三种函数的奇异点及奇异点处的 Lipschitz 指数.

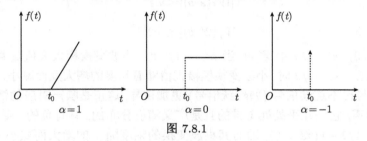

图 7.8.1

可见, 函数的点态 Lipschitz 指数 α 可以刻画函数在奇异点处的突变程度. α 越大, 函数在该点光滑程度越高, 奇异性越小; 而 α 越小, 函数在该点突变程度越大.

Mallat 将信号的局部奇异性与小波变换后的模极大值联系起来, 通过小波变换后的模极大值在不同尺度上的衰减速度来衡量信号的局部奇异性.

Mallat 在处理信号时, 也采用了如下形式的卷积型小波变换, 这种形式也常常被用作信号和图像处理中.

设 $f(t), \psi(t) \in L^2(\mathbf{R})$, 记 $\psi_s(t) = \dfrac{1}{s} \psi\left(\dfrac{t}{s}\right), s > 0$, 则称

$$W_f(s, b) = f * \psi_s(b) = \frac{1}{s} \int_{-\infty}^{+\infty} f(t) \psi\left(\frac{b - t}{s}\right) \mathrm{d}t \tag{7.8.1}$$

为 $f(t)$ 的卷积型小波变换, 也称为 $f(t)$ 的小波变换.

记 $\psi^-(t) = \psi(-t)$, 则内积型小波变换与 (7.8.1) 之间的关系为

$$\left\langle f(t), \overline{\psi_{s,b}^-(t)} \right\rangle = f * \left(\sqrt{s} \psi_s\right)(b). \tag{7.8.2}$$

定理 7.8.1 设小波 $\psi(t)$ 是实函数且连续, 具有衰减性: $|\psi(t)| \leqslant K(1 + |t|)^{-2-\varepsilon}(\varepsilon > 0), f(t) \in L^2(\mathbf{R})$ 在区间 I 上是一致 Lipschitz 指数 $\alpha(-\varepsilon < \alpha \leqslant 1)$, 则存在常数 $c > 0$, 使得对任意 $a, b \in I$, 其 (内积型) 小波变换满足

$$|W_f(a,b)| \leqslant ca^{\alpha+\frac{1}{2}}. \tag{7.8.3}$$

反之, 若对于某个 $\alpha(-\varepsilon < \alpha \leqslant 1)$, $f(t) \in L^2(\mathbf{R})$ 的小波变换满足 (7.8.3), 则 $f(t)$ 在 I 上具有一致 Lipschitz 指数 α.

若 t_0 是 $f(t)$ 的奇异点, 则 $|W_f(a,b)|$ 在 $b = t_0$ 处取极大值, 即此时 (7.8.3) 等号成立.

特别地, 当 $a = 2^j$ 时, (7.8.3) 变成

$$|W_f(2^j,b)| \leqslant c2^{j(\alpha+\frac{1}{2})}. \tag{7.8.4}$$

式 (7.8.3) 和式 (7.8.4) 在卷积型小波变换下变成如下简单情形:

$$|W_f(s,b)| \leqslant cs^{\alpha}, \tag{7.8.5}$$

$$|W_f(2^j,b)| \leqslant c2^{j\alpha}. \tag{7.8.6}$$

式 (7.8.3) 或式 (7.8.4) 表明, 当 $\alpha > -1/2$ 时, 小波变换模极大值随着尺度的增大而增大; 当 $\alpha < -1/2$ 时, 小波变换模极大值随着尺度的增大反而减小. 这种情况说明, 该信号比不连续信号 (如阶跃信号) 更加奇异, 这正是噪声对应的情况. 例如, Gauss 白噪声, 它是几乎处处奇异的且是广义随机分布的, 具有负的一致 Lipschitz 指数 $\alpha = -1/2 - \varepsilon(\forall \varepsilon > 0)$, 因而其小波变换的幅度随 j 的增大而减小, 这样在大尺度下剩余的极大值将主要属于信号的, 由此可将信号与噪声加以区别, 进而达到消噪的目的, 见 7.8.2 小节. 由 (7.8.6) 则可知, 当尺度 j 增大而小波变换模反而减小, 可推断信号在奇异点处的 Lipschitz 指数 $\alpha < 0$; 相反, 则 $\alpha > 0$. 当 j 变化时而小波变换的模值不变, 则有 $\alpha = 0$. 总之利用 (7.8.3)$\sim$(7.8.6) 的小波变换模极大值随着尺度变化的情况可以推断信号的奇异点类型. 进而可以估算出奇异点的突变程度.

7.8.2   小波在信号消噪中的应用

实际中所观察到的信号 $f(t)$ 通常是非平稳信号, 且带有白噪声 $\delta(t)$, 设原始信号为 $x(t)$, 可表示为

$$f(t) = x(t) + \delta(t). \tag{7.8.7}$$

从 $f(t)$ 中直接把 $x(t)$ 提取出来是非常困难的, 必须借助变换方法作为工具. 小波变换理论为信号的去噪提供了非常理想的方法, 这里从原理方面介绍常用的两种方法, 其他方法请查阅相关文献.

1. 模极大值消噪

这是一种基于模极大值原理的方法, 由 7.8.1 小节已经知道, 信号和白噪声在小波变换下模极大值随尺度变化呈现出不同的规律: 信号 (一般是连续或奇异但有

界的, Lipschitz 指数 $\alpha \geqslant 0$) 的小波变换模极大值随尺度增加而增加或不变, 而白噪声 (Lipschitz 指数 $\alpha < 0$) 的模极大值随尺度增加反而减小. 由此, 可以采用由粗及精的策略跟踪各尺度下的小波变换极大值, 找出属于信号的部分, 并将属于噪声的部分去除. 具体地说, 先从 j 最大 $(= J)$ 的一级开始, 找到在这一尺度上属于信号的小波变换极值点, 然后逐步减小 j 值, 每次以高一级已经找到的极值点位置为先验知识, 寻找其在本级的对应极值点, 并将其余各点去除. 这样逐级搜索直到 $j = 1$ 为止. 最后以这些被选择出来的极值点为依据来重建信号.

利用上述方法可以达到信号的去噪目的, 但在具体操作上还有一些技术问题需要解决. 例如, J 取多大合适; 重构时由于只利用了有限个极大值点的小波系数, 这样重构的信号与原始信号必有误差, 如何构造与原始信号近似的小波系数, 具体讨论见文献 (秦前清等, 1995).

2. 阈值消噪方法

由于有用的信号通常表现为低频信号或一些比较平稳的信号, 噪声信号通常表现为高频信号. 所以对含有噪声的信号进行小波分解时, 噪声信号主要表现在各个尺度的信号中的高频信号部分, 而且在不同尺度上的表现是不相关的. 根据这些特点, 可提出两种处理方式, 一是直接把小波分解结构中的高频系数全部变为 0 值, 然后再对信号进行重构处理, 即所谓的强制消噪处理方法. 这种方法比较简单, 重构后的信号也比较平滑, 但容易丢失原信号中有用的信息. 二是针对这些不足提出所谓的**阈值消噪方法**. 其基本思想是要根据经验或某种依据设定门限值 (阈值), 对信号小波分解中的最高频系数进行门限值处理, 即大于门限值的部分保留, 低于门限值的系数变为 0 值. 这符合噪声在高频部分均匀密集的特点. 对其他各尺度的高频系数相应改变门限值处理. 图 7.8.2 给出了一个含噪信号被消噪处理后的结果.

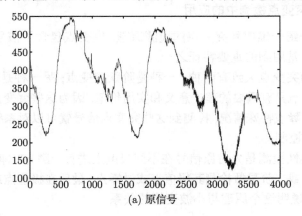

(a) 原信号

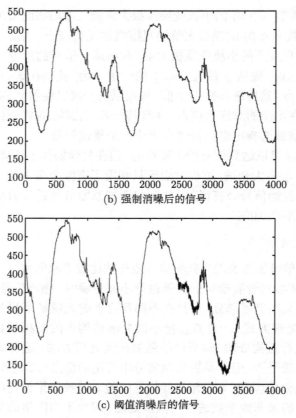

(b) 强制消噪后的信号

(c) 阈值消噪后的信号

图 7.8.2　含噪信号和消噪后的信号

7.8.3　小波在突变点检测中的应用

本节主要介绍一维信号突变点的检测原理. 突变点包含了信号中的重要信息, 是信号处理中经常用到的重要特征之一.

一维信号的突变点大致有两种: 一种是阶跃突变点; 另一种是局部极值点. 精确检测这些突变点具有重要的理论意义和实用价值. 因为这些突变点正好反映了信号来源的系统故障或特殊情况, 检测到这些突变点信号就可以对系统状态及故障进行分析、判断和控制.

信号的奇异性检测是先对原信号在不同尺度上进行 "磨光" 即平滑化, 再对磨光后信号的一阶或二阶导数检测其极值点或过零点, 最后在极值点或过零点里面判断突变点. 下边说明这个原理与小波变换的关系.

常用的磨光函数 $\theta(t)$ 满足 $\displaystyle\int_{-\infty}^{+\infty} \theta(t)\mathrm{d}t = 1$ 且 $\displaystyle\lim_{t\to\infty}\theta(t) = 0$, 也即 $\theta(t)$ 可理解为

是低通函数, 取 $\theta(t)$ 的一阶或二阶导数作为小波函数, 并且常用卷积型小波变换. 在实际检测中通常选择 $\theta(t) = \dfrac{1}{\sqrt{2\pi}}\mathrm{e}^{-t^2/2}$, 这是一个偶对称的低通函数. 令

$$\psi^{(1)}(t) = \frac{\mathrm{d}\theta}{\mathrm{d}t} = \frac{-1}{\sqrt{2\pi}}t\mathrm{e}^{-t^2/2},$$

$$\psi^{(2)}(t) = \frac{\mathrm{d}^2\theta}{\mathrm{d}t^2} = \frac{1}{\sqrt{2\pi}}(1-t^2)\mathrm{e}^{-t^2/2}.$$

容易验证 $\psi^{(1)}(t)$ 和 $\psi^{(2)}(t)$ 满足允许条件, 从而是允许小波, 而且 $\psi^{(1)}(t)$ 是反对称小波, $\psi^{(2)}(t)$ 是对称小波.

对信号 $f(t)$, 小波变换为

$$W_f^{(1)}(s,t) = f * \psi_s^{(1)}(t) = s\frac{\mathrm{d}}{\mathrm{d}t}(f * \theta_s(t)), \tag{7.8.8}$$

$$W_f^{(2)}(s,t) = f * \psi_s^{(2)}(t) = s^2\frac{\mathrm{d}^2}{\mathrm{d}t^2}(f * \theta_s(t)). \tag{7.8.9}$$

(7.8.8) 和 (7.8.9) 表明 $W_f^{(1)}(s,t) = f * \psi_s^{(1)}(t)$ 与 $f * \theta_s(t)$ 的一阶导数成正比, 而 $W_f^{(2)}(s,t) = f * \psi_s^{(2)}(t)$ 与 $f * \theta_s(t)$ 的二阶导数成正比. 亦即判断 $f * \theta_s(t)$ 的一、二阶导数的极值点或过零点与判断小波变换的极值点或过零点是等效的. 图 7.8.3 以 $\psi^{(1)}(t)$ 和 $\psi^{(2)}(t)$ 对阶跃突变和脉冲突变的卷积效果示意图说明了这一点.

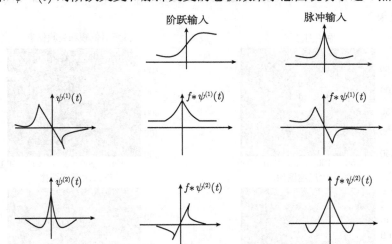

图 7.8.3 用 $\psi^{(1)}(t)$ 和 $\psi^{(2)}(t)$ 作小波对阶跃和脉冲信号的处理结果

由图 7.8.3 可见, 突变点的位置有时是由小波变换的过零点反映的, 有时是由其极值点反映的. 一般来说, 根据过零点作检测不如根据极值点. 因为过零点易受噪声干扰, 所以检测边缘即阶跃宜采用 $\psi^{(1)}(t)$ 型的反对称小波, 检测尖峰宜采用 $\psi^{(2)}(t)$

型的对称小波. 但必须指出, 要使这一检测有效, 必须满足适当条件. 首先, $\psi^{(1)}(t)$ 和 $\psi^{(2)}(t)$ 应是某一平滑函数的一、二阶导数. 其次, 尺度 s 必须适当, 只有当在适当尺度下各突变点引起的小波变换才能避免交叠干扰. 因此处理时需要把多尺度结合起来综合观察. 关于具体应用实例请参考相关文献.

7.8.4　二维小波变换在图像处理中的应用

类似于一维信号的时间频域分析方法, 二维信号 $f^m(x,y) \in L^2(\mathbf{R})$ 的小波分解, 分别用小波子空间表示和用时域小波分量表示的形式分别为

$$V_m = V_0 \oplus W_0 \oplus W_1 \oplus \cdots \oplus W_{m-1},$$

$$f^m(x,y) = f^0(x,y) + \omega^0(x,y) + \cdots + \omega^{m-1}(x,y).$$

也即在时域被分解为若干小波子空间中的分量. 在频域中, 信号 $f^m(x,y)$ 的频率范围被分解为若干子频带. 例如 $\omega^j(x,y) \in W_j(x,y)$ 时域中可在 (x_k, y_l) 附近被局部化, $\omega^j(x,y)$ 在频域中被局部化并限制在某个特定的子频带中. 所以, 小波分解可把二维信号作局部时–频分解. 二维小波分析方法是一种局部时–频分析方法, 应用十分广泛. 可以利用二维小波分析方法对图像进行消噪、压缩、增强、融合、平滑以及边缘检测等处理, 下面仅举两例.

1. 图像压缩

图 7.8.4 是利用二维双正交小波进行图像压缩, 保留了低频信息, 抑制了高频信息的效果.

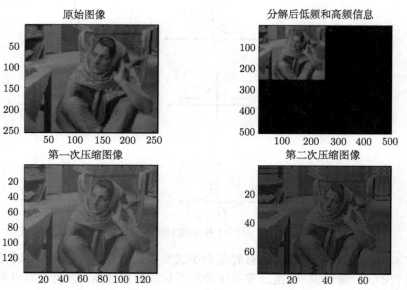

图 7.8.4　利用二维小波变换进行图像压缩, 第一次压缩比为 1/3, 第二次压缩比为 1/12

2. 图像增强

图像经过小波分解后, 图像的轮廓主要体现在低频部分, 而细节部分则体现在高频部分. 因此, 可以通过对低频分解系数进行增强, 对高频系数进行衰减处理达到图像增强的作用 (见图 7.8.5).

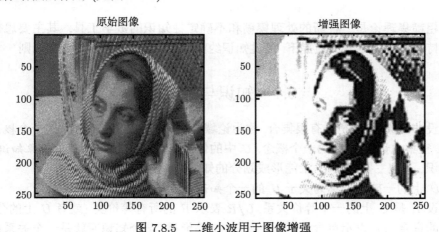

原始图像   增强图像

图 7.8.5　二维小波用于图像增强

注 7.8.1 小波理论的应用非常广泛, 除了在工程技术中信号处理的应用, 在数学领域的诸多分支中也有应用, 比如在微分方程数值解、逼近论中的应用, 编者在逼近论中成功应用了小波理论, 见文献 (Jiang, 2006).

习 题 7

1. 设 ψ 是由式 (7.4.11) 所定义的正交小波. 假设 $\hat{\psi}_1(\omega) = m(\omega)\hat{\psi}(\omega)$, $m(\omega)$ 是 2π 周期的可测函数, 且对任意 ω, $|m(\omega)| = 1$, 则 ψ_1 也是正交小波.

2. 试对一组非平稳波形进行小波分析.

3. 试对一组非平稳波形进行多尺度小波分析.

第 8 章　粗糙集简介

粗糙集理论是一种新的处理模糊和不确定性知识的数学工具. 其主要思想是在保持分类能力不变的前提下, 通过知识约简, 导出问题的决策或分类规则.

8.1　知识与粗糙集

设非空集合 U 是一有限集合, 称为论域. 其任何子集 X 称为 U 的一个概念或范畴. 空集也认为是 U 的一个概念. U 中的任何概念族称为关于 U 的抽象知识, 简称知识. 下边主要针对 U 上能形成划分的知识进行介绍.

U 上的一族划分称为关于 U 的一个知识库(knowledge base).

设 R 是 U 上的一个等价关系, U/R 表示 R 的所有等价类 (或者 U 上的分类) 构成的集合, $\tilde{x}_R$ 表示包含元素 $x \in U$ 的 R 等价类. 一个知识库就是一个关系系统 $K = (U, \Re)$, 其中 $\Re$ 是 U 上的一族等价关系.

设 $\Im \subseteq \Re$, 且 $\Im \neq \varnothing$, 则 $\cap \Im$($\Im$ 中所有等价关系的交集) 也是一个等价关系, 称为 $\Im$ 上的不可区分(indiscernibility)关系, 记为 $\mathrm{ind}(\Im)$, 且有

$$\tilde{x}_{\mathrm{ind}(\Im)} = \bigcap_{R \in \Im} \tilde{x}_R. \tag{8.1.1}$$

这样 $U/\mathrm{ind}(\Im)$(即等价关系 $\mathrm{ind}(\Im)$ 的所有等价类) 表示与等价关系族 $\Im$ 相关的知识, 称为 K 中关于 U 的 $\Im$ 基本知识 ($\Im$ 基本集). 为简单起见, 用 $U/\Im$ 代替 $U/\mathrm{ind}(\Im)$. $\mathrm{ind}(\Im)$ 的等价类称为知识 $\Im$ 的基本概念或基本范畴. 特别地, 如果 $Q \in \Re$, 称 Q 为 K 中关于 U 的 Q 初等知识, Q 的等价类为知识 $\Re$ 的 Q 初等概念(或 Q 初等范畴).

事实上, $\Im$ 基本范畴是拥有知识 $\Im$ 的论域的基本特性. 换句话说, 它们是知识的基本模块. 同样地, 当 $K = (U, \Re)$ 为一个知识库, $\mathrm{ind}(K)$ 定义为 K 中所有等价关系族, 记作 $\mathrm{ind}(K) = \{\mathrm{ind}(\Im) | \varnothing \neq \Im \subseteq \Re\}$.

令 $K = (U, \Im)$ 和 $K' = (U, Q)$ 是两个知识库. 如果 $\mathrm{ind}(\Im) = \mathrm{ind}(Q)$, 即 $U/\Im = U/Q$, 那么称 K 和 K'($\Im$ 和 Q) 是等价的, 记作 $K \cong K'$($\Im \cong Q$). 因此, 当 K 和 K' 有同样的基本范畴集时, 知识库 K 和 K' 中的知识都能使我们确切地表达关于论域的完全相同的事实. 这个概念意味着可以用不同的属性集对对象进行描述, 以表达关于论域的完全相同的事实.

对于 $K = (U, \Im)$ 和 $K' = (U, Q)$ 两个知识库, 当 $\mathrm{ind}(\Im) \subseteq \mathrm{ind}(Q)$ 时, 称知识 $\Im$(知识库 K) 比知识 Q(知识库 K') 更精细, 或者知识 Q 比知识 $\Im$ 更粗糙.

设 $X \subseteq U$, R 为 U 上的一个等价关系. 当 X 能表达成某些 R 基本范畴的并时, 称 X 是 R 可定义的; 否则称 X 是 R 不可定义的.

R 可定义集是论域的子集, 它可在知识库 K 中精确地定义, 而 R 不可定义集不能在这个知识库中定义. R 可定义集也称作 R 精确集, 而 R 不可定义集也称作 R 非精确集或 R 粗糙集 (rough set).

当存在等价关系 $R \in \mathrm{ind}(K)$ 且 X 为 R 精确集时, 集合 $X \subseteq U$ 称为 K 中的精确集; 当对于任何 $R \in \mathrm{ind}(K)$ 且 X 都为 R 粗糙集, 则 X 称为 K 中的粗糙集.

给定知识库 $K = (U, \Re)$, 对于每个子集 $X \subseteq U$ 和一个等价关系 $R \in \mathrm{ind}(K)$, 定义两个子集:

$$\underline{R}X = \cup \{Y \in U/R | Y \subseteq X\}, \tag{8.1.2}$$

$$\overline{R}X = \cup \{Y \in U/R | Y \cap X \neq \varnothing\}, \tag{8.1.3}$$

分别称为 X 的 R 下近似集和 R 上近似集. 它们也可以用下边的公式表达:

$$\underline{R}X = \{x \in U | \tilde{x}_R \subseteq X\}, \tag{8.1.4}$$

$$\overline{R}X = \{x \in U | \tilde{x}_R \cap X \neq \varnothing\}. \tag{8.1.5}$$

集合 $\mathrm{Bn}(X) = \overline{R}X - \underline{R}X$ 称为 X 的 R 边界域; $\mathrm{Pos}(X) = \underline{R}X$ 称为 X 的 R 正域; $\mathrm{Neg}(X) = U - \overline{R}X$ 称为 X 的 R 负域. 显然, $\overline{R}X = \mathrm{Pos}(X) \cup \mathrm{Bn}(X)$.

$\underline{R}X$ 或 $\mathrm{Pos}(X)$ 是根据知识 R 判断肯定属于 X 的 U 中元素组成的集合; $\overline{R}X$ 是根据知识 R 判断可能属于 X 的 U 中元素组成的集合; $\mathrm{Bn}(X)$ 是根据知识 R 既不能判断肯定属于 X 又不能判断肯定属于 X^{c}(即 $U-X$) 的 U 中元素组成的集合; $\mathrm{Neg}(X)$ 是根据知识 R 判断肯定不属于 X 的 U 中元素组成的集合. 图 8.1.1 直观地描述了上近似、下近似和边界域的关系. 设椭圆部分所围的区域为集合 X, 整个矩形所围的区域为论域 U.

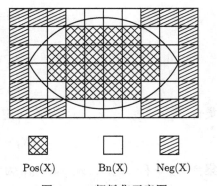

Pos(X)　　　Bn(X)　　　Neg(X)

图 8.1.1　粗糙集示意图

显然有

(1) X 为 R 可定义集当且仅当 $\underline{R}X = \overline{R}X$;

(2) X 为 R 粗糙集当且仅当 $\underline{R}X \neq \overline{R}X$.

也可将 $\underline{R}X$ 描绘为 X 中的最大可定义集, 将 $\overline{R}X$ 描绘为含有 X 的最小可定义集.

因此, 范畴就是可以用已知知识表达的信息项, 或者说范畴就是用我们的知识可表达的具有相同性质的对象子集. 一般地, 在给定的知识库中, 并不是所有对象子集都可以构成范畴 (即用知识表达的概念). 因此, 这样的子集可以看作粗范畴 (即不精确或近似范畴), 它只能用知识通过两个精确范畴, 即上、下近似集粗略地定义.

范畴 (集合) 的不精确性是由于边界域的存在而引起的. 集合的边界域越大, 其精确性则越低. 为了更准确地表达这一点, 我们引入精度的概念. 由等价关系 R 定义的集合 X 的近似精度为

$$\alpha(X) = \frac{|\underline{R}X|}{|\overline{R}X|}, \tag{8.1.6}$$

其中 X 为非空集合, $|X|$ 表示集合的基数.

显然, 对于每个 R 和 $X \subseteq U$ 有 $0 \leqslant \alpha(X) \leqslant 1$. 当 $\alpha(X) = 1$ 时, X 的 R 边界域为空集, 集合 X 为 R 可定义的; 当 $\alpha(X) < 1$ 时, 集合 X 有非空集 R 边界域, 集合 X 为 R 不可定义的.

精度 $\alpha(X)$ 反映了对于了解集合 X 的知识的完全程度. 当然, 其他一些度量同样可用来定义集合 X 的不精确程度. 例如, 可用 $\rho(X) = 1 - \alpha(X)$ 表达 X 的 R 粗糙度.

例 8.1.1　给定一知识库 $K = (U, \Re)$ 和一个等价关系 $R \in \mathrm{ind}(K)$, 其中 $U = \{x_0, x_1, \cdots, x_{10}\}$, 且有 R 的下列等价类:

$$E_1 = \{x_0, x_1\},$$
$$E_2 = \{x_2, x_6, x_9\},$$
$$E_3 = \{x_3, x_5\},$$
$$E_4 = \{x_4, x_8\},$$
$$E_5 = \{x_7, x_{10}\}.$$

集合 $X_1 = \{x_0, x_1, x_4, x_8\}$ 为 R 可定义集, 因为

$$\underline{R}X_1 = \overline{R}X_1 = E_1 \cup E_4.$$

集合 $X_2 = \{x_0, x_3, x_4, x_5, x_8, x_{10}\}$ 为 R 粗糙可定义集. X_2 的近似集, 边界和精度为

$$\underline{R}X_2 = E_3 \cup E_4 = \{x_3, x_4, x_5, x_8\},$$
$$\overline{R}X_2 = E_1 \cup E_3 \cup E_4 \cup E_5 = \{x_0, x_1, x_3, x_4, x_5, x_7, x_8, x_{10}\},$$
$$\mathrm{Bn}(X_2) = E_1 \cup E_5 = \{x_0, x_1, x_7, x_{10}\},$$
$$\alpha(X_2) = 4/8 = 1/2.$$

8.2 知识约简

知识约简是粗糙集理论的核心内容之一. 因为知识库中知识 (属性) 并不是同等重要的, 甚至其中某些知识是冗余的. 所谓知识约简, 就是在保持知识库分类能力不变的条件下, 删除其中不相关或不重要的知识.

知识约简中有两个基本概念: 约简(reduct) 和核(core). 令 $\Re$ 为一族等价关系, $R \in \Re$. 若 $\text{ind}(\Re) = \text{ind}(\Re - \{R\})$, 则称 R 为 $\Re$ *中不必要的*; 否则称 R 为 $\Re$ *中必要的*. 若每一个 $R \in \Re$ 都为 $\Re$ 中必要的, 则称 $\Re$ 为独立的; 否则称 $\Re$ 为依赖的. 显然, 若 $\Re$ 是独立的, $P \subseteq \Re$, 则 P 也是独立的.

设 $Q \subseteq P$. 若 Q 是独立的, 且 $\text{ind}(Q) = \text{ind}(P)$, 则称 Q 为 P 的一个约简. 显然, P 可以有多种约简. P 中所有必要关系组成的集合称为 P 的核, 记作 $\text{core}(P)$. 核与约简有如下关系:

$$\text{core}(P) = \cap\text{red}(P),$$

其中 $\text{red}(P)$ 表示 P 的所有约简.

核这个概念的用处有两个方面: 首先它可以作为所有约简的计算基础, 因为核包含在所有的约简之中, 并且计算可以直接进行; 其次可解释为在知识约简时它是不能消去的知识特征集合.

例 8.2.1 设 $K = (U, \Re)$ 是一个知识库, 其中 $U = \{x_1, x_2, \cdots, x_8\}$, $\Re = \{R_1, R_2, R_3\}$. 等价关系 R_1, R_2 和 R_3 有下列等价类:

$$U/R_1 = \{\{x_1, x_4, x_5\}, \{x_2, x_8\}, \{x_3\}, \{x_6, x_7\}\},$$
$$U/R_2 = \{\{x_1, x_3, x_5\}, \{x_6\}, \{x_2, x_4, x_7, x_8\}\},$$
$$U/R_3 = \{\{x_1, x_5\}, \{x_6\}, \{x_2, x_7, x_8\}, \{x_3, x_4\}\}.$$

关系 $\text{ind}(\Re)$,

$$U/\text{ind}(\Re) = \{\{x_1, x_5\}, \{x_2, x_8\}, \{x_3\}, \{x_4\}, \{x_6\}, \{x_7\}\}.$$

关系 R_1 为 $\Re$ 中必要的, 因为

$$U/\text{ind}(\Re - \{R_1\}) = \{\{x_1, x_5\}, \{x_2, x_7, x_8\}, \{x_3\}, \{x_4\}, \{x_6\}\}$$
$$\neq U/\text{ind}(\Re).$$

对于关系 R_2, 有

$$U/\text{ind}(\Re - \{R_2\}) = \{\{x_1, x_5\}, \{x_2, x_8\}, \{x_3\}, \{x_4\}, \{x_6\}, \{x_7\}\}$$

$$=U/\mathrm{ind}(\Re),$$

所以关系 R_2 是 $\Re$ 中不必要的.

同样对于关系 R_3,

$$U/\mathrm{ind}(\Re - \{R_3\}) = \{\{x_1, x_5\}, \{x_2, x_8\}, \{x_3\}, \{x_4\}, \{x_6\}, \{x_7\}\}$$
$$=U/\mathrm{ind}(\Re),$$

从而 R_3 也是 $\Re$ 中不必要的.

这表明通过等价关系 R_1, R_2 和 R_3 的集合定义的分类与根据 R_1 和 R_2 或 R_1 和 R_3 定义的分类相同, 即表明该系统的知识可以通过 $U/\mathrm{ind}(\{R_1, R_2\})$ 或 $U/\mathrm{ind}(\{R_1, R_3\})$ 来表达.

为了得到 $\Re = \{R_1, R_2, R_3\}$ 的约简, 需要检验 $\{R_1, R_2\}$ 和 $\{R_1, R_3\}$ 是否为独立的. 因为

$$U/\mathrm{ind}(\{R_1, R_2\}) \neq U/\mathrm{ind}(R_1), \ \text{且} \ U/\mathrm{ind}(\{R_1, R_2\}) \neq U/\mathrm{ind}(R_2),$$

因此 $\{R_1, R_2\}$ 为独立的, 且 $\{R_1, R_2\}$ 为 $\Re$ 的一个约简. 同理, $\{R_1, R_3\}$ 也是 $\Re$ 的一个约简.

这样 $\Re$ 有两个约简, 即 $\{R_1, R_2\}$ 和 $\{R_1, R_3\}$, 一个核 $\mathrm{core}(\Re) = \{R_1, R_2\} \cap \{R_1, R_3\} = \{R_1\}$.

在应用中, 一个分类相对于另一个分类的关系十分重要, 下边简要介绍知识的相对约简 (relative reduct) 和相对核 (relative core) 以及知识的依赖性等概念.

令 P 和 Q 为 U 中的等价关系, Q 的 P 正域记为 $\mathrm{pos}_P(Q)$, 即

$$\mathrm{pos}_P(Q) = \bigcup_{X \in U/Q} \underline{P}X.$$

Q 的 P 正域是 U 中所有根据分类 U/P 的信息可以准确地划分到关系 Q 的等价类中去的对象集合.

令 M 和 N 是等价关系族, $R \in M$, 若

$$\mathrm{pos}_{\mathrm{ind}(M)}(\mathrm{ind}(N)) = \mathrm{pos}_{\mathrm{ind}(M - \{R\})}(\mathrm{ind}(N)), \tag{8.2.1}$$

则称 R 为 M 中 N 不必要的; 否则称 R 为 M 中 N 必要的.

为简单起见, 也用 $\mathrm{pos}_M(N)$ 代替 $\mathrm{pos}_{\mathrm{ind}(M)}(\mathrm{ind}(N))$. 若 M 中的每个 R 都为 N 必要的, 则称 M 为 N 独立的(或 M 相对于 N 独立).

设 $S \subseteq M, S$ 为 M 的 N 约简当且仅当 S 是 M 的 N 独立子族且 $\mathrm{pos}_S(N) = \mathrm{pos}_M(N)$. M 的 N 约简简称相对约简.

M 中所有 N 必要的原始关系构成的集合称为 M 的 N 核, 简称相对核, 记为 $\text{core}_N(M)$.

知识的依赖性可形式化地定义如下:

令 $K = (U, \Re)$ 是一个知识库, $M, N \subseteq \Re$.

(1) 知识 N 依赖于知识 M(记作 $M \Rightarrow N$) 当且仅当 $\text{ind}(M) \subseteq \text{ind}(N)$;

(2) 知识 M 与知识 N 等价 (记作 $M \equiv N$) 当且仅当 $M \Rightarrow N$ 且 $N \Rightarrow M$;

(3) 知识 M 与知识 N 独立 (记作 $M \neq N$) 当且仅当 $M \Rightarrow N$ 与 $N \Rightarrow M$ 均不成立.

显然, $M \equiv N$ 当且仅当 $\text{ind}(M) = \text{ind}(N)$. 当知识 N 依赖于知识 M 时, 也说知识 N 是由知识 M 导出的.

令 $K = (U, \Re)$ 是一个知识库, $M, N \subseteq \Re$. 记

$$k = \gamma_M(N) = |\text{pos}_M(N)|/|U|, \tag{8.2.2}$$

称知识 N 是 $k(0 \leqslant k \leqslant 1)$ 度依赖于知识 M 的, 记作 $M \Rightarrow_k N$.

当 $k = 1$ 时, 称 N 完全依赖于 M; 当 $0 < k < 1$ 时, 称 N 粗糙 (部分) 依赖于 M; 当 $k = 0$ 时, 称 N 完全独立于 M. 如果 $M \Rightarrow_1 N$, 也记作 $M \Rightarrow N$.

一方面, 由依赖性的定义可知, 当 $M \Rightarrow_k N$ 时, 则由 N 导出的分类 U/N 的正域覆盖了知识库的 $k \times 100\%$ 个元素; 另一方面, 只有属于分类正域的元素能被唯一的分类, 即对象的 $k \times 100\%$ 可以通过知识 M 划入分类 U/N 的模块中.

系数 $\gamma_M(N)$ 可以看作 N 和 M 间的依赖度.

8.3 知识表达系统

知识表达在智能数据处理中占有十分重要的地位.

8.3.1 信息系统

形式上, 4 元组 $S = (U, A, V, f)$ 是一个知识表达系统. 其中:

U 表示对象的非空有限集合, 称为论域;

A 表示属性的非空有限集合;

$V = \bigcup\limits_{a \in A} V_a, V_a$ 是属性 a 的值域;

$f : U \times A \to V$ 是一个信息函数, 它为每个对象的每个属性赋予一个信息值, 即 $\forall a \in A, x \in U, f(x, a) \in V_a$.

知识表达系统也称为信息系统. 通常也用 $S = (U, A)$ 代替 $S = (U, A, V, f)$.

　　知识表达系统的数据以关系表的形式表示. 关系表的列对应要研究的对象, 行对应对象的属性, 对象的信息是通过指定对象的各属性值来表达. 容易看出, 一个属性对应一个等价关系, 一个表可以看作定义的一族等价关系, 即知识库.

　　例 8.3.1　　表 8.3.1 给出了一个关于某些患者的知识表达系统. 其中, $U = \{e_1, e_2, e_3, e_4, e_5, e_6\}$, $A = \{$头痛, 肌肉痛, 体温$\}$.

表 8.3.1

患者	头痛	肌肉痛	体温
e_1	是	是	正常
e_2	是	是	高
e_3	是	是	很高
e_4	否	是	正常
e_5	否	否	高
e_6	否	是	很高

　　令 $P \subseteq A$, 定义属性集 P 的不可区分关系 $\mathrm{ind}(P)$ 为

$$\mathrm{ind}(P) = \{(x, y) \in U \times U \mid \forall a \in P, f(x, a) = f(y, a)\}.$$

若 $(x, y) \in \mathrm{ind}(P)$, 则称 x 和 y 是 P 不可区分的. 易证明 $\forall P \subseteq A$, 不可区分关系 $\mathrm{ind}(P)$ 是 U 上的等价关系. 若取属性集 $P = \{$头痛, 肌肉痛$\}$, $X = \{e_2, e_4, e_6\}$, 则有

$$U/P = \{\{e_1, e_2, e_3\}, \{e_4, e_6\}, \{e_5\}\}.$$

P 基本集为 $\{e_1, e_2, e_3\}, \{e_4, e_6\}, \{e_5\}$.

$$\underline{P}X = \mathrm{pos}(X) = \{e_4, e_6\}, \quad \overline{P}X = \{e_1, e_2, e_3, e_4, e_6\},$$

$$\mathrm{nep}(X) = U - \overline{P}X = \{e_5\},$$

$$\mathrm{Bn}(X) = \overline{P}X - \underline{P}X = \{e_1, e_2, e_3\}.$$

属性集 { 头痛, 肌肉痛, 体温 } 有一个约简 { 头痛, 体温 }, { 头痛, 体温 } 也是核.

8.3.2　决策表

　　决策表是一类特殊而重要的知识表达系统. 多数决策问题都可以用决策表形式来表达, 这一工具在决策应用中起着重要的作用.

　　决策表可以根据知识表达系统定义如下:

　　设 $S = (U, A, V, f)$ 为一知识表达系统, $A = C \cup D, C \cap D = \varnothing$, C 称为条件属性集, D 称为决策属性集. 具有条件属性和决策属性的知识表达系统称为决策表.

例 8.3.2 表 8.3.2 给出了一个关于某些患者的决策表. 其中, $U = \{e_1, e_2, \cdots, e_8\}$, $C = \{$头痛, 肌肉痛, 体温$\}$, $D = \{$流感$\}$.

表 8.3.2

患者	条件属性			决策属性
	头痛	肌肉痛	体温	流感
e_1	是	是	正常	否
e_2	是	是	高	是
e_3	是	是	很高	是
e_4	否	是	正常	否
e_5	否	否	高	否
e_6	否	是	很高	是
e_7	否	否	高	是
e_8	否	是	很高	否

令 $C_1 = $ 头痛, $C_2 = $ 肌肉痛, $C_3 = $ 体温, 则

$$U/\{C_1\} = \{\{e_1, e_2, e_3\}, \{e_4, e_5, e_6, e_7, e_8\}\},$$
$$U/\{C_2\} = \{\{e_1, e_2, e_3, e_4, e_6, e_8\}, \{e_5, e_7\}\},$$
$$U/\{C_3\} = \{\{e_1, e_4\}, \{e_2, e_5, e_7\}, \{e_3, e_6, e_8\}\},$$
$$U/\{C_1, C_2\} = \{\{e_1, e_2, e_3\}, \{e_4, e_6, e_8\}, \{e_5, e_7\}\},$$
$$U/\{C_1, C_3\} = \{\{e_1\}, \{e_2\}, \{e_3\}, \{e_4\}, \{e_5, e_7\}, \{e_6, e_8\}\},$$
$$U/\{C_2, C_3\} = \{\{e_1, e_4\}, \{e_2\}, \{e_5, e_7\}, \{e_3, e_6, e_8\}\},$$
$$U/C = \{\{e_1\}, \{e_2\}, \{e_3\}, \{e_4\}, \{e_5, e_7\}, \{e_6, e_8\}\},$$
$$U/D = \{\{e_2, e_3, e_6, e_7\}, \{e_1, e_4, e_5, e_8\}\}.$$

因为

$$\text{pos}_C(D) = \{e_1\} \cup \{e_2\} \cup \{e_3\} \cup \{e_4\} = \{e_1, e_2, e_3, e_4\},$$
$$k = \gamma_C(D) = |\text{pos}_C(D)|/|U| = 4/8 = 0.5,$$

所以 D 部分依赖 (依赖度为 0.5) 于 C. 又因为

$$\text{pos}_{(C-\{C_1\})}(D) = \{e_1, e_2, e_4\} \neq \text{pos}_C(D),$$
$$\text{pos}_{(C-\{C_2\})}(D) = \{e_1, e_2, e_3, e_4\} = \text{pos}_C(D),$$
$$\text{pos}_{(C-\{C_3\})}(D) = \varnothing \neq \text{pos}_C(D);$$
$$\text{pos}_{(C-\{C_2, C_1\})}(D) = \{e_1, e_4\} \neq \text{pos}_C(D),$$

$$\mathrm{pos}_{(C-\{C_2,C_3\})}(D) = \varnothing \neq \mathrm{pos}_C(D).$$

所以 C 的 D 约简 (相对约简) 为 $C - \{C_2\} = \{C_1, C_3\}$, C 的 D 核 (相对核) 也为 $\{C_1, C_3\}$.

在决策表中, 不同的属性可能具有不同的重要性. 例如, 当由症状描述病人的情况时, 对于识别病人的身体状况有些症状具有更重要的意义.

为了找出某些属性 (或属性集) 的重要性, 方法是从表中去掉一些属性, 再来考察没有该属性后分类会怎样变化. 若去掉该属性相应分类变化较大, 则说明该属性的强度大, 即重要性高; 反之, 说明该属性的强度小, 即重要性低.

令 C 和 D 分别为条件属性集和决策属性集, 属性子集 $C' \subseteq C$ 关于 D 的重要性定义为

$$\sigma_{CD}(C') = \gamma_C(D) - \gamma_{C-C'}(D).$$

特别当 $C' = \{a\}$ 时, 属性 $a \in C$ 关于 D 的重要性为

$$\sigma_{CD}(a) = \gamma_C(D) - \gamma_{C-\{a\}}(D).$$

例 8.3.3   在例 8.3.2 中,

$$\sigma_{CD}(\text{头痛}) = 4/8 - 3/8 = 1/8,$$
$$\sigma_{CD}(\text{肌肉痛}) = 4/8 - 4/8 = 0,$$
$$\sigma_{CD}(\text{体温}) = 4/8 - 0 = 4/8.$$

可见, 在决策表 8.3.2 中, {体温} 最重要, 其次是 {头痛}, {肌肉痛} 是不重要的.

下边简单介绍一下在粗糙集表示及约简算法中的重要工具 —— 可辨识矩阵 (discernibility matrix). 其定义如下: 令 $S = (U, A)$ 是一个信息系统, U 为论域且 $U = \{x_1, x_2, \cdots, x_n\}$; A 是条件属性集合; D 是决策属性; $a(x)$ 是记录 x 在属性 a 上的值; c_{ij} 表示可辨识矩阵中第 i 行第 j 列的元素. 这样可辨识矩阵可定义为

$$(c_{ij}) = \begin{cases} \{a \in A \backslash a(x_i) \neq a(x_j)\}, & D(x_i) \neq D(x_j), \\ 0, & D(x_i) = D(x_j), \\ -1, & a(x_i) = a(x_j) \text{ 且 } D(x_i) \neq D(x_j), \end{cases} \quad i, j = 1, 2, 3, \cdots, n$$

令 M 是决策表 T 的可辨识矩阵; $A = \{a_1, a_2, \cdots, a_n\}$ 是 T 中所有条件属性的集合; S 是 M 中所有条件属性组合的集合, 且 S 中不包含重复项. 令 S 中总共有 r 个条件属性组合, 并且每个属性组合表示为 B_i, 可用符号描述为 $B_i \in S, B_j \in S$ 且 $B_i \neq B_j (i, j = 1, 2, \cdots, r)$. 令 $\mathrm{card}(B_i) = m$, 则 B_i 中每个条件属性表示为 $b_{i,k} \in B_i (k = 1, 2, \cdots, m)$. 现以表 8.3.3 为例, 说明可辨识矩阵的计算过程.

表 8.3.3 一个申请信用卡的训练集

申请人编号	条件属性				决策属性 d
	账号 c_1	余额 c_2	有无职业 c_3	月消费 c_4	
1	银行	中 (700)	有	低	接受
2	银行	低 (300)	有	高	拒绝
3	无	低 (0)	有	中	拒绝
4	其他机构	高 (1200)	有	高	接受
5	其他机构	中 (800)	有	高	拒绝
6	其他机构	高 (1600)	有	低	接受
7	银行	高 (3000)	无	中	接受
8	无	低 (0)	无	低	拒绝

因决策 $d = \{$接受, 拒绝$\}$, 故表 8.3.3 按决策属性 d 可分为两个等价类:$\{x_1, x_4, x_6, x_7\}$ 和 $\{x_2, x_3, x_5, x_8\}$. 根据可辨识矩阵的计算公式得

$$
\begin{pmatrix}
\varnothing & \{c_2, c_4\} & \{c_1, c_2, c_4\} & \varnothing & \{c_1, c_4\} & \varnothing & \varnothing & \{c_1, c_2, c_3\} \\
& \varnothing & \varnothing & \{c_1, c_2\} & \varnothing & \{c_1, c_2, c_4\} & \{c_2, c_3, c_4\} & \varnothing \\
& & \varnothing & \{c_1, c_2, c_4\} & \varnothing & \{c_1, c_2, c_4\} & \{c_1, c_2, c_3\} & \varnothing \\
& & & \varnothing & \{c_2\} & \varnothing & \varnothing & \{c_1, c_2, c_3, c_4\} \\
& & & & \varnothing & \{c_2, c_4\} & \{c_1, c_2, c_3, c_4\} & \varnothing \\
& & & & & \varnothing & \varnothing & \{c_1, c_2, c_3\} \\
& & & & & & \varnothing & \{c_1, c_2, c_4\} \\
& & & & & & & \varnothing
\end{pmatrix}
$$

矩阵中没有写出的元素是 0.

可辨识矩阵与核有如下关系: 属性 c 是条件属性 C 和决策属性 D 的核的充要条件是, 存在 $i, j (1 < i < j < n)$, 使得 $m_{ij} = \{c\}$. 由上述矩阵可知, 存在 $i = 4, j = 5$, 使得 $m_{4,5} = \{c_2\}$, 故表 8.3.3 的 "核" 为 $\{c_2\}$.

8.4 粗糙集模型的算法

粗糙集方法已被成功地应用于分类问题和决策分析. 对于粗糙集理论的应用而言, 设计有效的算法是非常重要的. 该节介绍基于决策表的粗糙集模型的分类及支持子集的算法.

由前一节我们知道, 一个信息系统 S 是一个系统 (U, A), 其中 $U = \{x_1, x_2, \cdots, x_{|U|}\}$ 是有限非空集, 称为论域, 元素称为对象; $A = \{a_1, a_2, \cdots, a_{|A|}\}$ 也为有限非空集, A 中的元素称为属性; 对于每个 $a \in A$, 有一个映射: $a: U \to a(U)$, 且 $a(U) = \{a(x) | x \in U\}$ 称为属性 a 的值域. 如果 $A = C \bigcup D, C \bigcap D = \varnothing$, 信息系统 (U, A) 称

为决策表, 其中 C 中的属性称为条件, D 中的属性称为决策属性. 一个信息系统可以用一个信息表来表达, 当没有重复元素时, 信息表是一个关系数据库.

8.4.1 单一属性分类

设 (U, A) 是一个信息系统, 对于每一个属性 $a \in A$, 引入一个 U 中的划分

$$U/a : 两个对象 u, v \in U 在同一类中当且仅当 a(u) = a(v).$$

分类算法 P

该算法给出了对于 $a \in A$ 的分类. 使用如下指令: i 指向当前的输入对象 x_i; s 记录已经找到的 s 个类 $V_1, V_2, \cdots, V_s$; j 取值 $1, 2, \cdots, s$, 用来检验当前的输入对象 x_i 是否有 $a(V_j) = a(x_i)$.

如果对于某个 j 有 $a(x_i) = a(V_j)$, 则令 x_i 在 V_j 中: $x_i \in V_j$; 否则, 建立一个新分类, $s + 1 \to s, V_s = \{x_i\}$. 当算法结束时, 有划分 $U/a = \{V_1, V_2, \cdots, V_s\}$.

P_1[initialize] Set $1 \to i, 1 \to j, 1 \to s$. $V_1 = \{x_1\}$.

P_2 [Is i $= |U|$?] If i $= |U|$, then the classification is completed, and we have $U/a = \{V_1, V_2, \cdots, V_s\}$. If $i < |U|$, then go to P_3.

P_3 [Increase i] $i + 1 \to i, 1 \to j$, go to P_4.

P_4[Is $j = s$?] If $j = s$, then establish a new class $s + 1 \to s$, $V_s = \{x_i\}$ and go to P_2 to input the next object (if any). If $j < s$, then go to P_5.

P_5 [Increase j] $j + 1 \to j$ go to P_6.

P_6 [Is $a(x_i) = a(V_j)$] If $a(x_i) = a(V_j)$, then $x_i \in V_j$, go to P_2. Otherwise, go to P_4 to check the next V_j (if any).

在最坏的情况下, 需要对于 $i = 2, 3, \cdots, |U|$ 检验 $a(V_j) = a(x_i)$ 是否成立, 共需 $|U|(|U| - 1)/2 = O(|U|^2)$ 次检验, 即算法的时间复杂性为 $O(|U|^2)$.

该算法可以并行计算所有的属性分类 $U/a_1, \cdots, U/|a_{|A|}|$.

例 8.4.1   信息表 8.4.1 是某火电厂用电率数据库, 共记录了 16 台机组的年平均厂用电率. 其中属性是: 数据集包含 11 个条件属性, 分别是:

a_1-机组额定功率, a_2-机组的年平均负荷, a_3-过热气压, a_4-排烟温度, a_5-飞灰可燃物, a_6-锅炉效率, a_7-磨煤机单耗, a_8-真空度, a_9-高加投入率, a_{10}-汽轮发电机组效率, a_{11}-给水泵单耗; y-决策属性为厂用电率.

属性值如下:

h-high, m-medium, l-low

表 8.4.1

U/A	a_1	a_2	a_3	a_4	a_5	a_6	a_7	a_8	a_9	a_{10}	a_{11}	y
x_1	1	h	m	1	1	h	1	h	h	m	m	m
x_2	1	m	m	h	1	m	1	m	h	m	m	m
x_3	1	m	m	h	m	m	1	h	h	m	m	m
x_4	1	m	m	m	h	l	m	m	l	l	h	h
x_5	1	m	m	m	m	h	m	m	h	m	h	l
x_6	m	h	m	m	m	m	m	m	m	l	h	h
x_7	m	h	m	h	l	m	m	m	h	m	h	h
x_8	m	h	m	h	m	m	m	h	h	m	h	h
x_9	m	l	m	m	m	m	h	m	h	m	h	h
x_{10}	m	m	l	m	h	l	l	l	l	m	h	h
x_{11}	m	l	m	l	m	h	m	h	m	m	h	m
x_{12}	h	h	l	m	l	m	m	m	h	m	l	l
x_{13}	h	m	l	h	l	m	h	h	h	m	l	l
x_{14}	h	h	l	h	l	h	h	h	h	m	l	l
x_{15}	h	h	h	l	l	h	h	h	m	h	l	l
x_{16}	h	l	m	l	m	h	h	h	h	h	l	l

通过上述算法, 得到如下的划分, 为了简便, 将 x_i 记为 i, $i = 1, \cdots, 16$.

$U/a_1 = \{\{12,13,14,15,16\}, \{6,7,8,9,10,11\}, \{1,2,3,4,5\}\} = \{V_{11}, V_{12}, V_{13}\}$

$U/a_2 = \{\{1,6,7,8,12,14,15\}, \{2,3,4,5,10,13\}, \{9,11,16\}\} = \{V_{21}, V_{22}, V_{23}\}$

$U/a_3 = \{\{15\}, \{1,2,3,4,5,6,7,8,9,11,16\}, \{10,12,13,14\}\} = \{V_{31}, V_{32}, V_{33}\}$

$U/a_4 = \{\{2,3,6,7,8,13,14,\}, \{4,5,9,10,12\}, \{1,11,15,16\}\} = \{V_{41}, V_{42}, V_{43}\}$

$U/a_5 = \{\{4,10\}, \{3,5,6,8,9,11,16\}, \{1,2,7,12,13,14,15\}\} = \{V_{51}, V_{52}, V_{53}\}$

$U/a_6 = = \{\{1,5,11,14,15,16\}, \{2,3,6,7,8,9,12,13\}, \{4,10\}\} = \{V_{61}, V_{62}, V_{63}\}$

$U/a_7 = \{\{9,13,14,15,16\}, \{4,5,6,7,8,11,12\}, \{1,2,3,10\}\} = \{V_{71}, V_{72}, V_{73}\}$

$U/a_8 = \{\{1,3,8,11,13,14,15,16\}, \{2,4,5,6,7,9,12\}, \{10\}\} = \{V_{81}, V_{82}, V_{83}\}$

$U/a_9 = \{\{1,2,3,5,7,8,9,12,13,14,16\}, \{6,11,15\}, \{4,10\}\} = \{V_{91}, V_{92}, V_{93}\}$

$U/a_{10} = \{\{15,16\}, \{1,2,3,5,7,8,9,10,11,12,13,14\}, \{4,6\}\} = \{V_{10,1}, V_{10,2}, V_{10,3}\}$

$U/a_{11} = \{\{4,5,6,7,8,9,10,11\}, \{1,2,3\}, \{12,13,14,15,16\}\} = \{V_{11,1}, V_{11,2}, V_{11,3}\}$

$U/y = \{\{4,6,7,8,9,10\}, \{1,2,3,11\}, \{5,12,13,14,15,16\}\} = \{W_1 W_2 W_3\}.$

8.4.2 支持子集与支持度

1. 单一属性的支持子集

设 $W \subseteq U$. 对于分类 U/a, 定义 W 的下近似为 $\underline{a(W)} = \bigcup\limits_{V \in U/a, V \subseteq W} V$, 称为 W 关于属性 a 的支持子集 (support subset), $\mathrm{spt}_a(W) = |a(W)|/|U|$ 称为 W 关于属性

a 支持度. 对于分类 U/a, 定义 W 的上近似为 $\overline{a(W)} = \bigcup\limits_{V \in U/a, V \cap W \neq \varnothing} V$.

$\mathrm{acc}_a(W) = |\overline{a(W)}|/|\overline{a(w)}|$ 称为 W 关于属性 a 的近似精度.

在表 8.4.1 中,

$$\underline{a_{10}}(W_3) = V_{10,1} = \{15, 16\}, \quad \underline{a_{11}}(W_3) = V_{11,3} = \{12, 13, 14, 15, 16\}.$$

这些意味着, 考虑 W_3 中的所有元组 x 元组 $x = x_{15}, x_{16}$ 支持一个规则, 这个规则表明条件 $a_{10}(x) = h$ 蕴含决策 $y(x) = l$, 其强度为 $\mathrm{spt}_{a_{10}}(W_3) = \dfrac{2}{16} = 1/8$.

元组 $x = x_{12}, x_{13}, x_{14}, x_{15}, x_{16}$ 支持一个规则, 这个规则表明条件 $a_{11}(x) = l$ 蕴涵决策 $y(x) = l$, 其强度为 $\mathrm{spt}_{a_{11}}(W_3) = 5/16$.

简单地, $\underline{a(W)}$ 意味着规则 "属性 a 蕴涵决策 $y = y(W)$" 有强度 $\mathrm{spt}_a(W) = |\underline{a(W)}|/|U|$.

2. 支持子集算法 S

设 (U, A) 是一个信息系统, 令 $U/a = \{V_1, \cdots, V_s\}$, $1 \leqslant s \leqslant |U|$, $W \subseteq U$.

该算法给出了 W 关于 U/a 的下近似.

$\underline{a(W)} = \bigcup\limits_{V = V_1, \cdots, V_s, V \subseteq W} V.$

S_1[Initialize] Set $1 \to j$, $\varnothing \to S$.

S_2[Is$V_j \subseteq W$?] If $V_j \subseteq W$, then $L \bigcup V_j \to S$. Otherwiswe, go to S_3 to check the next V_j (If any).

S_3 [Is$j = s$?] If $j = s$, then the algorithm is completed, and we have $\underline{a(W)} = S$. Otherwise, go to S_4 to check the next V_j.

S_4[Increase] Set $j + 1 \to j$. go to S_2.

算法 S 需要检验 s 个子集 $V_1, \cdots, V_s, s \leqslant |U|$, 因此它的时间复杂性是 $O(|U|)$.

类似地, 可以设计计算上近似的算法.

例 8.4.2   关于表 8.4.1, 利用算法 S, 我们可以计算不同支持子集的支持度:

$\mathrm{spt}_{a_1}(W_1) = |a_1(W_1)| = 0/16 = 0;$

$\mathrm{spt}_{a_1}(W_2) = |a_1(W_2)|/|U| = |\varnothing|/16 = 0;$

$\mathrm{spt}_{a_1}(W_3) = |V_{11}|/|U| = 5/16;$

$\mathrm{spt}_{a_3}(W_1) = |a_1(W_1)| = 0/16 = 0;$

$\mathrm{spt}_{a_3}(W_2) = |a_1(W_2)|/|U| = |\varnothing|/16 = 0;$

$\mathrm{spt}_{a_3}(W_3) = |V_{31}|/|U| = 1/16;$

$\mathrm{spt}_{a_5}(W_1) = |V_{51}|/|U| = |2|/16 = 1/8;$

$\mathrm{spt}_{a_5}(W_2) = |a_6(W_2)|/|U| = |\varnothing|/16 = 0;$

$\mathrm{spt}_{a_5}(W_3) = |a_6(W_3)|/|U| = |\varnothing|/16 = 0;$

$\mathrm{spt}_{a_6}(W_1) = |V_{63}|/|U| = |2|/16 = 1/8;$

$\mathrm{spt}_{a_6}(W_2) = |a_6(W_2)|/|U| = |\varnothing|/16 = 0;$

$\mathrm{spt}_{a_6}(W_3) = |a_6(W_3)|/|U| = |\varnothing|/16 = 0;$

$\mathrm{spt}_{a_8}(W_1) = |V_{83}|/|U| = |1|/16 = 1/16;$

$\mathrm{spt}_{a_8}(W_2) = |a_6(W_2)|/|U| = |\varnothing|/16 = 0;$

$\mathrm{spt}_{a_8}(W_3) = |a_6(W_3)|/|U| = |\varnothing|/16 = 0;$

$\mathrm{spt}_{a_i}(W_j) = |a_i(W_j)|/|U| = |\varnothing|/16 = 0;$

$i=2,4,7;\ j=1,2,3.$

$\mathrm{spt}_{a_9}(W_1) = |a_9(W_1)|/|U| = |V_{93}|/16 = 1/8;$

$\mathrm{spt}_{a_9}(W_2) = |a_9(W_2)|/|U| = |\varnothing|/16 = 0;$

$\mathrm{spt}_{a_9}(W_3) = |a_9(W_3)|/|U| = |\varnothing|/16 = 0;$

$\mathrm{spt}_{a_{10}}(W_1) = |a_{10}(W_1)|/|U| = |V_{10,3}|/16 = 1/8;$

$\mathrm{spt}_{a_{10}}(W_2) = |a_{10}(W_2)|/|U| = |\varnothing|/16 = 0;$

$\mathrm{spt}_{a_{10}}(W_3) = |a_{10}(W_3)|/|U| = |V_{10,1}|/16 = 1/8;$

$\mathrm{spt}_{a_{11}}(W_1) = |a_{11}(W_1)|/|U| = |\varnothing|/16 = 0;$

$\mathrm{spt}_{a_{11}}(W_2) = |a_{11}(W_2)|/|U| = |V_{11,2}|/16 = 3/16;$

$\mathrm{spt}_{a_{11}}(W_3) = |a_{11}(W_3)|/|U| = |V_{11,3}|/16 = 5/16.$

3. 决策属性的支持度

现在考虑决策表中决策属性 $y \in D$ 的整体决策而不是对于 "决策子集" $W \in U/y$ 的一个局部决策.

决策属性 $y \in D$ 关于条件属性 $a \in C$ 的支持子集是子集

$$S_a(y) = \bigcup_{W \in U/y} a(W) = \bigcup_{W \in U/y}\left(\bigcup_{V \in U/a, V \subseteq W} V\right),$$

$\mathrm{spt}_a(y) = |\bigcup_{W \in U/y} a(W)|/|U|$ 称作 y 关于 a 的支持度. 当 $U/y = \{U\}$ 时,

该支持度 $\mathrm{spt}_a(y) = 1$.

$S_a(y)$ 意味着规则 "a 蕴涵 y" 有强度 $\mathrm{spt}_a(y) = |S_a(y)|/|U|$.

假设 $U/y = \{W_1, \cdots, W_t\}$, $1 \leqslant t \leqslant |U|$. 计算 $S_a(y)$ 的时间复杂性仍然是 $O(|U|^2)$.

例 8.4.3   在表 8.4.1 中, 使用算法 S, 有

$$\mathrm{Spt}_{a_1}(y) = 5/16, \quad \mathrm{Spt}_{a_5}(y) = S_{a_6}(y) = 1/8, \ \mathrm{Spt}_{a_3}(y) = S_{a_8}(y) = 1/16,$$

$$\mathrm{Spt}_{a_9}(y) = 1/8, \ \mathrm{Spt}_{a_{10}}(y) = |V_{10.3} \cup V_{10.1}|/16 = 4/16 = 1/4,$$

$$\mathrm{Spt}_{a_{11}}(y) = |V_{11.2} \cup V_{11.3}|/16 = 8/16 = 1/2.$$

说明属性 a_{11} 对于决策属性起到最大的支持度, 其他属性次之.

8.4.3   多个属性等价类的交运算

设 (U, A) 是一个信息系统, 对于每一个属性 $a, b \in A$, 计算论域 U 的分类 U/ab: 两个对象 $u, v \in U$ 在同一类, 当且仅当 $a(u) = a(v)$ 且 $b(u) = b(v)$.

令 $U/a = \{V_{11}, \cdots, V_{1s}\}$, $1 \leqslant s \leqslant |U|$; $U/b = \{V_{21}, \cdots, V_{2t}\}$, $1 \leqslant t \leqslant |U|$,

可以设计一个算法给出分类 $U/ab = \{V_1, \cdots, V_r\}$, $1 \leqslant r \leqslant st$.

具体地, 使用指针: $i = 1, 2, \cdots, s$ 指向 V_{1i}; $j = 1, 2, \cdots, t$ 指向 V_{2j}; 变量 r 记录已经找到的 U/ab 的 r 个类 $V_1, \cdots, V_r$. 对于每个 i 和每个 j, 检验 $V_{1i} \bigcap V_{2j} = \varnothing$ 是否成立. 如果成立, 则忽略; 否则建立一个新类: $r + 1 \to r$, $V_r = V_{1i} \bigcap V_{2j}$.

程序略.

利用该算法, 得到表 8.4.1 中的关于属性交的等价类.

(1) $U/a_1 a_7 = \{\{1, 2, 3\}, \{4, 5\}, \{6, 7, 8, 11\}, \{9\}, \{10\}, \{12\}, \{13, 14, 15, 16\}\}$.

(2) $U/a_1 a_7 a_2 = \{\{1\}, \{2, 3\}, \{6, 7, 8\}, \{4, 5\}, \{9\}, \{10\}, \{11\}, \{12\}, \{13\}, \{14, 15\}, \{16\}\}$.

对于决策属性子集 $Y(\subset D)$ 关于条件属性 $X(\subseteq C)$ 的支持子集定义为 $S_X(Y) = \bigcup_{W \in U/Y} (\bigcup_{V \subset U/X, V \subset W} V)$, $\mathrm{spt}_X(Y) = |S_X(y)|/|U|$ 称为关于 X 的支持度.

$S_X(Y)$ 意味着 "X 蕴涵 Y" 有强度 $\mathrm{spt}_X(Y)$.

计算 $S_X(Y)$ 的时间复杂性是 $O(|A||U|^2)$.

设有两个属性子集 $X_1, X_2 \subseteq C$, 用函数 $X_1 \to X_2(Y)$ 描述二者的依赖关系. $X_1 \to X_2(Y)$

当且仅当 $S_{X_1}(Y) \supseteq S_{X_2}(Y)$, 即对于每个 $W \in U/Y$, 有 $S_{X_1}(W) \supseteq S_{X_2}(W)$.

$X_1 \supseteq X_2$, 则 $X_1 \to X_2(Y)$, 也即 "X_1 蕴涵 Y" 比 "X_2 蕴涵 Y" 更强.

当 $S_{X_1}(Y) = S_{X_2}(Y)$ 时, X_1 与 X_2 称为恒等依赖. 利用该属性, 定义属性 $x \in X$ 的重要性.

属性 x 在属性集合 X 中是重要 (相对于 Y 而言) 的当且仅当 $X \leftrightarrow (X - \{x\})$ 不成立; x 在 X 中是不重要的当且仅当 $X \leftrightarrow (X - \{x\})$ 成立. 用符号 $\mathrm{Sig}_{X - \{x\}}^Y(x) = (|S_X(Y)| - |S_{X - \{x\}}(Y)|)/|U|$, 表达 x 在属性集合 X 中的重要性.

所以属性 x 在属性集合 X 中是重要的当且仅当 $\mathrm{Sig}\,(x) > 0$.

显然在表 8.4.1 中, $S_{a_1}(y) \subseteq S_{a_1 a_7}(y)$, $\mathrm{Sig}^y_{\{a_1, a_7\}}(a_1) = 5/16$, $\mathrm{Sig}^y_{\{a_1, a_7\}}(a_1 a_7) =$ $10/16 = 5/8$. 易知属性 a_1, a_7 在集合 $\{a_1, a_7\}$ 中是重要的, 但 a_7 在全部属性集合中是不重要的, 因为 $\mathrm{Sig}^y_{\{a_1, \cdots, a_{11}\}}(a_7) = 0$.

所有在属性集合 X 中是重要的属性 x 的集合 (相对于 Y 而言) 称为 X 的核. 用 $C^Y_X = \left\{x \in X \,|\, \mathrm{Sig}^Y_{X-\{x\}}(x) > 0\right\}$. 利用该定义, 可以设计算法计算 X 的核. 留作练习, 设计算法, 求出 8.4.1 的全部属性集和 C 的核.

8.4.4　属性的独立性

在决策表中, 如果对于属性集合 X 而言, 其中每个属性 x 在 X 中重要的 (相对于 Y 而言), 则称非空子集 X 是独立的. 否则称 X 为依赖的, 空集规定是独立的.

为了检验 X 是否独立, 需要计算 $|X|$ 个重要性 $\mathrm{Sig}^Y_{X-\{x_i\}}(x_i), (i = 1, \cdots |X|)$, 并且检验其是否大于 0. 检验的时间复杂性为 $O\left(|X||A||U|^2\right)$.

例 8.4.4　在表 8.4.1 中, 对于属性集合 C 的下列子集的依赖性 (相对于 Y 而言).

(1) $\varnothing$ 是独立的.

(2) 单元素集合 $\{a_1\}, \{a_3\}, \{a_5\}, \{a_6\}, \{a_8\}, \{a_9\}, \{a_{10}\}, \{a_{11}\}$.

$S_{a_1}(y) = V_{11} \neq \varnothing$, $S_{a_3}(y) = V_{31} \neq \varnothing$, $S_{a_5}(y) = V_{51} \neq \varnothing$,

$S_{a_6}(y) = V_{63} \neq \varnothing$, $S_{a_8}(y) = V_{83} \neq \varnothing$, $S_{a_9}(y) = V_{93}$, $S_{a_{10}}(y) = V_{10.3} \cup V_{10.1} \neq \varnothing$,

$S_{a_{11}}(y) = V_{11.2} \cup V_{11.3} \neq \varnothing$.

$S_{a_i}(y) = \varnothing$, $i = 2, 4, 7$.

对于条件属性子集 X 而言, 我们总可以找到 X 的一个极小子集 X_0, 使得 $S_{X_0}(Y) = S_X(Y)$. 这个 X_0 称作 X 的一个约简 (相对于 Y 而言). 约简不唯一, 找约简的时间复杂性 $O\left(2^{|X|} |A| |U|^2\right)$. 关于表 8.4.1 的约简略.

习　题　8

1. 对表 8.4.1 进行分析, 找出条件属性的核与约简.

参 考 文 献

艾利斯哥尔兹. 1983. 变分法. 李世晋译. 北京: 高等教育出版社

巴罗斯–尼托 J. 1981. 广义函数引论. 欧阳光中, 朱学炎译. 上海: 上海科学技术出版社

崔锦泰. 1995. 小波分析导论. 程正兴译. 西安: 西安交通大学出版社

古志鸣. 2004. 现代分析及其应用引论. 北京: 科学出版社

胡适耕. 2001. 现代应用数学基础. 北京: 科学出版社

纪永强. 2000. 微分几何与微分流形. 北京: 高等教育出版社

李建平, 唐远炎. 1999. 小波分析方法的应用. 重庆: 重庆大学出版社

刘贵忠, 邸双亮. 1992. 小波分析及其应用. 西安: 西安电子科技大学出版社

刘培德. 2002. 拓扑线性空间基础. 武汉: 武汉大学出版社

陆启韶等. 2001. 现代数学基础. 北京: 北京航空航天大学出版社

苗夺谦, 李道国. 2008. 粗糙集理论、算法与应用. 北京: 清华大学出版社

秦前清, 杨宗凯. 1995. 实用小波分析. 西安: 西安电子科技大学出版社

冉启文. 1995. 小波分析方法及其应用. 哈尔滨: 哈尔滨工业大学出版社

王范凤, 李忠艳. 2019. $L^2(R)$ 中 2-扩展多正交小波的 Fourier 矩阵乘子. 数学的实践与认识, 3(49), 201-210

夏道行, 吴卓人, 严绍宗, 等. 1979. 实变函数与泛函分析 (上、下册). 北京: 人民教育出版社

徐长发, 李国宽. 2001. 实用小波方法. 武汉: 华中科技大学出版社

徐佩霞, 孙功宪. 1996. 小波分析与应用实例. 合肥: 中国科学技术大学出版社

杨福生. 2000. 小波变换的工程分析与应用. 北京: 科学出版社

杨万年. 1992. 微分流形及其应用. 重庆: 重庆大学出版社

叶庆凯, 郑应平. 1991. 变分法及其应用. 北京: 国防工业出版社

张国华, 张文娟, 薛鹏翔. 2006. 小波分析与应用基础. 西安: 西北工业大学出版社

张禾瑞. 1978. 近世代数基础. 北京: 人民教育出版社

张文修, 梁怡, 吴伟志. 2003. 信息系统与知识发现. 北京: 科学出版社

张文修, 吴伟志, 梁吉业, 等. 2001. 粗糙集理论与方法. 北京: 科学出版社

Chui C K, Shi X. 2000. Orthonormal Wavelets and Tight Frames with Arbitrary Real Dilations, Applied and Computational Harmonic Analysis, 9: 243-264

Dai X, Larson D. 1998. Wandering vectors for unitary systems and orthogonal wavelets, Memoirs of the American Mathematical Society, 134 (640)

Daubechies I. 1992. Ten Lectures on Wavelets. Philadelphlia: SIAM

Hardy G H, Littlewood J E, Polya G. 1965. 不等式. 越民义译. 北京: 科学出版社

Hirsch M W, Smale S. 1987. 微分方程, 动力系统和线性代数 (上、下册). 黄杰, 刘世伟译. 北京: 高等教育出版社

Jiang Y J. 2006. Approximation of anisotropic classes by wavelets. Journal of Mathematical Analysis and Applications, 318: 112–119

Li Z, Han D. 2013. Matrix Fourier multipliers for Parseval multi-wavelet frames, Applied and Computational Harmonic Analysis, 35: 407-418

Li Z, Xu X. 2016. Dyadic Bivariate Fourier Multipliers for Multi-Wavelets in $L^2(R^2)$, Analysis in Theory and Applications, 3(31): 221-235

Meyer Y. 1992. Wavelets and Operators. Cambridge Studies in Advanced Mathematics, vol. 3 Cambridge: Cambridge University Press

索 引

B

半范数, 32
半群　群, 16
半序, 11
半序集, 11
必要的, 201
闭包, 26
闭集, 26
边界域, 199
变分引理, 96
变换群, 17
标准正交基, 39
不必要的, 201
不可区分关系, 204
不可数集, 10
布尔 (Boole) 矩阵, 8

C

测度, 57
测度空间, 57
超穷数, 10, 11
尺度函数, 168
重构算法, 172
重构小波, 157
抽象知识, 198
稠密子集, 26
初等范畴, 198
初等概念, 198
窗口 Fourier 变换, 147, 150
窗口函数, 150

D

代数, 1

代数同构, 15
代数同态, 15
代数运算, 15
单射, 6
等价范数,
等价关系, 8
等价类, 9
等势, 10
定解问题, 89
定义域, 74
独立的, 201
对称集, 23
对偶小波, 157
多分辨分析, 163, 168
多框架小波, 182
多正交小波, 185

E

二进小波, 156
二进小波变换, 156

F

泛函范数, 76
范畴, 198
范数, 32
非退化临界点, 133
分解算法, 172
分配律, 15
负域, 199
复合映射, 7
复内积空间 (酉空间), 36
赋半范空间, 32

赋范空间, 32
赋范空间的维数, 35
赋拟半范空间, 32
赋拟范空间, 32

G

共轭空间, 77
古典解, 117
关系矩阵, 8
光滑流形, 125
广义函数, 103
广义函数的导数, 106
广义函数的支集, 106
广义解, 116

H

核, 74
恒等映射 (单位映射), 6
花费函数, 180
环, 18
缓增广义函数, 108
缓增广义函数的 Fourier 变换, 110

J

积分曲线, 139
积分小波变换, 152
积集 (笛卡儿积), 2
基本范畴, 198
基本函数 (测试函数), 105
极大元, 12
极限点, 26
极小元, 12
极值曲线, 88
集合的基数, 200
集合序列的极限, 4
集合序列的上极限, 4
集合序列的下极限, 4
几乎处处收敛, 66

计数测度 (Dirac 测度), 59
交换代数, 20
交换环, 19
交换律, 15
交换群 (Abel 群), 16
结合律, 15
紧集, 29
紧空间 (列紧空间), 29
紧支集正交小波基, 175
紧致空间, 50
精度, 200
局部凸拓扑线性空间 (局部凸空间), 53
局部相流, 139
矩阵 Fourier 乘子, 185
距离空间 (度量空间), 24
决策表, 204
经济均衡, 142

K

开覆盖, 50
开集, 25
开邻域, 42
可测函数, Lebesgue 可测函数, 65
可测映射, 65
可分 (可析) 的距离空间, 27
可数集 (可列集), 10
可微映射, 130
控制收敛定理, 72
框架, 156
框架 (下, 上) 界, 158
框架算子, 159
扩张矩阵, 187

L

离散拓扑, 42
离散小波变换, 158
连通空间, 47
连续映射, 27

连续允许小波, 152
邻域, 25
邻域基, 52
邻域系, 52
临界点的指标, 135
零空间 (核), 74

M

满射, 6
枚举法, 1
描述法, 1
模 n 的剩余类, 9
模 n 的同余关系, 9
模 n 剩余类加群, 17
模极大值消噪, 192
母小波, 152

N

内积, 36
内积空间, 36
拟半范数, 32
拟范数, 32

O

欧几里得 (Euclid) 空间, 20

P

频窗宽, 150
平凡拓扑, 42
平衡集, 23

Q

奇异点, 190
嵌入算子, 115
切等价, 131
切等价类, 131
切向量, 131
全序, 12
全序集, 12

群的阶, 17
群同构, 18

R

容许函数类 (宗量), 88
冗余框架, 159
弱解, 117

S

商集, 9
商群, 9
上确界, 12
生成, 18
生成空间, 21
生成群, 18
时窗宽, 150
实内积空间 (欧氏空间), 36
双射, 6
双正交尺度函数, 183
双正交小波, 183
速降函数空间 (Schwarz 函数类), 109
算子 (泛函), 74
算子范数, 77

T

特征函数, 7
同构赋范空间, 35
同构线性空间, 20
同胚空间, 47
同胚映射, 47
凸包, 23
凸集, 23
凸组合, 23
退化临界点, 133
拓扑, 42
拓扑基, 43, 44
拓扑空间, 41
拓扑线性空间 (线性拓扑空间), 51

W

外测度, 60
完备测度空间, 58
完备赋范空间 (Banach 空间), 32
完备内积空间 (Hilbert 空间), 36
无冗框架, 159

X

吸收集, 23
下确界, 12
线性空间 (向量空间), 19
线性空间的基 (Hamel 基), 21
线性空间的维数, 21
线性流形, 21
线性算子　线性泛函, 74
线性拓扑, 51
相对核, 202
相对约简, 202
相曲线, 139
像, 6
小波, 147
小波框架, 162
小波系数, 164
信息系统, 203
序有界, 12

Y

压缩映射, 29
延拓　限制, 7
一维连续小波变换, 152
一致椭圆型算子, 118
依测度收敛, 66
依范数收敛, 34
依赖的, 201
有界泛函, 75
有界集, 26
有界算子, 75
有界线性泛函序列的强收敛, 80

有界线性算子空间, 77
有界线性算子列的一致收敛, 80
有界线性算子序列的强收敛　弱收敛, 80
有序集, 12
域, 5
阈值消噪方法, 193
原像, 6
约简, 201
允许小波, 152

Z

正规子群 (不变子群), 17
正交, 38
正交补, 38
正交尺度函数, 168
正交多分辨分析, 168
正交和, 39
正交投影, 39
正交小波, 163
正交小波包, 177
正交小波基, 163
正交小波级数分解, 164
正交小波母函数, 163
正域, 199
支持度, 203
支持子集, 209
知识库, 198
直接和, 22
值域, 5
指标为 k 的临界点的数目, 134
致密集, 29
子群, 17
子拓扑, 44
子拓扑空间, 130
自伴算子, 159
最大元, 12
最小元, 12
最优基, 180

最优小波包基, 180
坐标卡, 124
坐标映射, 124
坐标域, 124

其他

A-扩张多小波, 187
A-扩张正交 (Parseval) 多分辨分析, 187
Banach 不动点原理, 30
Banach 空间, 32
Borel 可测集, 64
C^k 类微分构造, 124
Cauchy 列完备距离空间, 78
De Morgan 律, 3
Euler 方程, 90
Euler 有限差分法, 98
Fréchet 可微, 123
F 导数, 81

Fourier 变换, 110
Gâteaux 可微, 83
G 导算子, 83
Hausdorff 空间, 49
Hilbert 空间, 36
Hölder 不等式 (积分形式), 71
Lebesgue 积分, 67
Levi 引理, 72
Lipschitz 指数, 190
Minkowski 不等式 (离散和形式), 25
Minkowski 不等式 (积分形式), 71
Mallat 算法, 171
Parseval 等式, 40
Parseval 多框架小波, 185
Ritz 法, 100
Schwarz 不等式, 37
Sobolev 空间, 113